交通

受用一生的学问

□宿文渊 编著

中国华侨出版社

·北京·

图书在版编目（CIP）数据

变通：受用一生的学问 / 宿文渊编著. —北京：中国华侨出版社，2013.3
（2023.8重印）

ISBN 978-7-5113-3406-0

I.①变… Ⅱ.①宿… Ⅲ.①人生哲学—通俗读物 Ⅳ.①B821-49

中国版本图书馆CIP数据核字（2013）第054831号

变通：受用一生的学问

编　　著：宿文渊

责任编辑：姜　婷

封面设计：阳春白雪

文字编辑：彭泽心

美术编辑：宇　枫

经　　销：新华书店

开　　本：720毫米×1020毫米　　1/16开　　印张：24　　字数：342千字

印　　刷：唐山楠萍印务有限公司

版　　次：2013年5月第1版

印　　次：2023年8月第8次印刷

书　　号：ISBN 978-7-5113-3406-0

定　　价：68.00元

中国华侨出版社　北京市朝阳区西坝河东里77号楼底商5号　　邮编：100028

发 行 部：（010）88866779　　　　传　真：（010）88877396

如发现印装质量问题，影响阅读，请与印刷厂联系调换。

前言

　　水随形而方圆，人随势而变通。水无形，故可以随着盛装它的器皿而变化；而人要顺势，就要懂得适时变通。纵观古今，无论是帝王将相，还是贩夫走卒；无论是巨贾工商，还是平民百姓，他们都需要在动态变化的世界中走完自己的人生，而成功者大多是敢于变通、善于变通、会变通的人。因此，学会变通，就等于拥有了生存立世之本。

　　因循守旧，只能故步自封。观念的束缚，使人类受到了许多的限制，这些限制在很大程度上束缚了人的创造力。自古至今，无论两军对垒，还是政权角逐；无论商场夺市，还是事业谋划，获胜的一方总是大胆应变、不拘常理变招，输掉的一方多因顽固不化、因循守旧。愚公移山，其执着精神虽然可嘉，但如果能够变通一下，另选一处作为住宅，不知要省去多少子孙的辛苦；西楚霸王项羽乌江自刎，虽然霸气不减，但如果能够变通一下，过江重整山河，不知历史又要写出多少豪情。生活像一条长河，当"山穷水尽"时，我们随机应变，另辟蹊径，于是出现了"柳暗花明"；当"失之东隅"时，我们通权达变，旁敲侧击，于是"得之桑榆"；当"穷途末路"时，我们临机应变，以退为进，于是"回头是岸"。所以，变通，是一种美丽，也是一种人生的境界。

　　灵活应变，才能路路畅通。愚直的人固执持守，不撞南墙不回头，甚至撞了南墙也不回头；而聪明的人总是让自己从陈旧的观念里走出来，他们深知变通的能量，懂得转变一以贯之的规则去实现自我突破，创造自己的辉煌。当兵临城下，诸葛孔明轻抚三尺瑶琴，一人镇退千军万马，没有一个"变幻莫测"，如何能够降服得了机智狡诈的司马懿；妇人练兵，孙武斩宠妃、立军威，娘子绝非乌合之众，没有一个"机变为用"，如何能够让"花容月貌"言听计从。历史向我们证明了变通的高明，大自然也向我们展示了变通的奥妙。"流水不腐，户枢不蠹""问渠那得清如许，为有源头活水来"，谁愿意享受一潭死水的人生呢？当今时代，变化无处不在，今天的阳光大道，到了明天也许就会变成独木桥；现在能独占鳌头，到了明天也许就被扫地出门。如果我们还故步自封、安于现状，哀叹着"不是我没能耐，只是世界变化快"，那么还有什么比这更可悲的呢？懂得变通，是我们通向成功的重要条件；懂得变通，能使我们少走弯路，在困境中寻求最好的解决方法。

学会变通，让自己成功。而当今社会，瞬息万变，如果墨守成规，恐怕迟早要被淘汰。做人做事要学会变通，不能太死板，要具体问题具体分析，前面已经是悬崖了，难道你还要跳下去吗？不要被经验束缚了头脑，要冲出习惯性思维的樊笼。学会变通，可以收获快乐的人生。有的时候，不同的思维也可以决定一个人的悲和喜，当你有泪时，变换一种思维，或许你收获的就是微笑。学会变通，就要换一种思维看待问题，从事物的表象挖掘事物的本质，尽可能找到新的突破口，切入新的思维，让思维变得灵活、简单。世界自有变化的那一天起，规则也就相应发生了，从古至今没有一个规则是能通古今的，也没有一种教化是屡试不爽的，即使有也一定会被今后时代所替代，绝对没有永远存在的道理。

社会环境在变化，作为万物之灵的人，也应审时度势，以变应变。变通才能通达，通达才有转机，有转机才能找到打开成功之门的金钥匙。《易经》云："穷则变，变则通，通则久。"万物都有新陈代谢，我们难道就永远不动声色，一成不变？我们必须灵活机动、顺势而为，这样才能够把握生命的脉搏，永远处于不败之地。

目录

第一章　不变不通，变通才能赢

第一节　无以为用，变通为用 …………………………… 1

穷则变，变则通 ………………………………… 1

变通才能成功 …………………………………… 2

顺势者昌，逆势者亡 …………………………… 4

敢为天下先 ……………………………………… 5

摆脱"拘泥"的思想 …………………………… 7

发散思维，变通为用 …………………………… 8

转变即创新 ……………………………………… 10

切勿画地为牢 …………………………………… 11

不变则难通 ……………………………………… 13

第二节　无以为赢，善于变通才能赢 ………………… 14

学会以退为进 …………………………………… 14

热问题要冷处理 ………………………………… 16

学会"绕路" …………………………………… 17

请将不如激将 …………………………………… 18

学会借力发力 …………………………………… 20

避人所短，用人所长 …………………………… 21

能伸更要能屈 ·· 22

学会见机行事 ·· 24

不要急于求成 ·· 25

第二章　当无法改变世界时，你就改变自己

第一节　改变世界前，先改变自己·············27

修正自己在于管理自己 ·································· 27

修正自己才能提高能力 ·································· 28

愉悦自己，才是真正地爱自己 ···················· 30

反击别人不如充实自己 ·································· 32

莫因害怕"出丑"而禁锢生活 ····················· 34

第二节　外界无法改变时，先改变自己·······36

你比你认为的更伟大 ····································· 36

改变态度，你就可能成为强者 ···················· 38

人生并非由上帝定局，你也能改写 ············· 40

依赖别人，不如依靠自己 ···························· 42

在压力中寻求动力 ·· 44

反方向游的鱼也能成功 ································· 46

第三章　不变的是原则，万变的是方法

第一节　方法总比问题多······················49

方法是解决问题的"敲门砖" ····················· 49

方法比勤奋更重要 ·· 51

方法比敬业更重要 ·· 53

发现问题才有解决之道 ································· 55

不止一条路通向成功 ………………………… 57

变通地运用方法解决问题 ………………… 59

第二节　方法对了，事情就成了 ………………60

借口是失败的温床 ………………………… 60

有了借口，就不再找方法了 ……………… 62

扔掉"可是"这个借口 ……………………… 65

拒绝说"办不到" …………………………… 67

只为成功找方法，不为问题找借口 ……… 69

第四章　"命"不可变，但"运"可以变

第一节　命从心生，运由心转 …………………72

想要梦想成真，首先要学会不做梦 ……… 72

每个人都可以与众不同 …………………… 74

起点影响结果，但不会决定结果 ………… 77

专心让今天完美，有效应对未来 ………… 79

把人生的绊脚石当成自己的跳板 ………… 82

保持低姿态，赢得他人心 ………………… 84

你可以不成功，但不能不成长 …………… 87

放开自己，努力成长 ……………………… 90

创新就是敢于走别人没走过的路 ………… 92

第二节　你决定不了出身，但可以把握命运 …94

勇于尝试，打破思维定式 ………………… 94

没有解决办法，那就改变问题 …………… 97

用能力打造自己的影响力 ………………… 99

诚实面对情绪，正视自己的不安 ………… 101

走出心灵的牢狱，用快乐拥抱每一天 ·················· 104

给自己时间，别害怕重新开始 ·························· 106

逆境不是结局，而是过程 ······························ 108

你要永远快乐，只有向痛苦里去找 ·················· 111

正视快乐的短暂，直面痛苦的现实 ·················· 113

想掌控未来，就要对未来有所预见 ·················· 116

第五章　无法改变工作，但可以改变态度

第一节　你对了，世界就对了 ·························· 118

带着怨气不如带着快乐工作 ·························· 118

是你需要工作，而不是工作需要你 ·················· 120

蔑视工作就是否定自己 ······························ 122

不只为薪水工作，成长比成功更重要 ·················· 124

让工作成为愉快的旅程 ······························ 126

第二节　与其抱怨别人，不如在自己身上找原因 ·················· 128

工作中没有"不可能"，障碍都在你心里 ·················· 128

不要抱怨不公平，是你的努力还不够 ·················· 129

能力有所提升，薪水自然会上涨 ·················· 131

抱怨别人不如反省自己 ······························ 134

不要为失败找借口 ·································· 136

抱怨如同诅咒，越抱怨越退步 ·················· 138

抱怨只会让事情更糟 ······························ 140

与其抱怨，不如实干 ······························ 142

抱怨的人往往是没找对方法 ·················· 144

第三节　态度好了，幸福就来了 ·················· 146

不是只有你最聪明 ·································· 146

纪律上的约束是为了团队更好地发展 ·············· 148

让集体荣誉感代替抱怨 ·············· 149

同舟共济，摒弃个人主义 ·············· 150

自动自发地为团队服务 ·············· 151

用沟通击破合作的"壁垒" ·············· 153

对团队负责，才能对自己负责 ·············· 155

第六章　你可以平凡，但不能平庸

第一节　拒绝平庸，走向卓越 ·············· **158**

责任心是成功的关键 ·············· 158

绝对执行，不找任何借口 ·············· 162

放弃忠诚就等于放弃成功 ·············· 165

拒绝平庸，绝不安于现状 ·············· 169

把每一个细节做到完美 ·············· 173

树立及时充电的理念 ·············· 176

把工作当成最大的乐趣 ·············· 179

规划自己的职业生涯 ·············· 182

把工作当作自己的事业 ·············· 186

以老板的心态对待工作 ·············· 188

自动自发地工作 ·············· 192

像老板一样思考 ·············· 195

不要把问题留给老板 ·············· 198

第二节　行动起来，一切皆有可能 ·············· **200**

行动永远是第一位的 ·············· 200

业精于勤荒于嬉 ·············· 203

避免好高骛远 ·············· 206

消除犹豫不决的行动障碍 ·· 207

克服拖延的毛病 ·· 210

用目标为你的行动导航 ·· 212

制订切实可行的计划 ·· 215

第七章　灵活应变，才能路路畅通

第一节　以变应变，上乘变术 ····································· 219

根据事情的变化采取不同的行动 ······································ 219

办事不要走极端 ·· 221

出牌就要出奇牌 ·· 222

此路不通，另寻他路 ·· 223

换个思路，垃圾变美金 ·· 225

"除了妻儿，一切都要变" ·· 226

计划赶不上变化 ·· 227

以己变应万变 ··· 229

第二节　面对危机，应变有道 ····································· 230

缜密推理，摆脱困境 ·· 230

隐藏自我，无为之治 ·· 233

随机转变，化险为夷 ·· 234

加之不怒，宠辱不惊 ·· 236

临危不乱，以智取胜 ·· 238

善意谎言，化险为夷 ·· 239

第八章　做人宜持守，做事当善变

第一节　识时务者为俊杰，通机变者为英豪···················· 241

静观全局 ··· 241

个性不可随意张扬 ···················· 243

以逸待劳，择时而动 ···················· 244

平易近人，积聚人气 ···················· 245

炫耀易遭忌 ···················· 247

厚积才能薄发 ···················· 248

不露声色，不惹祸端 ···················· 249

让敌人轻看，让自己安全 ···················· 251

虽然居功，不可自傲 ···················· 252

暂时的隐匿，只为日后的崛起 ···················· 254

第二节　善变之中得转机，善变之中得事成 ···················· 256

麻痹对手，抢得先机 ···················· 256

审时度势，把握良机 ···················· 258

用机智摆脱困境 ···················· 259

临危不惧，处之泰然 ···················· 260

不露声色地把危机消弭于无形 ···················· 262

纲举目张，执本末从 ···················· 263

找最佳的角度解决难题 ···················· 264

第九章　机动处世，随机应变好办事

第一节　以迂为直，变通成事 ···················· 266

委婉地向对方求助 ···················· 266

迂回说服别人帮自己办事 ···················· 268

婉转地达到自己的目的 ···················· 270

声东击西，出对方意料之外 ···················· 271

利用边缘人物疏通 ···················· 273

懂得进取也要善于采用曲折的方式 ···················· 274

第二节 忍小谋大，以忍图强 ···················· 276

忍一时之气，免百日之忧 ························· 276

小不忍则乱大谋 ······························· 278

克制自己的不利情绪 ··························· 281

行事不可放纵 ······························· 285

学会约束自己的欲望 ··························· 287

隐忍待机，在逆境中壮大势力 ··················· 290

忍人所不能忍，始成人所不能成之事 ·············· 292

忍亦有度，忍无可忍则无须再忍 ················· 296

以忍图强，在磨难中铸就摧枯拉朽的才干 ·········· 297

退让是"会忍" ······························· 300

以屈求伸，退中求进 ··························· 301

第十章 不必事事明了于心，要难得糊涂

第一节 水至清则无鱼，人至察则无徒 ··········· 305

大事精明，小事尽可糊涂些 ····················· 305

"嘻哈"风格，掩藏真实观点 ··················· 306

会避世，不如会避事 ··························· 307

聪明反被聪明误，枉送了卿卿性命 ················ 309

出头的椽子先烂 ······························· 310

糊涂下面掩藏清醒 ····························· 311

乐于成全别人 ······························· 312

必要时装装糊涂 ······························· 313

第二节 容人所不能容，忍人所不能忍 ··········· 314

糊涂是聪明人的百变战术 ······················· 314

不给别人留余地，自己就可能没有立足之地 ········· 317

做不到的，先后退 ·· 319

迂迴中获胜 ·· 321

第十一章 进退有道，变通有术

第一节 掌握主动，赢得先机·· 323

杀鸡儆猴，震慑人心 ·· 323

激励士气，哀兵必胜 ·· 325

认清形势，掌握主动 ·· 326

出击要果断 ·· 327

将欲擒之，先予纵之 ·· 328

防患于未然 ·· 330

张扬得体，事半功倍 ·· 331

第二节 势头不妙，该退就退·· 333

后退一步是为了前进三步 ······································ 333

功成名就，适时全身而退 ······································ 334

别做他人的替罪羊 ·· 335

弃暗投明，良禽择木而栖 ······································ 337

懂得后退，避开阻力 ·· 340

再退一步，做个旁观者 ·· 342

第十二章 得之我幸，失之我命，善变者赢天下

第一节 失之东隅，收之桑榆·· 343

21世纪的今天，选择比努力更重要 ····························· 343

宁可在尝试中失败，也不在保守中成功 ·························· 346

当别人都在努力向前时，不妨倒回去 ···························· 348

换个思路，化解困境 ·· 350

当力量薄弱时，只有背靠"大树" ···························· 352

让人一步需有高人一筹的智慧 ······························· 353

第二节　失之固然可悲，得到未必可取·················· **354**

十字路口选择一方 ·· 354

选择总在放弃之后 ·· 356

舍弃，心不累 ··· 357

舍小利，求大利 ··· 358

失去火把也会有光明 ··· 359

舍是一种勇气 ··· 360

放弃是一种智慧 ··· 361

第十三章　方圆通达，灵活变通

方是原则，圆是机变·· **362**

坚持是方，放弃是圆 ··· 362

认真但不"较真" ··· 365

创新思想不局限于常规 ·· 367

第一章

不变不通，变通才能赢

第一节　无以为用，变通为用

穷则变，变则通

成功学说："没有做不到的事，只有不会变通的人。"其实，人的脑袋有时候就是一所最坏的监狱，它经常在不经意间就禁锢了人的思维，让人愁肠百转，却变化无方。

正所谓没有变化就没有生机，没有变化就没有发展，没有变化就没有未来。历史上最有神通的人物也没有能力走进今天的生活，因为一切都已经改变，而他们自己也已经灰飞烟灭。同样，我们要生存下去，就不能把自己尘封进历史，不能因循守旧、一成不变，而要寻求变通、机变为用，如此，才能赢定未来。

愚公移山，其执着精神虽然可嘉，但如果他能够变通一下，另选一处作为住宅，不知要省去多少子孙的辛苦！项羽乌江自刎，虽然霸气不减，但如果能够变通一下，过江重整山河，不知历史又要多出多少豪情！

生活像一条长河，当"山穷水尽"时，我们随机应变，另辟蹊径，于是出现了"柳暗花明"；当"失之东隅"时，我们通权达变，旁敲侧击，于是"得之桑榆"；当"穷途末路"时，我们临机应对，以退为进，于是

"回头是岸"。

兵临城下，诸葛轻抚三尺瑶琴，一人镇退千军万马，没有一个"变幻莫测"，如何能够降服得了机智狡诈的司马懿？妇人练兵，孙武斩宠妃立军威，娘子绝非乌合之众，没有一个"机变为用"，如何能够让"花容月貌"言听计从？

生活像一个顽皮的孩子，给我们打着一个又一个的小结，愚直的人固执持守，不撞南墙不回头，甚至撞了南墙也不回头；而聪明的人愿意做一道"脑筋急转弯"，多想一步、巧思一分，世界立刻别有洞天。

历史在向我们证明着变通的高明，大自然也向我们展示着变通的奥妙。"流水不腐，户枢不蠹""问渠那得清如许，为有源头活水来"，谁愿意享受一潭死水的人生呢？信息时代，变化无处不在，今天的阳光大道，到了明天也许就要变成独木桥；现在能独占鳌头，到了明天也许就被扫地出门。如果我们还故步自封、安于现状，哀叹着"不是我没能耐，只是世界变化太快"，那么还有什么比这更可悲的呢？

《易经》云："穷则变，变则通，通则久。"万物都有新陈代谢，电脑尚能随时更新，我们难道就永远不动声色，一成不变？我们必须开动大脑的机器，灵活机动、顺势而为，这样才能够把握生命的脉搏，永远处于不败之地。

变通才能成功

因循守旧，只能故步自封；灵活应变，才能路路畅通。想当年，朱庇特神庙前，多少人穷其才智，也解不开牛车上的一副绳结，而亚历山大凌空一剑，轻而易举就解决了这个千古难题。正所谓：有变才有通。人生之路上，难免要遭遇各种路障，我们必须机变为用，只有善于变通才能赢。

在外界条件相差无几的时候，大凡能够取得成功的人都是善于变通之人。因为对于善于变通的人来说，生活中从来都不会出现克服不了的困难。很多时候，在一些人看来也许事态是根本无法改变的，命运是自己难以掌握的，只有听天由命，认为这是宿命的安排，结果自然只有失败；然而，对于善于变通者来说，他们想的更多的是怎样去改变现状，自然而然地，他们终将迎来自己唯一的归宿，那就是成功。

美国著名企业家李·亚科卡在福特汽车公司担任推销员时，就曾运用通权达变之术获得奇效。

有一年，福特汽车在各地销路疲软，而亚科卡所在地区费城的销售情况更糟。为了打开销路，亚科卡挖空心思。他发现市场上有不少顾客想买车，但由于收入拮据，一时难以凑足那么多的钱。如果这一问题能解决，销售量必定会大增。于是，他提出了一个名叫"花56元买一辆56型福特汽车"的推销方案。根据这个方案，凡购买56型福特汽车的顾客，买时只需支付售价的20%，其余部分每月缴付56美元，三年付清。"花56元买辆56型"的广告口号一下子套住了消费者的心，福特汽车在费城的销售量大增，仅推出三个月，就跃居全国销售网的第一位。福特汽车公司把这一销售方法推广到各销售点，使当年增销汽车75000辆。

亚科卡也因此名声大振，官运亨通。数月后，亚科卡就被任命为华盛顿地区的分部经理。不久，又被调到福特公司总部，先任全国卡车销售部主任，后任车辆销售部主任。

绝路之中永远暗藏着生路，而这种生路沿途的景致也许会比想象中还要秀丽。探索成功的道路永远不是单道直行，唯一不变的就是变化。一意孤行，明知不可为而为之，就算费尽辛苦，也可能一点儿效果也没有。在这个世界上没有那种"只注重过程，不注重结果"的人，所以，既然知道没有什么结果，那还不如及早变通为妙。

成功往往是属于少数善于变通之人的。只要我们放弃盲目的执着，选择理智的改变，就可以化腐朽为神奇。如果你渴望成功，那么就要试着去变通，或者是改变外界条件，或者是改变自己的思路，总之，我们只有恪守世界上唯一不变的东西——变，才能取得人生的成功。

顺势者昌，逆势者亡

生活中有一些人总是经历失败，就是因为他们顽固不化、按图索骥、墨守成规，不会变通，这样只看到前面的死胡同，却看不到旁边的通路。天空尚能变化，云月都不拘于形，我们拥有最具智慧的大脑，为什么不能变通一下呢？

其实一些旧思想、旧规矩都是可以打破的，只要我们做事变通而不违反客观规律、灵活而不违背做人的原则，这样就能符合时代的变迁和社会的发展。

贝纳德古·塔兹最开始是做邮购唱片生意，一干就是十年，尽管他很努力，但仍旧两手空空。塔兹想："总跟在别人后面跑，不是办法啊！为什么不另起炉灶，走一条属于自己的路呢？"于是他下定决心向其他同行不愿意涉足的领域进军。

那么，到底选择什么领域呢？市内的艺术馆保留了许多欧洲中世纪的风琴音乐作品，其中很大一部分与宗教艺术有关，却很少有人问津。塔兹发现了这一点之后，便尝试着制作关于这些作品的唱片。结果，投放市场后，备受老年顾客和外国游客的青睐。这次成功让他大受鼓舞，于是塔兹就地取材，把开发"稀有曲目"作为自己的经营方向。

在经营过程中，塔兹本着不搞噱头，曲目和录音都以追求品质为首要任务的方针开展生意，不但扩大了业务，还挖掘出了许多"冷僻乐曲"，挽救了不少面临失传的"宗教音乐资产"。如今，塔兹在欧美的6个国家设有分公司，他本人也获得了"唱片大王"的美称。

贝纳德古·塔兹的故事告诉了我们这样一个道理：佛法自然，人法变通。人活一世，生存环境不断变迁，各种事情接踵而来，因循守旧、不知变通是无论如何都行不通的。

古人云："顺势者昌，逆势者亡。"日常生活中，我们总喜欢不顾一切地朝着自己的既定目标奋力拼搏，却始终没有花心思去分析形势，所以很可能搏击一世却不能成功。哲学家说："我们不能改变过去，但是可以改变现在；我们不能改变环境，但是能够改变我们自己。"

聪明人在做事的时候，只要发现此路不通，就立刻变换自己的做事方式，舍弃原来的方案，换成另一种方式，则能至通达。此所谓"失之东隅，收之桑榆"。

成功的路径不止一条，不要循规蹈矩，更不要放弃成功的信心，此路不通，就该换条路试试。顺势而为、灵活机变的人不仅能够找到成功的突破口，还可以因为拥有不断变通的思想而不断探寻新的思路，将自己提升到另一个高度，获取一个又一个成功。

敢为天下先

现实生活中，很多人没能成功，有时候并不是因为他们自身不具备成功的能力，而是因为他们害怕与众不同，害怕成为被枪打中的"出头鸟"，所以他们宁愿安于现状、安于平稳，也不愿为了成功而冒险。因此，他们也将永远无法靠近成功。而反过来说，那些获得成功的人大多是敢为天下先的人。鲁迅曾经说过："第一个吃螃蟹的人是令人佩服的，不是勇士，谁敢去吃它呢？"

所以，当你站在一条已经有无数人走过的路上，遥望着难以企及的成功目标时，你应该果断觉悟，给自己一次冒险的机会，在看似不可能的地方开拓另一条更近更省力的路，挣脱固有思维的束缚，这样才有机会看到许多别样的人生风景，甚至可以创造出人生的奇迹。

1860年6月30日清晨，牛津大学博物馆大楼内的一个主席台上，最有威望的、以雄辩著称的演说家韦柏福斯大主教和以赫胥黎为首的几位学者相对而坐，形成对垒。随后，一场激烈的论战开始了。

会场气氛紧张而激烈，双方唇枪舌剑、针锋相对、字字珠玑、妙语连珠，群众中不时爆发出哄堂大笑和暴风雨般的掌声，他们究竟在争论什么呢？

原来，这场论战是由一本刚刚出版的名为《物种起源》的书引发的。这本书提出了一种骇人听闻的观点，它否定了教会一直向人们灌输的"上帝创造世界""自然界是恒定不变的"宗教学说，而提出自然界的一切动物和植物的形成是经过长期生存竞争、自然选择的结果，同时也否认了"人是上帝创造的"，而是与无尾猿有共同的祖先起源的观点。那么，这个否定神学、否定上帝的胆大包天的书的作者是谁呢？他就是英国伟大的生物学家查理士·达尔文。

如果没有达尔文的"敢为天下先"，恐怕全人类至今还没明白自己到底是从哪儿来的吧。

敢为天下先，要求一个人要有创新的精神，若踩着别人的足迹走，则不会成功、不会有壮举。成功者的人生轨迹各个不同，然而他们又都离不开"能够变通，敢于先行"的本性，正因为敢为天下先，与众不同故能超凡脱俗，没有墨守成规故能有所突破。

干事业是需要有胆有识，敢为人先的。人生也是一样，无论我们遇到什么困难、处于什么环境，都应该敢想敢做、敢于变通，而不要被老套、顽固的思想所束缚。如果我们能够挣脱固有思维的约束，敢于在各个方面做"第一个吃螃蟹的人"，不断开创出新的处事方法，那么对于我们来说，天下就没有解决不了的问题，就没有办不到的事情了。

一个人在社会中、在事业上要取得一定成就、做出一定的贡献，光靠一些老方法、老套路是很难成功的。事实上也没有哪个人会在思维定式中获得成功。很多人都有这样愚顽的"难治之症"，所以走不出宿命般的可悲结局。

因此，"敢为天下先"不仅是变通中的一种智慧，更是一种胆魄和勇气。敢于变通的人，就会敢于想别人所不敢想，敢于从不同的角度去思考，深信突破思维定式就可以找到正确的方法。

摆脱"拘泥"的思想

在现在这个竞争异常激烈的社会中，一个人要想在事业上取得一定成就、做出一定的贡献，光靠一些老方法、老套路是很难成功的。当你站在一条已经有无数人走过的路上，遥望着难以企及的成功目标时，你应该早点觉悟，转变注意力去寻找另一条更近、更省力的新路，而不要倔强地在那条无法看到前途的老路上浪费时间。

现实生活中，大多数人每天都在高喊自由的口号，然而却没有注意到，更需要自由的其实是自己的思维。很多时候，思维被自己束缚住了，自己还一无所知。结果只能一成不变，止步不前，每天迎来朝阳，送走落日，毫无生气，按部就班。因此，要想突破眼前的困境，要想有所成就，就要先把思维从这根链条中解放出来。

比如，写文章喜欢按照一定的套路，喜欢交同样风格的朋友，不是"朝九晚五"，就是人登山，我亦登山；人下海，我亦下海。总之，按部就班，因循守旧，人云亦云，没有一点变通灵活之意。活在别人的影子里，实在可悲可叹。

在我们成长的过程中，存在着无数我们肉眼看不见的链条，这些链条禁锢着我们的思维，扼杀了我们思考的勇气，夭折了我们智慧创新的萌芽，让我们在前进的道路上走得步履蹒跚。这些链条经常表现为习惯、经验和没有任何道理的"想当然"。在这些专制的链条的捆绑下，我们难以获得成功。很多时候，我们开始向环境低头，甚至开始认命、怨天尤人，岂不知这一切都是我们心中那条系住自我的铁链在作祟罢了。

因此，我们更需要的是能够放弃循旧，清醒而灵活地权衡利弊，做最正确的判断，选择属于自己的正确方向。同时，别忘了随时检查和审视自己选择的角度是否产生偏差，适时地进行调整，不要只凭一套"亘古不变"的哲学，便欲强度人生所有的关卡。

我们还要时时留意自己执着的信念是否与成功的法则相抵触。追求成功，并非意味着必须全盘放弃自己的执着，去迁就成功法则。只需在意念上做灵活的修正，使之契合成功者的内蕴，即可走上轻松的成功之路。

不善于改变思维，根本不可能找到成功的路径。因为改变思维是改变自己的内在基础，只有运用头脑，积极思考，勇于变通，你才可能实现自己的人生目标。要改变这种思维定式，需要我们不断学习新知识，并随着形势的发展不断调整、改变自己的行动。

你要记住：我们的思维比我们的身体更需要自由地呼吸！

发散思维，变通为用

其实在现实生活中，"变通为用，此物彼用"的现象比比皆是。可以说，世界上任何事物都有多种功能，只要人的思维灵活机动一点儿，往往能因地制宜，物尽其用，在紧急状态中，更是化险为夷、转危为安的妙计。在日常生活中，只要灵活地运用这种变通方法，就能取得许多意想不到的神奇效果。

没有哪个权威者把宇宙间的物质分配到某一固定岗位，而不允许它们有多个用途。只是人们心理定式的作用太强大，只看到事物最通用的功能。我们要是能够"发散思维，变通为用"，往往能让思维开出美丽的花朵，让智慧结出奇异的果实。

1983年，在中国召开过一次创造学会，日本的创造学家村上信雄走上主席台拿出了一枚曲别针，同时提出一个问题："曲别针有多少用途？请与会的中国学者回答。"

当时在场的一位中国学者逐一说了30多种，人们都觉得该想法真是奇妙，于是鼓起掌来；接下来一位日本人说有300多种，然后放了一个幻灯片，证明有300多种，大家给予他更加热烈的掌声。

这时台下有人递上来一张字条，上面写道：我明天将发表一个观点，证明这个曲别针可以有无数种用途。于是，他第二天就此作了一个讲演。这个人叫许国泰，他提出的这个方案后来被称为"魔球现象"。

他是怎么分析的呢？他说，按曲别针最基本的解剖，它的颜色是什么样的、它的形状是什么样的、它的重量是多少、它的质地是金属、它的柔软度等一整套因素，把它们都解剖了，列成一个横坐标、一个纵坐标，就是它在数学、物理、化学、语文、外语等各个方面的用途。

曲别针的重量可以做各种砝码；作为一个金属物，曲别针可以和各种酸类及其他的化学物质产生不知道多少种反应；曲别针可以弯成1、2、3、4、5、6、7、8、9和加减乘除、开方等各种数学符号，演变成所有的数学和物理学公式；曲别针可以弯成英文26个字母，可以是拉丁文，可以是俄文，于是乎，天下所有语言能够表达的东西都能够用曲别针来表现；曲别针是金属，在磁场中有磁性反应，还可以导电；在艺术中，把它绷直了，有琴弦的作用。至于其他的，做成夹子、别针、绳索、挂链、项链，都是在一类中的某一项的亿万种的一种。

许国泰的演说轰动了这个创造学会。

通常，人们一想曲别针的用途，觉得有3种已经很了不起了。当我们看到有无数种用途的时候，这才是创造性思维的体现。我们在生活中为什么有时候没有创造力？就在于一个既成的逻辑思维模式、一个既成的概念局限了我们。其实，许国泰无非是运用了发散思维，分角度、分层次地分析问题，这样就得出了这个伟大的结论。

善于变通的人，他们勇于向一切规则挑战，敢于突破常规，发散思维，变通为用，从而获得一般人得不到的成功。

善假于物者，必善于物尽其用；能物尽其用者，必是将一物可以变通为万物者。

转变即创新

拿破仑·希尔说过："创新并不只是某些行业的专利，也不是超常智慧的人才具有创新的能力。只要愿意，谁都可以创新。"

现代社会是一个极力追求创新的社会，也正是因为创新，这个世界正在发生着瞬息万变的进步。在实际生活中，很多人会认为创新是高深莫测的，应该只属于专家研究的事情，好像并非自己所能为。然而，事实并非如此，只要你敢于去想，创新就是很简单的事情，有时候，一种很轻易的转变，其实就是一种创新。

有一家味精公司，领导对全体员工下达了一项硬命令，要求员工们踊跃提出生产建议，以保证公司能成倍地增长销售量，而且公司保证，一旦建议被采纳，员工将会受到嘉奖。接到指示，各个部门都行动起来：生产部门琢磨生产技术，营销部门考虑营销技巧，宣传部门研究宣传策略。大家各抒己见，有的提出富有创意的广告，有的建议改变瓶体的形状，有的认为应该奖励销售人员等，不一而足。

有一个普通的女工也想要提出一个好的方法，可是冥想了很久，也没有什么成果。这天下班回家做晚饭的时候，她想往菜上撒调味粉，可调味粉由于受潮结块很难从狭小的瓶口撒出来。于是，她的儿子只得将筷子捅进瓶口，用力在里面搅动了几下，这下调味粉结块被捣碎，从瓶口撒了出来。儿子的这个简单的举动一下子触发了女工的灵感，她高兴得跳了起来，因为她想到了一个绝妙的点子。

第二天，女工便把"将味精瓶瓶口开大一倍"这个建议交了上去。没想到，她的建议果然被公司采纳，她也因此获得了一笔奖金。更可喜的是，当她的建议被采纳并实施之后，公司的味精销售额开始成倍地提高。年终时，女工又从公司领取了特别奖。

由此可见，创新并非遥不可及，有时候甚至是唾手可得的。所以，不要以为创新仅仅是充满着专业术语的科学研究论文，或者是科技含量很高的产品，其实它更普遍地表现在人们一个个自己有时都没有注意的思维转换当中。而且，创新有时候也不需要多么渊博的知识，或者多么高的学历，有时候，它不过是我们在做事的时候寻找改进办法的一个过程。这种办法也许并不起眼，但它一旦被付诸实践之后，就可能产生巨大的效应。

创新只需要有一双发现的眼睛，思考别人想不到的事情，不顺着常人思路，只有比别人多转个弯，才能有与众不同的收获。

所以，不要再把创新高高地"供奉"起来，其实只要你的头脑稍微转变角度，就可能报告给世界一个新发现。

切勿画地为牢

在生活当中，很多时候，我们在生活的路上走得不顺利，不是因为路太狭窄了，更大的原因是我们的眼光太狭窄了。就像坐在井底往上瞧的青蛙，想着天地就这么大了，不可能有更大的空间了，何不就此坐定？有了这种想法，无异于给自己画地为牢，从此将寸步难行。所以说，往往堵死我们的生存和发展之路的并非他人，而正是我们自己狭隘的眼光和封闭的心界。

有一个小孩在看完马戏团精彩的表演后，随着父亲到帐篷外拿干草喂表演完的动物。小孩注意到一旁的大象群，问父亲："爸，大象那么有力气，为什么它们的脚上只系着一条细细的铁链，难道它无法挣开那条铁链逃脱吗？"父亲笑了笑，耐心地为孩子解释说："大象不是真的挣不开那条细细的铁链，而是它们以为自己挣不开。在大象还小的时候，驯兽师就是用同样的铁链来系住小象，那时候的小象，力气还不够大，小象起初也想挣开铁链的束缚，可是试过几次之后，知道自己的力气根本就挣不开铁链，于是就放弃了挣脱的念头。等小象长成大象后，它就甘心受那条铁链的限制，而不再想逃脱了。"

我们经常用生活中普通的规律去看待事情，这样，我们便被原本只要稍微用力即可挣脱的"铁链"永远束缚住了，心甘情愿地成了一只被圈养的大象，久而久之，便形成了惯性思维，套在失败的经验中爬不出来，认为有些事自己永远办不到，却完全忽视了许多内部和外界的条件已经改变，以致失去了一次又一次唾手可得的机会。

有时走出变通的那一步是艰难的，然而如果不去迈出这一步，就会使人生道路充满更大的艰难。

在辽阔的亚马孙平原上，生活着一种号称"飞行之王"的雄鹰，名曰：雕鹰。这种鹰的飞行时间之长、速度之快、动作之敏捷，堪称鹰中之最，只要是被它发现的小动物，一般都难以逃脱它的利爪。但谁能想到那壮丽的飞翔背后却隐藏着滴血折翅的悲壮？

小雕鹰的翅膀之所以如此强劲有力，是因为雌鹰从小就会残忍地折断幼鹰翅膀上的大部分骨骼，然后把它们从高处推下，有很多幼鹰在这时成为飞翔的悲壮祭品，但雌鹰仍然不会停止这"血淋淋"的训练，因为在它们眼中虽然有痛苦的泪水，但同时也在构筑着孩子们生命的蓝天。

人也一样，要生存，就要改变。有时候，堵死我们的生存和发展之路的并不是别人，而正是我们自己狭隘的眼光和封闭的心界。如果吝惜于改变造成的一时的损失或者伤痛，从而得过且过，那么，总会有实在过不下去的一天的。须知，变通是永恒的生存法则。

不变则难通

变通，说白了其实就是一种能够转弯、能够突破、能够机变为用的智慧。这种智慧基于对事、对人、对物进行的多角度思考，从而灵活找出最佳的赢定人生的方式。在生活当中，我们经常会惊喜地发现：遇到困难的时候，如果你一门心思地钻"牛角尖"，有时候根本于事无补，因为按常规的想法这些困难根本无法解决。但如果能放弃先前的思路，换一个角度，则很可能会获得意想不到的结果。

美国宇航局曾经因为在太空不能顺畅使用圆珠笔而苦恼，于是斥巨资聘请专家研制新产品。但是两年过去了，该科研项目未见多大进展。于是，宇航局向社会悬赏，征求此种"便利笔"。后来有个小学生满脸自信地走进宇航局，这本身就是一件让人惊讶的事情，而更让人惊叹的是，他向众官员出示了自己的"研究成果"——一支铅笔，官员们无不瞠目结舌。

这是一个让人感到滑稽的现实版的笑话，但它又很能激发人的思考，它生动地说明了，只要善于换个思路来思考问题，或许就能找到最简单可行的答案。

《神雕侠侣》中黄蓉在寻找情花的解药时，曾经说过："凡毒蛇出没之处，七步内必有解救蛇毒之药。"万物相生相克，成功和失败莫不是如此。只要保持冷静，在不通的地方寻找变数，就能在失败的落脚点寻找到成功的起飞点。

在1915年的国际巴拿马商品博览会上，世界各地的展品琳琅满目。可是，中国送展的茅台酒却很长时间无人问津，这使得每个参加博览会的工作人员都很着急。在大家不知所措的时候，其中一个工作人员想出了一个非同寻常的办法。他提着两瓶茅台酒，走到展览大厅最热闹的地方，故意装作不小心把酒摔在地上。顿时，一股浓郁的酒香弥漫了整个展览大厅，"好酒！好酒！"大厅里响起了此起彼伏的赞叹声。而这位中国工作人员的这个创意果然奏效：茅台酒在这次博览会上被评为世界名酒，从此名声远扬。

当某一项工作进入"瓶颈"以后，一些长期以来惯于定式思维的人，要么因为惧怕，要么因为懒惰，总是不愿意迈出变通的一步，想着"原来的思路一定是正确的，只不过还没到成熟的阶段，所以暂时才不会有结果"，于是便一味地坚持下去，可是结果却总是不尽如人意。这时候，如果能稍微转变一下观念，从原来的思维定式中跳脱出来，或许很容易就会发现，其实通过另外一种方式很容易就可以把这个"瓶颈"解决掉。从而，我们才能够在社会中发现、创造更多的机会，实现自己的目标，改变自己的生活，做真正的赢家。

第二节　无以为赢，善于变通才能赢

学会以退为进

从处世的角度来看，退却有时是一种进攻的策略。现代社会中，用"以退为进"的策略表现自我不失为一种良好的方法。以退为进，由低到高，这是一种稳妥的进攻之术。有时候，表面的退让只是一种策略，为了追求更高的目标，做出一些退让是善于变通之人的成熟表现。

我们在遇到困难与问题的时候，往往会信奉直面困难，冲锋陷阵。这种勇敢无畏的精神是值得提倡和大力褒扬的。然而，有些时候我们不能见前面是火坑还一个劲儿地往里跳，那只是蛮勇。此时我们需要做的恰恰是后退一步，而不是一味往前冲，甚至撞了南墙也不懂得回头。能进，也能退，这才是一种完整的智慧。必要的退，恰恰是为了更好地进。

曹操的英雄气概是不容置疑的，但他也有让步的时候。

"挟天子以令诸侯"是曹操的"大计"，但当把汉献帝迎到许都后，他并没有立即实施这个计划。因为他自知力量还未达到最强，与袁绍的军事力量相比，还处于明显的弱势。因此他采取的是后发制人的方略，以退为进，最终将袁绍打败。

见天子握在了曹操手中，袁绍很是愤慨，于是他便摆出盟主的架势，以许都低湿、洛阳残破为由，要求曹操将献帝迁到鄄城，以方便自己控制。曹操自然不能做此让步，但他并未给以直接反驳，而是以献帝的名义称袁绍为太尉，封邺侯，袁绍只好暂时作罢。

与此同时，曹操安排和提升了其他一些官员。以程昱为尚书，又以他为东中郎将，领济阴太守，都督兖州事，巩固这一最早的根据地；以董昭为洛阳令，控制好新旧都城；以夏侯渊、曹洪、曹仁、乐进、李典、吕虔、于禁、徐晃、典韦等分别为将军、中郎将、校尉、都尉等，牢牢控制军队。

曹操此时表现得非常谦恭。杨奉荐举曹操为镇东将军，袭父爵费亭侯，曹操连上《上书让封》《上书让费亭侯》《谢袭费亭侯表》等，表明他"有功不居"。曹操深知自己还是弱者，因此对袁绍的要求尽量满足，对朝廷的封赠表现出"力所不及"的谦恭。等到羽毛丰满后，他再也没有顾及，大张挞伐，发动了历史上有名的"官渡之战"，并一举消灭了袁绍的主要军事力量。

军事家指出，学会退让的统帅是最优秀的统帅。战而不胜，不如早退，退是为了更好的胜利。退不是消极地避凶就吉，而是暂时地收敛锋芒，隐匿踪迹。即使退也要做到主动、自觉，不露声色地壮大实力，以便时机成熟时奋起继进。这种退不是逃跑，而是进的一个环节，是进的准备和前奏。

当你处于弱势时，要忍住急于求成的心理状态，不要过于暴露自己，而要凭借着良好的外界形势，壮大自己的力量。善于把握进退的火候，勇于抉择进退的时机，就可以改变不成功的做人做事方式，隐忍以行，以退为进，把自己提高到一个更高的层次。

热问题要冷处理

我们常常说要趁热打铁，办事情要立竿见影，这些都是在对事情有充分的了解和问题本身难度不大的时候所使用的，然而一旦问题有了变化，立马解决未必能够得到良好的效果，这就需要停下来，等候时机。

生活常识告诉我们，许多问题貌似"热问题"，不去理会它，热问题反而会自我冷却。古人云："天下本无事，庸人自扰之。"生活中，似乎常有一些让人过不了夜、睡不着觉的事情，但是你能蒙着被子睡一觉，清晨醒来也许就会觉得昨天的行为十分可笑，也并不是什么大不了的事情。

除了这种时间可以解决的问题之外，还存在着很多棘手的问题，也就是"热"得无法捧在手里解决的问题，虽然它们不会因为时间的推移而自行消解，可是却因为"冷藏"一时而获得解决问题的最佳火候。或者是让我们有了更加平和的心态，可以更加理性地对待；或者是让事情本身"降温消暑"，从而避免了我们的一时冲动，少走了弯路。

面对有些问题，我们不妨对自己说一声"等明天再说"，这样，不但不会因一时冲动而铸成大错，而且有利于冷静下来，将一时的愤怒转化为思考的时间，仔细地权衡利弊，认真地看待得失，从而更好地审视自己，把握事态。让人生少走弯路，让生命少一些无奈和遗憾。否则，以热制热，无异于火上浇油，不但达不到解决问题的目的，还会制造出更多问题，甚至可能发生"爆炸"。

只有冷静放下，才能客观地分析问题，像流水一样不去堵塞它，而去疏导它，这才能让热问题得到最好的解决。其实热问题冷处理本来就是一种灵活的思维方式、变通的具体表现，而这是十分奏效的。

因此，一件事情处理得漂亮与否，不在于解决的速度，而在于解决的火候。

学会"绕路"

人的发展永远都离不开机会，要想自己能够把握机会、迎合机会、创造机会，那么我们就必须不停地开动脑筋，运用智慧，否则，就有可能会被时代所淘汰。西方有一句谚语："上帝在关上一道门时，就会在别处给你打开一扇窗。"陆游说："山重水复疑无路，柳暗花明又一村。"只要我们不拒绝变化，并且善于运用变通的思维方式，不断改变自己的观念，我们就能抓住机会，走出困境，进入新的天地。

在法国的历史上，曾经有很长一段时间土豆种植都没有得到推广。宗教迷信者不欢迎它，给它起了个怪名字——"鬼苹果"；医生们认定它对健康有害；农学家断言，种植土豆会使土壤变得贫瘠。

然而，法国著名农学家安瑞·帕尔曼切曾在德国吃过土豆，觉得土豆是一种很好的食品，于是决定在本国培植它。可是，过了很长一段时间，他都未能说服任何人。

面对人们根深蒂固的偏见，他一筹莫展。后来，帕尔曼切决定借助国王的权力来达到自己的目的。1787年，他终于得到了国王的许可，在一块出了名的低产田上栽培土豆。帕尔曼切发誓要让这不受人欢迎的"鬼苹果"走上大众的餐桌！

他耍了个小小的花招——请求国王派出一支全副武装的卫队，白天晚上轮流值班，对那块土地严加看守。这异常的举动撩拨起人们强烈的偷窥欲望。此举的确显得十分神秘，一块土豆地怎么会派哨兵日夜把守呢？周围的农民无不好奇，不断地趁着士兵的"疏忽"而溜进去偷土豆，小心翼翼地把偷来的土豆拿回去研究，种在自家地里，精心侍弄，看到底有何不同。哨兵对周围的农民偷土豆，表面上似乎严禁，实际上则睁一眼闭一眼。当周围农民种的土豆获得丰收之后，所谓的"鬼苹果"的优点也就广为人知了。就这样，通过这个巧妙的主意，土豆在法国普及开来，很快成为最受法国农民欢迎的农作物之一。

陷入了困境的时候，我们不要消沉、不要焦虑，用清醒的大脑问问自己："这件事情真的就这么难吗？"再问问自己："难道没有更容易的办法了吗？"之后，再做出如何解决的方案，此时的方案和没有思考之前相比，一定是更优的；而如果再多问自己几个问题，那么最佳答案也就现身了。记住：变通可以绕开生活道路上的一切障碍，让你成功地到达目的地，变通是你解决问题的最有力工具。

人的每一种行为、每一种进步都与自己的变通思维能力息息相关，离开了变通思维，人在障碍面前就力不从心、束手无策。

同样的境遇，同样的路障，有的人能绕开路障，成就伟业；有的人却徘徊不前，碌碌无为一辈子，原因就在于变通思维的差异。其实，成功的机会无处不在，只是它更青睐于善于思考、善于变通的人。

是谓，天下事有难易乎？变通之则难者亦易矣，不变之则易者亦难矣。

请将不如激将

生活中，我们常常能听到这样一句话："请将不如激将。"所谓激将法，就是利用对方自尊心和逆反心理，从相反的角度"刺激"对方，以激起其"不服气"情绪，使其产生一种迸发的"内驱力"，将自己的潜能充分发挥出来，从而收达到不同寻常的教育效果。

激将法在与人办事中往往能够达到出人意料的效果，此法既可用于对手，也可用于己方。激敌，可诱其躁动，最终失去理智，导致行动盲目而上当失败；激我，责其弱，可激起勇，责其愚，可激起智。

隋朝末年，隋炀帝在位已10余年，他穷奢极欲，倒行逆施，恶贯满盈。当时禁卫军将领宇文化及、宇文智及等人打算杀掉隋炀帝。他们首先做通了炀帝的卫队长司马德戡的工作，再由德戡去煽动卫兵和他们一起发动政变。

司马德戡想了想，如果直接起兵，恐怕"叛逆"之行难以服众，只能用激将法变通一下。于是，他在卫兵中找了几个自己的亲信，告诉他们说："炀帝不相信我们的卫队，已准备了许多毒酒，打算借开酒宴的机会把我们全都毒死。"这一消息立即传遍了整个卫队，一时人人自危，个个愤怒。

司马德戡见时机成熟，便集合卫队，告诉了他们杀炀帝的打算，群情激昂，众人异口同声地说："唯将军命！"

618年3月，隋炀帝江南巡游到达江都，一天，宇文化及在炀帝卫队的配合下，率兵杀入宫中，将隋炀帝捕获。隋炀帝问："今日之一事，孰为首邪？"政变者答："普天同怨，何止一人！"又问："何罪至此？"答："陛下违弃宗庙，巡游不息，外勤征讨，内极奢淫，使丁壮尽于矢刃，女弱填于沟壑，四民丧业，盗贼蜂起，专任佞谀，饰非拒谏，何谓无罪？！"

其实，讨伐者的举罪之辞中并没有要给卫兵下毒药之说，这是借隋炀帝自感皇位岌岌可危，为保全尸，故身边常备有毒药一事，加以虚构得来的，结果这一虚构情节激起卫队反叛，达到了铲除昏庸帝王的目的，顺利抓住隋炀帝并将其绞死。

当然，在运用激将法的时候，要具体问题具体对待，也要敌我有别。只有根据具体对象的性格特点、心理特点，把握准确的时机，才能达到激将的目的。否则，盲目应用，可能会起到反作用，而使对手反攻，使心理承受能力差的人不堪重负，做出荒唐举动，酿成悲剧。

总而言之，激将的力量是巨大无比的。如果能够在合适的时机下，巧妙地运用此法，可以送人青云直上，也可以杀降敌于无声色之中。

学会借力发力

儒家的荀子在《劝学篇》中说道："君子生非异也，善假于物也。"意思是说即便是一个具有聪明睿智、博学多才的君子想要胜于他人，也要善于吸收，利用他人的优点，博采众长才能立于不败之地。俗话说："能者多劳"，凭个人的能力赚钱当然是真本事，但是"智者当借力而行"，借他人之势，扬长避短，运用天时、地利、人和外加运气赚钱，乃是一门高超的技艺，这也是"善假于物，借力使力"的道理。

不善借者，永远比别人慢半拍；善借者，才能平地起风雷。沿着历史发展的步伐，多少名扬天下的英雄人物，都是善借力者，其一生的处世哲学在于巧变善变，把人世间的一切变为己用。三国故事里的草船借箭就是典型的成功借力的例子，这里且不说这件众人皆知的故事，而是看看在此之前孙权的借力之举。

在赤壁之战前，曹操灭了袁绍、刘之威，又挫掉了吕布之锐，率百万雄兵，上将千员，一副荡平江东、铲除异己的气势。此时孙权帐下谋士一片慌乱，到处都是投降声。他们心里大都有一个相同的声音：袁绍都败在了曹操的手下，我们论实力与之没法比，就更没得打了。但是孙权心里不愿服输，因为他非常明白，一旦投降，手下们的官照当、钱照拿，而他自己这个一把手就不同了，非但一把手的位置坐不成，弄不好脑袋也会保不住。

对于这样的局势，孙权早已了然，可是他发现，主降的人很多，就连张昭都在其中，他不能搞家长作风，强喝"谁投降推出去斩了"，他还需要这些人为他出汗出力。于是他心生一计，先让诸葛亮舌战群儒训了一顿主降派，接着搬出孙策遗言：内事不决问张昭，外事不决问周瑜。之后君臣间共同演了一场好戏。

孙权问，有人主降，有人主战，意见不统一，当以哪个主意为准呢？主战派周瑜洋洋洒洒把形势讲了一通，接着表态道："臣愿为将军决一血战，万死不辞。"孙权马上顺水推舟说："先兄说外事问周瑜，既然周瑜说打，那就打。"

因为孙权这个领导者软硬兼施把大家的思想统一起来，才有了后来闻名史册的"火烧赤壁"。孙权的借力之计用得可谓妙哉，整个事情的发展都如预期的那样，且几乎没被人看出他的借力之计，使之运用于无形之中。

我们都懂得"独木难成林"的道理。一个人的能力再大，没有足够的外力还是难以成功的。所以，要想成就一番大事业，就要学会借助第三者的力量。我们要不吝惜借所有能借到的力量：事外物的力，周围人的力，朋友的力，对手的力。只要能为我所用，一切外力都可借用。

其实，今天的"借力而行"就是每个人的智慧的大集聚、大联合、大协调。人们不光是借助人的力量，而且要善于及时掌握充足的信息，借助外物或者环境的力量，伺机而动，才能够真正把握天时地利，顺风顺水、顺畅圆满地达到预期目标。

避人所短，用人所长

苏轼描绘庐山时说："横看成岭侧成峰，远近高低各不同。"人才同庐山一样，从不同的角度看，也具有不同的才能与潜力。明代叶子奇在《草木子》中云："造化无全功，巧其音者拙其羽，丰其实者啬其花。"的确如此，每一种事物有其长则必有其短，人有其能也必有其愚。作为一名管理者，要有识人之术，同时能够灵活用人，容其所短、用其所长，这样，人人均可得其所、尽其所用，使"天生我才必有用"落到实处。

颇具慧眼的唐太宗也看出了用人与用器之间的奥妙。他曾让大臣封德彝推举贤才，而封德彝久无动静，理由是"非不尽心，但于今非有奇才耳"。唐太宗十分生气地说："古人治国难道还要到别的朝代借人吗？应当为自己不能知人而忧虑。"他不仅相信当朝就有人才，而且明确地指出："君子用人如器，各取所长。"

古诗云："骏马能历险，犁田不如牛。坚车能载重，渡河不如舟。舍长以就短，智高难为谋。生才贵适用，慎勿多苛求。"古人曰："用人如器，各取所长。"用人要懂得变通，因才适用，再优秀的人也有其短处，再愚笨的人也有其长处，用人就要用其特长，才能收到事半功倍的效果。

"金无足赤，人无完人。"十全十美的人在现实生活中是很难找到的。一般说来，识人之短容易，识人之长、能说他人好话并非易事。作为管理者，要有求贤若渴的态度，对人才从大处着眼、从长处着眼，看人的本质、主流。日本松下幸之助说："用人就是要用他的勇气，必须尽量发掘部属的优点。当然，发现了缺点之后，也应该马上纠正。以七分心血去发掘优点，用三分心思去挑剔缺点，就可以达到善用人才的目的。"

在选拔人才时，如果能容其短，用其所长，就能合理利用人才。因此，作为一个管理者，眼睛绝不能只盯在奇才、全才上，而要懂得"用人如器，各取所长"的道理。如果能做到"容其所短，用其所长"，就会发现人才就在身边，人才用之不竭。世界上没有全能的人才，关键在于管理者能否知人善任，舍短取长，做到人尽其才、才尽其用。

能伸更要能屈

俗话说："天有不测风云，人有旦夕祸福。"人生在世，荣辱之间，本就是浮沉无常，忍得一时委屈图长远之计，这是志在四海者不可或缺的功夫和修行。

古来先哲为人处世、安身立命的"屈伸学"，原本是效法自然、模仿万物的变通经验的总结。一屈、一伸原是人与万物的本能，也是处世求存的智慧。本能是先天的潜力，智能是后天的功夫。

动物界的刺猬可以说是能屈能伸的智慧的化身了。你看它身处顺境时拱着小脑袋，凭借着满身的硬刺，横冲直撞；当它身处险境时，则缩回脑袋，把自己裹成一个刺球，让敌人无隙可击。

为人处世要能屈能伸，只有这样才能于逆境中奋起，最终办成大事。

冯梦龙的著作《智囊》中有观点认为：人与动物一样，当形势不利时，应当暂时退却，以屈为伸，否则，必将倾覆以致灭亡。蠖会缩身体，鸷会伏在地上，动物都有这样的智慧，以此来保全自身，难道我们人类还不如动物吗？当然不是。人更应该学会保护自己，以期发展自己。

在生活、事业处于困难、低潮或逆境、失败时，若运用"屈"的智慧，往往会收到意想不到的效果；反之，该屈时不屈而伸，必然遭到沉重打击，甚至连性命都保不住，那样，还有什么资格去谈人生、谈事业、谈未来、谈理想呢？

冯梦龙的屈伸分寸之说，通俗易懂，古今结合，事理结合，具有一定的说服力。纵观历史，有多少豪杰人物，为成就自己的事业，实现自己的理想，在必要的时候，使用了屈伸之术，从而保存自己，待时机一到，便东山再起。历史证明，善于使用屈伸之术，该屈则屈，该伸则伸，较好地掌握其分寸，是成就大业的重要途径。

屈，是一种处世的精明，一种"水往低处流"的谦恭；是困境中求存的"耐"，是负辱中抗争的"忍"；是名利纷争中的"恕"，是与世无争中的"和"。伸，是以退为进的谋略，以柔克刚的内功，以弱胜强的气概；

是"无可无不可"的两便思维，是"有也不多，无也不少"的自如心态，更是"不战而胜"的变通策略。

学会见机行事

人际交往有着诸多复杂的关系蕴藏其中，这就需要我们在说话、办事上都要能够"察言观色"，能够紧随事情态势，见机行事，只有这种功夫练得深厚了，才能恰到好处地解决好所临之事。

历史上，大太监李莲英在民间传说中大都是反面的，但是我们却不得不承认，他具有相当深厚的见机行事、善于应变之功。他为人机灵、嘴巧，善于取悦慈禧，这种机灵常常为慈禧和下属解脱困境。我们不妨来看其中一例：

慈禧爱看京戏，且常以小恩小惠赏赐艺人一点儿东西。一次，她看完杨小楼的戏后，把他召到跟前，指着满桌子的糕点说："这些赐给你，带回去吧！"

杨小楼叩头谢恩，他不想要糕点，便壮着胆子说："叩谢老佛爷，这些尊贵之物，奴才不敢领，请……另外恩赐点……"

慈禧心情好，并未发怒，反而好情致地问他"要什么"。

杨小楼又叩头说："老佛爷洪福齐天，不知可否赐个字给奴才。"

慈禧听了，一时高兴，便让太监捧来笔墨纸砚。慈禧举笔一挥，就写了一个"福"字。

站在一旁的小王爷看了慈禧写的字，悄悄地说："福字是'示'字旁，不是'衣'字旁！"杨小楼一看，思忖着：这字写错了，若拿回去必遭人议论，岂非有欺君之罪，不拿回去也不好，慈禧一怒就要自己的命。要也不是，不要也不是，他一时急得直冒冷汗。

看到自己所犯的低级错误，慈禧太后也觉得挺不好意思，既不想让杨小楼拿走错字，又不好意思再要过来，气氛也因此而紧张起来。

旁边的李莲英脑子一动，笑呵呵地说："老佛爷之福，比世上任何人都要多出一'点'呀！"杨小楼一听，脑筋转过弯来，连忙叩首道："老佛爷福多，这万人之上之福，奴才怎么敢领呢！"慈禧正为下不了台而发愁，听这么一说，急忙顺水推舟，笑着说："好吧，隔天再赐你吧！"

所谓"伴君如伴虎"，在老佛爷面前要是说错了话，很可能会性命难保。而李莲英却深谙见机行事、顺势说话的本事，巧妙地为二人解脱了窘境。应变所推崇的是急中生智，而最能代表变通水平的非幽默莫属。

在当今社会中，应变能力已成为当代人应当具备的基本能力之一。我们每个人每天都要处理各种各样复杂烦琐的事情，要与不同的人交涉不同的事宜，要把握时时刻刻的形势，高超的应变能力是我们不可缺少的能力之一。再者，随着社会竞争的加剧，人们所面临的变化和压力与日俱增，努力提高自己的应变能力，对保持健康的心理状况也有很大的帮助。

记住，聪明的人一定是能够把握时机、顺应形势的人。

不要急于求成

任何事物在成长的时候都可能需要一段时间来积蓄力量。蛰伏是为了等待时机，一旦到了惊蛰阶段，就可以大干一场了。如果没有蛰伏这一阶段做准备，也许就没有腾飞的一刻。要想达成某件事情，不是随心所欲、想做就做的，这需要长期储备、自我修炼，首先必须得提高自己，让自己比别人优秀，比别人拥有更多的优势、更强大，否则只能以失败收场。

明太祖朱元璋就是运用养精蓄锐之术，才在群雄之中立于不败之地，最后平定天下的。他巧用"养士"的策略，把一大批能人谋士笼络在自己周围，为己所用。

"养士"给朱元璋带来了许多意想不到的好处。首先，"养士"可以削弱敌人。假如"士"不为我所用，势必归顺于竞争对手或者自行集合起来，结果对自己不利。其次，"养士"可以安民，儒雅之士大都知识渊博，在地方上有名望，在百姓心目中有地位，朱元璋用"士"，对于民心的向背有着潜移默化的作用。最后，"养士"有利于地方的行政管理。经济上，儒士处于中小地主阶级，拥有许多的佃户，"士"归民归，"士"顺则民顺。

在攻下徽州时，老儒生朱升告诉朱元璋三句话："高筑墙，广积粮，缓称王。"这一建议对朱元璋的事业影响很大。朱元璋依此建议，养精蓄锐。第一，巩固后方，保存实力。他在军事上通盘调度，统一指挥，建立巩固的根据地，并使之由点成面。第二，发展生产，兵民结合。为了发展生产，他想了许多办法，如设立营田使，实行屯田养兵；还设立"万户府"，加强民兵建设，把作战力量和生产力量合二为一。第三，缩短目标，从长计议。他审时度势，避实就虚。当义军纷纷揭竿而起，群雄并起时，朱元璋却施行"缓称王"之计。当先称王者在与元军厮战中双双元气大伤时，朱元璋才挥师南征北战，同时并进，最终统一了全国。

任何行动都有最佳时机，懂变通的人都知道事半功倍的道理：什么时候该行动，什么时候保持不变，怎样才能赢得优势，如何取得最终的胜利。在时机尚未成熟，条件不具备时就要养精蓄锐，韬光养晦，暂避锋芒，积极储蓄力量，不要急于求成，而要通过时间来取得决定性的优势，这就是一种最可取的变通思维。当然，在养精蓄锐阶段还要通过实际工作来提高自己的能力。

如此，方能增加成功的砝码。

第二章

当无法改变世界时，你就改变自己

第一节　改变世界前，先改变自己

修正自己在于管理自己

很早的时候我国古代圣贤就说过"克己"，也就是自制的意思。一些外国人在"自制"方面做得也很有成就。

南京大学有一个美国留学生叫唐·娜。寒假里，唐·娜随她的女同学张菁到张的老家河南农村过年。大年初一，张家准备了一桌丰盛的酒席招待唐·娜。席上，张父特意以当地名酒款待唐·娜。张父给唐·娜斟了满满一杯酒，可是唐·娜只是礼貌地举杯，却滴酒不沾。

张家问其故。唐·娜说，她的家乡在美国西雅图州，当地的法律规定，公民年满21岁才能饮酒，她今年才19岁，还未到饮酒的年龄。虽然自己身在国外，也应该遵守美国法律。名酒的味道很香，但自己会克制自己，不到法定年龄，绝不饮酒。

张家人对这个19岁的美国姑娘十分赞赏。

寒假结束，唐·娜要回南京的时候，当地有关部门出于礼貌想设宴款待唐·娜，唐·娜却婉言谢绝了。问其故，唐·娜说，美国的法律规定，凡属官方的宴请，只能由政府官员出席。她是一个普通的美国人，不是政府官员，因此不能接受官方的宴请。

美酒的味道很香，唐·娜却不为之心动。这是在没有任何外界压力下的一种自我限制行为，是在自觉地履行道德上的某种义务。有较强自制能力的人，一定能够战胜自我。如果不幸遇到祸害，他一定能够泰然处之，化祸为福，让自己快乐。可见，自制对快乐的人生是极其重要的。

修正自己才能提高能力

上帝问人，世界上什么事最难。人说挣钱最难，上帝摇头。人说哥德巴赫猜想最难，上帝又摇头。人说我放弃，你告诉我吧。上帝神秘地说是认识自己并且修正自己的弱点。的确，那些富于思想的哲学家也都这么说。

发现自己的弱点并克服它确实很难。理由繁多，因人而异，但是所有理由都源于两点：害怕发现弱点，害怕修正自己。

就像一个不规则的木桶一样，任何一个区域都有"最短的木板"，它有可能是某个人，或是某个行业，或是某件事情。聪明的人应该把它迅速找出来，并抓紧做长补齐，否则它带给你的损失可能是毁灭性的。很多时候，往往就是因为一个环节出了问题而毁了所有的努力。

对于个人来说，下面的弱点是人们最有可能出现的短板。

1.恶习

毫无疑问，不良的习惯可以说是每个人最大的缺陷之一，因为习惯会通过一再的重复，由细线变成粗线，再变成绳索，再经过强化重复的动作，绳索又变成链子，最后，定型成了不可迁移的不良个性。

人们在分分秒秒中无意识地培养习惯，这是人的天性。因此，让我们仔细回顾一下，我们平时都培养了什么习惯？因为有可能这些习惯使我们显服，拖我们的后腿。

诸如懒散、看连续剧、嗜酒如命以及其他各式各样的习惯，有时要浪费我们大量的时间，而这些无聊的习惯占用的时间越多，留给我们自己可利用的时间就越少。这时的不良习惯就像寄生在我们身上的病毒，慢慢地吞噬着我们的精力与生命，这时的习惯就成了一个人最大的缺陷，成了阻碍个人成功的主要因素。

所以，习惯有时是很可怕的，习惯对人类的影响，远远超过大多数人的理解，人类的行为95%是通过习惯做出的。事实上，成功者与失败者之间唯一的差别在于他们拥有不一样的习惯。一个人的坏习惯越多，离成功就越远。

2.犯错

通常人们都不把犯错误看成是一种缺陷，甚至把"失败是成功之母"作为自己的至理名言。

如果一个人在同一个问题上接连不断地犯错误，比如健忘，这是任何一个成功人士都不能容忍的。一个不会在失败中吸取教训的人是不配把"失败是成功之母"挂在嘴边的。不管是否具备吸取教训的意识或能力，它都是一个人获取成功道路上的致命缺陷。

有一些人不管是在学习中还是在工作中，犯错误的频率总是比一般人高。他们做事情总是马虎大意、毛毛糙糙。对他们而言，把一件事做错比把一件事做对容易得多，而且每当出现错误时，他们通常的反应都只是："真是的，又错了，真倒霉啊！"

把犯错归结为坏运气是他们一向的态度，或许他们没有责任心，做事不够仔细认真，或许他们没有找到做事的正确方式，但无论出于哪一点，如果他们没有改正错误，这都将给他们的成功带来巨大的阻碍。

3.马虎

一位伟人曾经说过："轻率和疏忽所造成的祸患将超乎人们的想象。"许多人之所以失败，往往是因为他们马虎大意、鲁莽轻率。

在宾夕法尼亚州的一个小镇上，曾经因为筑堤工程质量要求不严格，石基建设和设计不符，结果导致许多居民死于非命——堤岸溃决，全镇都被淹没。建筑时小小的误差，可以使整幢建筑物倒塌；不经意抛在地上的烟蒂，可以使整幢房屋甚至整个村庄化为灰烬。

鉴于我们这些可知的和未可知的缺点，我们一定要学会修正自己，这本身就是一种能力。

4. 不谨言慎行

自己的言行对做事成功是很有必要的，虽然人们不用匕首，但人们的语言有时比匕首还厉害。一则法国谚语说，语言的伤害比刺刀的伤害更可怕。那些溜到嘴边的刺人的反驳，如果说出来，可能会使对方伤心痛肺。

孔子认为，君子欲讷于言而敏于行。即君子做人，总是行动在人之前，语言在人之后。克制自己，懂言会行是做事最基本的功夫。

法国哲学家罗西法古说，如果你要得到仇人，就表现得比你的朋友优越；如果你要得到朋友，就要让你的朋友表现得比你优越。

而在这个世界上，那些谦虚豁达能够克制自己的人总能赢得更多的知己，那些妄自尊大、小看别人、高看自己的人总是令别人反感，最终在交往中使自己到处碰壁。

所以无论在什么情况下我们都要学会克制自己、修正自己。只有这样，我们才能够提高自己的能力，才能修复我们生活中的一切"短板"，才会受到别人的欢迎，才能做好我们要做的事。

愉悦自己，才是真正地爱自己

在遭遇困苦时，乐观的人总会努力想办法让自己快乐起来，让精神的伤痛远离自己。愉悦自己，才是真正地爱自己。

由于破产和从小落下的残疾，人生对基尔来说已经索然无味了。

在一个晴朗的日子，基尔找到了牧师。牧师耐心听完了基尔的倾诉，对基尔说："我给你看样东西。"他向窗外指去。那是一排高大的枫树，在枫树间悬吊着一些陈旧的粗绳索。他说："60年以前，这儿的庄园主种下这些树，他在树间牵拉了许多粗绳索。对于嫩弱的幼树，这太残酷了，因为创伤是终生的。有些树面对残忍的现实，能与命运抗争，而另一些树消极地诅咒命运，结果就完全不同了。眼前这棵粗壮的枫树看不出什么疤痕，所看到的是绳索穿过树干——几乎像钻了一个洞似的，真是一个奇迹。"

"关于这些树，我想过许多。"他说，"只有体内强大的生命力才可能战胜像绳索带来的那样终生的创伤，而不是自己毁掉这宝贵的生命。对于人，有很多解忧的方法。在痛苦的时候，找个朋友倾诉，找些活干。对待不幸，要有一个清醒而客观的全面认识，尽量抛掉那些怨恨、妒忌等情感负担。有一点也许是最重要的，也是最困难的：你应尽一切努力愉悦自己，真正地爱自己。"

能否越过障碍、突破挫折困苦，乐观的人总有他自己的方法。

1.转移不良的情绪

碰到不顺心的事情或在家中与亲属发生争吵，不妨暂时离开一下现场，换个环境，或者同别人去侃大山，或者参加一些文体活动，娱乐一下。总之，把注意力转移到别的方面去。只有把原来的不良情绪冲淡以至赶走，才能重新恢复心情的平静和稳定。

2.憧憬美好未来

只有经常憧憬美好的未来，才能始终保持奋发进取的精神状态。不管命运把自己抛向何方，都应该泰然处之。不管现实如何残酷，都应该始终相信困难即将克服，曙光就在前头，相信未来会更加美好。

3.忆苦思甜

在人生的旅途中，有时荆棘丛生，有时铺满鲜花，有时忧心如焚，有时其乐融融。对此应进行精心的筛选，不能让那些悲哀、凄凉、恐惧、忧虑、彷徨的心境困扰着我们。对那些幸福、美好、快乐的往事要常常回忆，以便在心中泛起层层涟漪，激发人们去开拓未来，而对那些不愉快的事情，诸多的烦恼则尽量要从头脑中抹掉，切不可让阴影笼罩心头，而失去前进的动力。

4.积极的自我暗示

例如，对着镜子对自己说："我是最棒的！""我一定会成功！"看喜剧电影、听欢快的歌，做自己喜欢的事等。

5.宽待自己

学会宽待自己是一件非常重要的事情。学会宽待自己就要允许自己犯错误，"金无足赤，人无完人"，谁能一辈子不犯错误？在总结教训之余，要安慰自己，即使是自身的原因导致的错误也不要对自己责备太严，要学会宽待自己，经常对自己说：过去的就让它过去吧，一切从头开始。只有这样才能形成正确的心态，才能够乐观地生活下去。

反击别人不如充实自己

有时候，白眼、冷遇、嘲讽会让弱者低头走开，但对强者而言，这也是另一种幸运和动力。所以美国人常开玩笑说，正是因为刺激，才"造就"了杜鲁门总统。故事是这样的：

在读高中毕业班时，查理·罗斯是最受老师宠爱的学生。他的英文老师布朗小姐，年轻漂亮，富有吸引力，是校园里最受学生欢迎的老师。同学们都知道查理深得布朗小姐的青睐，他们在背后笑他说，查理将来若不成为一个人物，布朗小姐是不会原谅他的。

在毕业典礼上，当查理走上台去领取毕业证书时，受人爱戴的布朗小姐站起身来，当众吻了一下查理，向他来了个出人意料的祝贺。当时，人们本以为会发生哄笑、骚动，结果却是一片静默和沮丧。

许多毕业生，尤其是男孩子们，对布朗小姐这样不怕难为情地公开表示自己的偏爱而感到愤恨。不错，查理作为学生代表在毕业典礼上致告别词，也曾担任过学生年刊的主编，还曾是"老师的宝贝"，但这就足以使他获得如此之高的荣耀吗？典礼过后，有几个男生包围了布朗小姐，为首的一个男生质问她为什么如此明显地冷落别的学生。

"查理是靠自己的努力赢得了我特别的赏识，如果你们有出色的表现，我也会吻你们的。"布朗小姐微笑着说。男生们得到了些安慰，查理却感到了更大的压力。他已经引起了别人的嫉妒，并成为少数学生攻击的目标。他决心毕业后一定要用自己的行动证明自己值得布朗小姐报之一吻。毕业之后的几年内，他异常勤奋，先进入了报界，后来终于大有作为，被杜鲁门总统亲自任命为白宫负责出版事务的首席秘书。

当然，查理被挑选担任这一职务也并非偶然。原来，在毕业典礼后带领男生包围布朗小姐，并告诉她自己感到受冷落的那个男孩子正是杜鲁门本人。

查理就职后的第一件事，就是接通布朗小姐的电话，向她转述美国总统的问话："您还记得我未曾获得的那个吻吗？我现在所做的能够得到您的奖赏吗？"

生活中，当我们遭到冷遇时，不必沮丧，不必愤恨，唯有尽全力赢得成功，才是最好的答复与反击。当有人刺激了我们的自尊心，伤害到我们的心灵时，强烈批驳别人不如思考自己什么地方还需要完善。

有个喜欢与人争辩的学者，在研究过辩论术，听过无数次的辩论，并关注它们的影响之后，得出了一个结论：世上只有一个方法能从争辩中得到最大的利益——那就是停止争辩。你最好避免争辩，就像避免战争或毒蛇那样。

这个结论告诉我们：反击别人不如自我休战。争辩中的赢不是真赢，它带来的只是暂时的胜利和口头的快感，它会导致他人的不满，影响你与他人之间的关系，更重要的是，在争辩中失利的人不会发自内心地承认自己的失败，所以你的说服和辩论统统徒劳无功，无助于事情的解决。

有一种人，反应快，口才好，心思灵敏，在生活或工作中和别人有利益或意见的冲突时，往往能充分发挥辩才，把对方辩得哑口无言。可是，我们为什么一定要与对方辩论到底，以证明是他错了？这么做除了能得到一时的快意之外还有什么呢？这样能使他喜欢我们或是能让我们签订合同吗？事实并非如此，要想拥有良好的人际关系，要想使自己在事业上游刃有余、在朋友中广受欢迎、在家庭中和睦相处，我们最好永远不要试图通过争辩去赢得口头上的胜利。

反击别人，除了互相伤害以外，我们不会得到任何好处。这是因为，就算我们将对方驳得体无完肤、一无是处，那又怎样？我们只是使他觉得自惭形秽、低人一等，我们伤了他的自尊，他不会心悦诚服地承认我们的胜利。即使表面上不得不承认我们胜了，但心里会从此埋下怨恨的种子，所以还不如用那些时间来做有意义的事情。

莫因害怕"出丑"而禁锢生活

很多时候，我们都会用这样一句话来鼓励自己：天才是1%的灵感加上99%的汗水。于是，一些人就开始拼命工作，希望能用100%的汗水换来那1%的天分。其实，如果能用汗水弥补的天分，就不是真正的天分了。这个世界上，毕竟只有少数人才能成为天才。所以，我们的成长总是要伴随着一些无谓的辛苦和无趣的笑话的。

人们都想使自己聪明，都怕在众人面前出丑。这似乎是截然对立的两件事，聪明人绝不会出丑，出丑的人必然是笨蛋。然而，实际生活并非如此。聪明的人有时简直如一个大傻瓜，他们当众出丑却若无其事，他们被人嗤笑却自得其乐。然而，他们就这样走向了成功。

罗茜读书时网球打得不好，所以老是害怕打输，不敢与人对垒，至今她的网球技术仍然很蹩脚。罗茜有一个同班同学，她的网球比罗茜打得还差，但她不怕被人打下场，越是输越打，后来成了令人羡慕的网球手，成了大学网球代表队队员。

聪明是令人羡慕的，出丑总使人感到难堪。但是，聪明是在无数次出丑中练就的，不敢出丑，就很难聪明起来。

那些勇敢地去干他们想干的事的人是值得赞赏的，即使有时在众人面前出了丑，他们还是洒脱地说："哦，这没什么！"就是这么一类人，他们还没学会反手球和正手球，就勇敢地走上网球场；他们还没学会基本舞步，就走下舞池寻找舞伴；他们甚至没有学会屈膝或控制滑板，就站上了滑道。

艾米只会说几句法语，但她却毅然飞往法国去做一次生意旅行。虽然人们曾告诫她：巴黎人看不起不会讲法语的人，但她坚持在展览馆、在咖啡店、在爱丽舍宫用法语与每个人交谈。难道她不怕结结巴巴、不怕语塞傻笑、出丑吗？一点儿也不。因为艾米发现，当法国人对她使用的虚拟语气大为震惊之后，许多人都热情地向她伸出手来，为她的"生活之乐"所感染，从她对生活的努力态度中得到极大的乐趣。他们为艾米喝彩，为所有有勇气做一切事情而不怕出丑的人欢呼。

生活中有些人由于不愿成为初学者，就总是拒绝学习新东西。他们因为害怕"出丑"，宁愿闭塞自己的机会、限制自己的乐趣、禁锢自己的生活。

若要改变自己的生活位置，总要冒出丑的风险。除非你决心在一个地方、一个水平上"钉死"了。不要担心出丑，否则你就会无所作为，而且更重要的是你同样不会心绪平静、生活舒畅。你会受到囿于静止的生活而又时时渴望变化的愿望的痛苦煎熬。我们也许应该记住这一点，由于我们害怕出丑也许会失去许多生活机会而感到后悔。我们应该记住一句法国谚语："一个从不出丑的人并不是一个他自己想象的聪明人。"

第二节　外界无法改变时，先改变自己

你比你认为的更伟大

走近一个不了解的环境之中时，我们会习惯性地怀疑自己的能力，陌生会带给我们恐惧。再加上不了解的人对我们的不客观的评价，常常会让我们感受到很多莫名的压力。所以，我们总是在自我否定里畅游，以为自己很糟糕。但是我们可以看到，以前并不被看好的人最终站在成功的舞台上的时候，我们不得不说，是人们看低了他们，是他们自己低估了自己的实力。

由此可见，有时候我们并不了解自己到底有多大实力，当我们还在为自己的糟糕而难过的时候，说不定你已经开始创造奇迹的旅程了。

在《野草只是没被发现用处的植物》一文中曾经写道：

他生于美国一个靠海的小村庄。5岁那年，他们全家搬迁到纽约布鲁克林区，父亲在那儿做木工，承建房座，他也开始在那儿上小学。由于生活穷困，他只读了五年小学，便辍学在印刷厂做学徒了。工作虽然辛苦，却没有阻止他爱上浪漫的诗歌，他像发疯一样，没日没夜地写。

1855年7月4日，他自费出版了第一本诗集，初版印了1000册。薄薄的小书只有95页，包括12首诗和1篇序。绿色的封面，封底上画了几株嫩草、几朵小花。他兴奋地拿了几本样书回家，弟弟乔治只是翻了一下，认为不值得一读，就弃之一旁。他的母亲也是一样，根本没有读过它。一个星期之后，他的父亲因风瘫病去世，也没有看过儿子的作品。

拿出去卖，很可惜，一本都没卖掉。他只好把这些诗集全都送了人，但也没有得到什么好结果。著名诗人朗费罗、赫姆士、罗成尔等人对此不予理睬，大诗人惠蒂埃把他收到的一本干脆投进火里，林肯看后也险些烧掉。

社会上的批评更是铺天盖地，对他大肆辱骂。伦敦《评论》报认为"作者的诗作违背了传统诗歌的艺术。他不懂艺术，正像畜生不懂数学一样。"波士顿《通讯员》则把这本诗集称为"浮夸、自大、庸俗和无种的杂凑"，甚至写他是个"疯子"，"除了给他一顿鞭子，我们想不出更好的办法"。连他的服装、相貌都成了嘲笑的对象，"看他那副模样，就能断定他写不出好诗来"。

铺天盖地的嘲笑和谩骂声，像冰冷的河水，浇灭了他所有的激情。他失望了，开始怀疑自己：我是不是根本就不是写诗的料？就在他几近绝望时，远在马萨诸塞州康科德的一位大诗人被他那创新的写法、不押韵的格式、新颖的思想内容打动了。大诗人随即写了一封信，给这些诗以极高的评价：

"亲爱的先生，对于才华横溢的诗集，我认为它是美国至今所能贡献的最了不起的聪明才智的精华。我在读它的时候，感到十分愉快。它是奇妙的、有着无法形容的魔力、有可怕的眼睛和水牛的精神，我为您的自由和勇敢的思想而高兴……"

这真诚的夸奖和赞誉，一下子点燃了他心中那将要熄灭的火焰。他从此坚定了自己写诗的信念，一发而不可收。

他成为具有世界声誉和世界意义的伟大诗人，他唯一的诗集也成了美国乃至人类诗歌史上的经典。他就是现代美国诗歌之父——瓦尔特·惠特曼，那部诗集的名字叫《草叶集》。而当年那位写信对他予以赞美和鼓励的诗人，叫爱默生。

爱默生说："在我的眼里，没有野草，野草只是还没有被发现用处的植物。"所以，当惠特曼沉浸在对自己的失望的痛苦中时，他根本就没有意识到自己正在创造人类的奇迹，而他自己也已经成了全世界最伟大的诗人之一。

很多时候，我们并不能完全了解自己。所以，在灾难发生时，我们才会有惊人的爆发力；在处于险境时，我们才能挖掘出以前没有意识到的潜能。

我们总是比自己想象中的更伟大，所以不要低估自己，认为自己很糟糕，而应该多给自己一份信心，多给自己准备一个发展的平台。相信在自信的动力驱使之下，我们一定会有更好的成绩，有更多的机会接近成功。

改变态度，你就可能成为强者

有这样一个故事：

一天，一只老虎躺在树下睡大觉。一只小老鼠从树洞里爬出来时，不小心碰到了老虎的爪子，把它惊醒了。老虎非常生气，张开大嘴就要吃它，小老鼠吓得簌簌发抖，哀求道："求求你，老虎先生，别吃我，请放过我这一次吧！日后我一定会报答你的。"

老虎不屑地说："你一只小小的老鼠怎么可能帮得了我呢？"但它最后还是把老鼠放走了，因为它觉得一只小小的老鼠还不够塞自己的牙缝。

不久，这只老虎出去觅食时被猎人设置的网罩住了。它用力挣扎，使出浑身力气，但网太结实了，越挣扎绑得越紧。于是它大声吼叫，小老鼠听到了它的吼声，就赶紧跑了过去。

"别动，尊敬的老虎，让我来帮你，我会帮你把网咬开的。"

小老鼠用它尖锐的牙齿咬断了网上的绳结，老虎终于从网里逃脱出来。

"上次你还嘲笑我呢，"老鼠说，"你觉得我太弱小了，没法报答你。你看，现在不正是一只弱小的小老鼠救了大老虎的性命吗？"

读完这个故事，我们不难想到，在这个世界上，从来就没有谁注定就是强者，也没有谁注定就是弱者。强大如老虎，在猎人的陷阱里，它就变成了弱者；弱小如老鼠，在结实的网绳前，拥有锋利牙齿的它就变成了强者。

你或许自以为是弱者：貌不惊艳，技不如人，出身贫寒，资质平平，在人才辈出的社会里就像"多一个不多，少一个不少"的那个人。如果你这么想，你就错了，甚至连上文中那个自信满怀的老鼠都不如。

在这个世界上，每个人都是身怀绝技的强者，这种绝技就像金矿一样埋藏在我们看似平淡无奇的生命中。

法国文豪大仲马在成名前穷困潦倒。有一次，他跑到巴黎去拜访他父亲的一位朋友，请他帮忙找个工作。

他父亲的朋友问他："你能做什么？"

"没有什么了不得的本事。"

"数学精通吗？"

"不行。"

"你懂得物理吗？或者历史？"

"什么都不知道。"

"会计呢？法律如何？"

大仲马满脸通红，第一次知道自己太差劲了，便说："我真惭愧，现在我一定要努力补救我的这些不足。我相信不久之后，我一定会给您一个满意的答复。"

他父亲的朋友对他说："可是，你要生活啊！把你的地址留在这张纸上吧。"大仲马无可奈何地写下了他的住址。

父亲的朋友看后高兴地说："你的字写得很好呀！"

你看，大仲马在成名前，也曾有过认为自己一无是处的时候。然而，他父亲的朋友却发现了他的一个优点——字写得很好。

字写得好，也许你对此不屑一顾：这算什么绝技！然而，不管这个绝技有多么的了不起，但它毕竟是你的本事。你就能以此为基地，扩大你的优势范围：字能写好，文章为什么就不能写好？

我们每一个人，特别是妄自菲薄的人，切不可把强者的标准定得太高，而对自身的长处视而不见。你不要死盯着自己学习不好、没钱、不漂亮等不足的一面，你还应看到自己身体健康、会唱歌、文章写得好等不被外人和自己留意或发现的强项。

事实上，你不是个天生的弱者，每个人都有自己的长处和短处，你为什么只看到自己的不足，而没有看到自己的闪光之处呢？

纤细孱弱的小草，自然无法与伟岸挺拔的劲松相提并论。然而，春寒料峭中，是小草那片淡淡的嫩绿，让大地展现出勃勃的生机。

潺潺而流的溪水，当然不能与奔腾浩渺的江河同日而语。然而，深山河谷中，是小溪那份执着的奔流，让大地充满了无限的活力。

小草不因其柔弱而萎缩，小草自有一种信念；小溪不因其涓细而却步，小溪自有一种自信……你，同样不是弱者，只要你认识自己的力量，爆发自己的热能，你就是生活的强者。

只要在认识自己中不断创造自己，不断完善自己，又何必要那么多的惆怅、自卑和叹息。仰起你自信的脸庞，即使你现在还是小草、小溪、小鸟、小舟，甚至阴暗角落里那粒不为人所知的尘埃，总有一天，你可以成为万众瞩目的强者。

人生并非由上帝定局，你也能改写

常常会听到这样的抱怨：我很想做一番事业，可是没有贵人相助；如果我出生在显赫的家庭，我一定不会像现在这样生活了……面对生活的不如意，我们总是抱怨环境、抱怨命运，可是我们忘了，真正决定我们生活的，并不是命运，而是我们自己。

虽然我们无法选择自己的出身、父母和家庭，也就是说无法选择决定我们前半生命运的平台。但是，我们绝对有办法选择自己后半生的路、生活环境或者生活方式。命运不是一成不变的，所以即使我们曾经承受了过多的苦痛，现在也可能正在经受着生活的折磨，但是只要你敢于向命运挑战，敢于寻找命运的突破口，你就一定能改写自己的命运。

在《中国教师报》上曾经登载了这样一篇文章：

他出生于马里兰州。因为家境不好，父母很早就打算让他弃学，但遭到了两个姐姐的强烈反对。在他的记忆中，那次两个姐姐和父亲吵得很厉害，大姐甚至一度提出自己会资助弟弟读书，这一方案最终没有得到父亲的首肯。

虽然吃的东西里没有什么大鱼大肉，但是他的身体却在猛速增长，这让他感到很烦恼。细心的姐姐发现了这一变化，认为他将是罕见的游泳天才。于是她想方设法地弄了一些游泳方面的杂志给他看，并利用一切闲暇时间给他灌输相关的知识。在姐姐的影响下，他对游泳变得近乎痴迷起来。

然而当他把要做一名游泳队员的想法告诉父亲时，却遭到父亲强烈的反对："你这个傻瓜，你知道白痴是怎么来的吗？就是像你这样想出来的！游泳？你以为人人都是天才，别做梦了！"

然而，他并不甘心做一个碌碌无为的人。在姐姐的指导下，他总能轻松学会别的少年所不能掌握的技巧……经过坚持不懈的努力，他终于将自己的理想一一变成了现实。2001年，他打破了200米蝶泳世界纪录，成为最年轻的世界纪录保持者，并赢得了"神童"的美誉。2003年，他接连5次打破世界纪录，当之无愧地被评为年度世界最佳男子游泳运动员。2007年，在墨尔本世锦赛上，他更是独揽七金，被人称为世界泳坛上的"一哥"。

2008年8月10日，在北京奥运会的首次比赛中，他轻松获得男子400米混合泳的冠军，并再次打破这个比赛的世界纪录。

是的，他就是被人称为游泳运动历史上最伟大的全能运动员，美国游泳队男头号明星的"金童"菲尔普斯。2008年，他带着一家人开始了环球旅行，最后一站就是长城。想起童年的往事，他感慨万千。他站在城墙上对父亲说："亲爱的爸爸，还记得小时候你经常嘲笑我不要痴人做梦，但你的儿子很争气，不但成为世界冠军，也实现了当时立下环球旅行的誓言。"父亲紧紧地拥抱着他，热泪盈眶。

2008年，菲尔普斯用传奇的8项新纪录告诉了我们：许多时候，上天安排的厄运并非故事的结局，以你的信念作笔，你完全可以改写！

我们无法抹杀菲尔普斯在北京奥运会上呈现在我们面前的精彩，但是我们同样不能忘记，在之后的残奥会上，那些为了梦想而努力拼搏的身影。对于残奥会的健儿来说，他们没有受到命运的宠爱，上帝在书写他们的人生的时候，为他们安排了厄运。但是他们通过自己的努力，通过超乎常人的付出，呈现在我们面前的，同样是一种震撼人心的精彩。

与他们相比，我们所面临的那一点困难又能算什么呢？生活中，我们遇到的无非就是工作压力、求职压力、生活压力。也许我们对生活有美好的构想，但是现实总是粉碎了我们的愿望。这个时候，与其选择悲观失望，莫不如鼓起勇气，向生活挑战，向命运挑战。当我们展露出勇往直前的姿态的时候，那些曾经阻隔我们向美好生活迈进的困难与挫折，就会在我们面前丢盔卸甲，变得不堪一击。

依赖别人，不如依靠自己

在我们的生活中，随着家庭中孩子的越来越少，爸爸妈妈、爷爷奶奶、姥姥姥爷……一大家子人把一个孩子当成宝贝一样宠着，很容易就养成了孩子的依赖性。于是，在我们身边，很多人都存在极强的依赖心理，习惯依靠"拐杖"走路，在别人的关照之下生活。

这些人经常持有的一个最大谬见，就是以为他们永远会从别人不断的帮助中获益，而且他们相信，不管遇到什么事情，总会有人出来帮助他们，即使是雨天，也一定会有那么一个人出来替他们打伞遮雨。但并不是所有的事情都是别人能替我们完成的：坐在健身房里让别人替我们练习，是无法增强自己肌肉的力量的。

没有什么比依靠他人更能破坏独立自主的精神了。如果你依靠他人，你将永远坚强不起来，也不会有独创力。生活中最大的危险，就是依赖他人来保障自己。"让你依赖，让你靠"，就如同伊甸园的蛇，总在引诱你。它会对你说："不用了，你根本不需要。看看，这么多的金钱，这么多好玩的、好吃的东西，你享受都来不及呢……"这些话，足以抹杀一个人意欲前进的雄心和勇气，阻止一个人利用自身的资本去换取成功的快乐，让你日复一日原地踏步，止水一般停滞不前，以至于你到了垂暮之年，终日为一生碌碌无为而悔恨不已。而且，这种错误的心理，还会剥夺一个人本身具有的独立的权利，使其依赖成性，靠拐杖而不想自己一个人走。有依赖，就不会想独立，其结果是给自己的未来挖下失败的陷阱。

美国总统约翰·肯尼迪的父亲从小就注重对儿子独立性格和凡事靠自己的精神的培养。有一次他赶着马车带儿子出去游玩。在一个拐弯处，因为马车速度很快，猛地把小肯尼迪甩了出去。当马车停住时，儿子以为父亲会下来把他扶起来，但父亲却坐在车上悠闲地掏出烟。

儿子叫道："爸爸，快来扶我。"

"你摔疼了吗？"

"是的，我感觉站不起来了。"儿子带着哭腔说。

"那也要坚持站起来，重新爬上马车。"

儿子挣扎着自己站了起来，摇摇晃晃地走近马车，艰难地爬了上来。

父亲摇动着鞭子问："你知道我为什么让你这么做吗？"

儿子摇了摇头。

父亲接着说："人生就是这样，跌倒、爬起来、奔跑，再跌倒、再爬起来、再奔跑。在任何时候都要靠自己，没人会永远扶着你的。"

肯尼迪听了父亲的话，若有所思地点点头。从那以后，他不再去依赖别人，即使他当上了总统，也依然保持着凡事靠自己的做事风格。

雨果曾经写道："我宁愿靠自己的力量打开我的前途，也不愿乞求有力者的垂青。"一个人只要活着，他的前途就永远取决于自己，成功与失败，都只系于他自己身上。依赖是对生命的一种束缚，是一种寄生状态。英国历史学家弗劳德说："一棵树如果要结出果实，必须先在土壤里扎下根。同样，一个人首先需要学会依靠自己、尊重自己，不接受他人的施舍，不等待命运的馈赠。只有在这样的基础上，才可能做出成就。"将希望寄托于他人的帮助，便会形成惰性，失去独立思考和行动的能力。将希望寄托于某种强大的外力上，意志力就会被无情地吞噬掉。

但是在我们的生活中，还有很多人靠在别人的肩膀上，享受着对别人的依赖：很多刚毕业或者即将毕业的大学生，不想自己去找工作，却想依赖父母的关系，花一点钱走个后门直接进某某单位。可是，我们想过没有，父母能把我们送到一个工作岗位，却不能替我们完成所有的工作。那些工作上的苦痛，还是需要我们自己去承受的。

人生的风风雨雨，只有靠自己去体会、去感受，任何人都不能为你提供永远的荫庇。你应该掌握前进的方向，把握住目标，让目标似灯塔般在高远处闪光。你应该独立思考，有自己的主见，懂得自己解决问题。你不应相信有什么救世主，不该信奉什么神仙或皇帝，你的品格、你的作为、你所有的一切都是你自己行为的产物，并不能依靠其他什么东西来改变。你就是主宰一切的神灵，一个人，即使驾着的是一匹赢弱的老马，但只要缰绳握在你的手中，你就不会陷入人生的泥潭。人只有依靠自己，才能经得起风雨。

在压力中寻求动力

许多人视对手为心腹大患，视异己为眼中钉、肉中刺，恨不得除之而后快。其实，能有一个强劲的对手，反而是一种福分、一种造化，因为一个强劲的对手会让你时刻都有危机感，会激发你更加旺盛的精神和斗志。

加拿大有一位享有盛名的长跑教练，由于在很短的时间内培养出好几名长跑冠军，所以很多人都向他探询训练秘密。谁也没有想到，他成功的秘密仅在于一个神奇的陪练，而这个陪练不是一个人，是几匹凶猛的狼。

这位教练一直要求队员们从家里出发时一定不要借助任何交通工具，必须自己一路跑来，以此作为每天训练的第一课。有一个队员每天都是最后一个到，而他的家并不是最远的。教练甚至想告诉他改行去干别的，不要在这里浪费时间了。

但是突然有一天，这个队员竟然比其他人早到了20分钟，教练惊奇地发现，这个队员今天的速度几乎可以打破世界纪录。

原来，在离家不久，他在野地里遇到了一匹野狼。那匹野狼在后面拼命地追他，他在前面拼命地跑，最后，那只野狼竟被他甩掉了。

教练明白了，今天这个队员超常发挥是因为一匹野狼，他有了一个可怕的敌人，这个敌人令他把自己所有的潜能都发挥了出来。

从此，教练聘请了一个驯兽师，并找来几匹狼，每当训练的时候，便把狼放开。没过多长时间，队员的成绩都有了大幅度的提高。

日本的游泳运动一直处于世界领先地位，有人说，他们的训练方法也有着很神奇的秘密：日本人在游泳馆里养着很多鳄鱼。

队员每次跳下水之后，教练都会把几只鳄鱼放到游泳池里。几天没有吃东西的鳄鱼见到活生生的人，立即兽性大发，拼命追赶运动员。运动员尽管知道鳄鱼的大嘴已经被紧紧地缠住了，但看到鳄鱼的凶相时，还是会拼命往前游。

无论是加拿大人还是日本人，他们无疑都领悟到了这样一个道理，敌人的力量会让一个人发挥出巨大的潜能，创造出惊人的成绩，尤其是当敌人强大到足以威胁你的生命时。敌人就在你的身后，你一刻不努力，生命就会有万分的惊险和危难。

就像谁都知道机器设备会按一定年限折旧，可很少有人想到自己赖以生存的知识、能力，也会随着岁月的流逝而不断折旧。

我们很多人在本科毕业、硕士毕业、博士毕业后就以为自己的知识储备已经完成，能足够去应对新时代的风风雨雨，但是我们往往发现：在现实社会中，只有那些不断更新自己知识，不断改进自身知识结构的人，才能真正在市场上站住脚。

人与机器的区别就在于人有自我更新的能力。如果你不能睁大双眼，以积极的心态去关注、学习新的知识与技能，那么你很快就会发现，你的价值被打了八折、七折、六折甚至一文不值。这一切也许在你茫然不觉的时刻突然来临，因为不可能有一位会计时刻为你做"折旧"财务报表以提醒你，只有靠你自己主动给自己"折旧"，时刻提醒自己 在这个知识与科技发展一日千里的时代，必须不断地学习、不断地充实自己、不断地追求成长，才能使自己在职场上始终立于不败之地。

成功的人有千万，但成功的道路却只有一条——学习，勤奋地学习。如果一个人停止了学习，那么很快就会"没电"，就会被社会所抛弃。养成不忘学习的习惯，你离成功就不远了。

在日新月异的时代，你必须时时刻刻具有危机意识，在压力中寻找动力，天天学习，经常充电，这样才不至于落伍，同时也会充实自己，为自己奠定雄厚的基础，以保证自己在激烈的竞争环境中生存下去。

反方向游的鱼也能成功

人生不会一帆风顺，常常"行至水穷处"。所以，能够一直向前走，是智慧。若看到前方是绝路，主动转身给自己找到更好的出路，便是大智慧。2009年春节联欢晚会上，青年魔术师刘谦引人注目，但是同样以魔术著称的大卫·科波菲尔，却如同一条反方向游的鱼，在成功的路上走出了一条属于他自己的路。

某杂志里有过这样一篇文章，其中写道：

从小他是个腼腆内向的孩子，和他一样大的孩子都不喜欢和他在一起，因为他什么也不会。每次考试，他都是倒数几名。老师不想让他回答问题，因为他总是羞涩地说不知道。大家认为他是笨蛋，是个白痴。伙伴们嘲笑他，说他永远和失败在一起，是失败的难兄难弟。邻居们说，这个孩子将来注定一事无成。父母听到这样的话，暗暗为他担心。

他努力过，可是收效甚微，自己在学业方面取得的进步近乎为零。但是，他还是在不断地加班加点苦读。每天，他醒来后都害怕上学，害怕被嘲笑。周末，他坐在自家的门前，看着草地上喜笑颜开的男孩们，感到自己的未来一片渺茫。

时间在一天天地流逝，学校也在考虑劝其退学。

一次，他看到一个老人为了一张被老鼠咬坏的一美元钞票而痛哭不已。为了不让老人伤心，他悄悄回家将自己平时积攒的硬币换成一张一美元的钞票，交给了老人，说，这是他用魔法变回来的。老人激动不已，说他是个善良聪明的孩子。

父亲知道这件事后，认为自己的孩子还不是个笨到家的人。接下来的这天，是他永远不会忘记的。

父亲要带他出门，目的地是波士顿。他说，我们分头走，你先走，我们半个小时后会合。他听后，向前走去。途中几次回头却始终没有看到父亲的身影。可是等他到达目的地的时候，父亲已经先在那里了。他十分惊讶父亲是如何到达的。

父亲说："我是从反方向来的。"

父亲又说："只要我们能到达目的地，管它用什么方式呢！孩子，就像你学业不成功，并不代表你在其他方面都不能成功。换一个方向，向相反的路走，也许会成功的！"此时，他猛然醒悟。

随后，他看到很多人为了理想不能实现而痛苦不已，就想，假如自己用魔法帮助他们实现，即使是假的，但起码从精神上减轻了他们的痛苦。

从此，他对魔术表现出浓厚的兴趣，并跟随一些魔术师学习魔术。

他克服心中的怯懦，为自己的梦想开始奋斗。他为了实现自己的梦想而进行的努力受到了父母的鼓励。教他魔术的老师发现他在这方面具有很高的悟性，学东西很快，而且每次在原有的基础上都能创新。很快老师的技巧便被他学光了，他不得不换老师。就这样，短短的两年时间里，他换了四个魔术老师。

他就是大名鼎鼎的魔术师大卫·科波菲尔，一个匪夷所思的成功人士。

人生很漫长，前方没有出路的时候，我们可以选择转身，因为在后方，我们同样可以续写更多、更好、更完美的篇章。但是，说起来容易，做起来却是很困难的。因为在生活中，人们一旦形成了某种认知，就会习惯性地顺着这种定式思维去思考问题，习惯性地按老办法想当然地处理问题，不愿也不会转个方向解决问题，这是很多人都有的一种愚顽的"难治之症"。这种人的共同特点是习惯于守旧、迷信盲从，所思所行都是唯上、唯书、唯经验，不敢越雷池一步。而要使问题真正得以解决，往往要废除这种认知，将大脑"反转"过来。

当今社会，大多数企业都喊出了"换个方向就是第一""做一条反方向游的鱼"的口号，因为人们已经发现，随着社会竞争越来越激烈，单靠传统的思想与做法是不可能有多少成功的胜算的。所以，调转方向，开辟一条全新的道路，不失为一种谋求发展的良策。所以，当人们开始为了找不到工作而发愁的时候，完全可以尝试着自己创业。

不要以为机会总在前方等我们，有时候，恰恰是我们最固执的时候，它跑到了我们的身后，轻轻地拍了拍我们的肩膀。

第三章

不变的是原则，万变的是方法

第一节　方法总比问题多

方法是解决问题的"敲门砖"

拿破仑·希尔曾说："你对了，整个世界就对了。"当你的工作或生活出现问题的时候，换一种方法，换一种思路，事情就会豁然开朗，因为，方法是完美解决问题的敲门砖，方法对了，一切问题就能够迎刃而解。

日本的火箭研制成功后，科学家选定A海岛作为发射基地。经过长久的准备，进入可以实际发射的阶段时，A岛的居民却群起反对火箭在此发射。于是全体技术人员总动员，反复地与岛上居民谈判、沟通，以寻求他们的理解。可是，交涉却一直陷入泥淖状态，虽然最后终于说服了岛上的居民，可是前后却花费了3年的时间。

后来他们在重新检讨这件事情时，发现火箭的发射基地并不是非A岛不可。当时只要把火箭运到别的地方，那么，3年前就可以完成发射了。可是此前，却从来没有人发现这个问题。当时他们太执着于如何说服岛民的问题上，所以才连"换个地方"这么简单而容易的方法都没有想到。

在我们的工作和生活中，类似的例子屡见不鲜。销售经理也经常对业务受挫的推销员说："再多跑几家客户！"上司常对拼命工作的下属说："再努力一些！"但是这些建议都有一个漏洞，就像有人曾经问一位高尔夫球高手："我是不是要多做练习？"高尔夫球高手却回答道："不，如果你不先把挥杆要领掌握好，再多的练习也没用。"

一个人之所以成功，很多时候并不是看他是否勤奋和努力，更多时候是看他能不能迅速地找到解决问题最简单的方法。

美国前总统罗斯福在参加总统竞选时，竞选办公室为他制作了一本宣传册，在这本册子里有罗斯福总统的相片和一些竞选信息，而且要马上将这些宣传册印刷出来。可就在要分发这些宣传册的前两天，突然传来消息说这本宣传册中的一张图片的版权出现了问题，他们无权使用，这张照片归某家照相馆所有。但时间已经来不及了，如果这样分发下去，将意味着一笔巨大的版权索赔费用。

一般情况下的做法是派人去这家照相馆协调，以最低的价格买下这张照片的版权。可是竞选办公室并没有这样做，他们通知该照相馆：总统竞选办公室将在他们制作的宣传册中放一幅罗斯福总统的照片，贵照相馆的一幅照片也在备选之列。由于有好几家照相馆都在候选名单中，所以竞选办公室决定借此机会进行拍卖，出价最高的照相馆会得到这次机会。如果贵馆感兴趣的话，可以在收到信后的两天内将投标书寄出，否则将丧失竞价的机会。

结果，很快竞选办公室就收到这家照相馆的竞标和支票。这本来是一个应向对方付费的问题，由于找到了合适的方法，却变为对方付费的问题！

运用正确的方法，竞选办公室不仅解决了问题，而且把问题变成了机会。法国物理学家朗之万在总结读书的经验与教训时深有体会地说："方法得当与否往往会主宰整个读书过程，它能将你托到成功的彼岸，也能将你拉入失败的深谷。"

英国著名的美学家博克说："有了正确的方法，你就能在茫茫的书海中采撷到斑斓多姿的贝壳。否则，就会像瞎子一样在黑暗中摸索一番之后仍然空手而回。"

这些话中所包含的道理并非仅仅指读书，生活中许多时候，方法是十分重要的。面对一个难题时，我们不仅需要良好的态度和精神、需要刻苦和勤奋，而且需要掌握科学的方法。

方法比勤奋更重要

阿基米德说过："给我一个支点，我可以撬动整个地球。"这个支点就是一个恰当的工具，就是我们解决问题的主要方法。如果方法得当，即使问题再棘手，也有解决的可能；相反，如果没有合适的方法，一味勤奋做事，只会浪费精力和资源，也不会获得什么好结果。

有的人做事毫无头绪，只注重宏观的效果，缺少对微观的把握，尽管从表面看来，他们也很勤奋，几乎天天在加班的行列里都能看到他们的身影，但结果总无法令人满意。

在一家国内知名的证券公司工作的小李，毕业于国外的一所金融学院，有着令人羡慕的教育经历，人生的天平似乎早早地倾斜在他这一边，他也是公司公认的勤奋员工。但是三年过去了，他仍然只是一名普通的职员，这是为什么呢？问题就在其工作方法上。

每一次领导布置一项任务时，小李都会以百分之百的热情投入工作，他会找到所有需要的数据进行分析，然后进行大量的统计工作。每天他都在不停地做着统计与分析，每当遇到一项复杂的数据时，他非要弄个明明白白不可。这种勤奋刻苦的精神是难能可贵的，可是效果如何呢？他似乎陷入了一种"分析陷阱"，不能自拔。随着时间一天天地过去，他并没有拿出一个切实可行的办法。

工作不同于学术研究，勤奋笃实的作风固然没错，但探究"为什么"远不如"什么对目前的工作有益"更重要。以错误的方法工作，直接导致了小李工作效率的低下，虽然消耗了大量精力，也花去了大把的时间，却没有取得应有的效果。

在我们身边经常有这样的情况发生：有的人工作很勤奋，每天都忙不停，但是由于工作方法不正确，效率很低，还常常加班加点来完成工作，工作绩效平平；有的人平时很少加班，工作方法正确，能用较少的时间来完成工作，绩效相当好。对于前者，或许最初上司会因为你的刻苦努力而欣赏你，但是长期下来，由于工作效果始终不佳，你的努力几乎等于白费。这是一个重视过程但更重视结果的年代，我们不仅要勤奋，更要用合理的方法做事。两只蚂蚁的故事就说明了这个道理。

有两只蚂蚁想翻越一段墙，到墙那头寻找食物。一只蚂蚁来到墙根就毫不犹豫地向上爬去，可是当它爬到大半时，由于劳累、疲倦而跌落下来。可是它不气馁，一次次跌下来之后，又迅速地调整一下自己，重新开始向上爬去。

另一只蚂蚁观察了一下，决定绕过墙去。很快地，这只蚂蚁绕过墙找到食物，开始享受起来。第一只蚂蚁仍在不停的跌落中重新开始。

简单的故事却向我们昭示了一个深刻的道理：很多时候，方法比勤奋更重要。第一只蚂蚁毫不气馁的勇气值得我们借鉴，但是在不断努力、不断失败之后，我们是否该停下来想想，寻找一个更好的解决问题的方法，这样或许远比我们拥有勤奋的态度要来得有效。失败留给我们的不仅仅是要我们继续努力，更多的是经验教训，需要我们从中获得些什么、改善些什么。没有对失败的反思，总是一次次重复失败，只能是白费力气。

事物发展的速度除了取决于勤奋、坚持、勇敢以外，更需要正确的方法。也许有了一个正确的方法，发展的速度会来得比想象的更快。

当然，我们不能否认勤奋、毅力等品质对于解决问题和成功的重要性，但是在许多时候，一个好的方法能让你事半功倍，在勤奋同等的情况下获得突出的成绩。

爱因斯坦曾经提出过一个公式：$W = X + Y + Z$。这里，W代表成功，X代表勤奋，Z代表不浪费时间、少说废话，Y代表方法。从这个公式中我们可以知道，正确的方法是成功的三要素之一。

如果只有勤奋刻苦的精神和脚踏实地的作风，而没有正确的方法，是不能取得成功的。成功需要的不仅仅是勤奋，也不单纯与花费的时间、精力成正比，其同样需要方法。只有正确的方法才能提高解决问题的效率，才能保证成功！

方法比敬业更重要

工作中，无论多干、少干，能够找对方法、出业绩的员工才是企业最需要的员工。在企业中最受重视的员工，并不是那些只知道忠诚敬业的员工，只有那些出成果、重成效的员工，才是最有发展前途的员工。

在美国企业中流传这样一句话："上帝不会奖励只知道努力工作、兢兢业业的人，而是会奖励找对方法工作的人。"一旦方法对路，工作中的难题也就容易解决，一个人的工作能力也就凸显出来了。

无论是世界500强企业，还是一般的民营企业，都会遇到这样的问题：员工缺乏创新意识，不会创造性地解决问题；员工只知道一味地苦干，而不知道怎样提高工作效能；员工只知道完成任务，不懂得做企业发展真正需要的事……造成这些问题的根源就在于方法上的缺失。员工在思想上只重视行动而忽略方法，只注重苦干不注重效能。方法是提升工作效能的关键，很多人工作业绩不理想并不是因为他们不勤奋、不敬业，而是因为没有找到正确的方法。

联想集团有个很有名的理念："不重过程重结果，不重苦劳重功劳。"

这是写在《联想文化手册》中的核心理念之一。在这个手册中，还明确记录：这个理念，是联想公司成立半年之后开始格外强调的。联想为什么会着重强调这一理念呢？原来这一理念的提出源自联想的创始人柳传志早年刚刚创建联想的一段经历。

联想刚刚成立时，只有几十万元，却由于过于轻信他人，被人骗走了一大半资金，使公司元气大伤。毫无疑问，刚刚创业时候的联想，大家都很有干劲和热情，很有一种敬业的精神。但是，光有干劲和热情，光有敬业的精神，并不能保证财富增加与事业的成功。不仅如此，商场如战场，光有善良、热情、好心等品质，如果缺乏智慧和方法，完全可能给企业造成巨大的损失！

吸取了这一教训，联想后来做事不仅越来越冷静、踏实，而且特别重视策略、方法。联想成立至今，它已经从几个下海的知识分子的公司，变为一家享誉海内外的高科技公司。它之所以有这样大的发展，毫无疑问与这个核心理念密切相关。

我们经常听到某些人讲："没有功劳也有苦劳。"苦劳固然使人感动，但是在市场经济体制下，只有那些做出实际业绩，能够为企业创造实实在在业绩的人才能够赢得公司的青睐，才能够获得更好的发展。

一位曾在外企供职多年的人力资源总监颇有感触地说："所有企业的管理者和老板，只认一样东西，就是业绩。老板给我高薪，凭什么呢？最根本的就是要看我所做的事情，能在市场上产生多大的业绩。"现在就是一个以业绩论英雄的时代，业绩是衡量人才的唯一标准。

不管你的能力如何，不管你是否敬业，你想在公司里成长、发展、实现自己的目标，需要业绩来保证实现你的梦想。只要你能创造业绩，不管在什么公司你都能得到老板的器重，得到晋升的机会，因为你创造的业绩是公司发展的决定性条件。而要创造出良好的业绩，只是单纯的敬业是不够的，关键是你要找到正确的方法。

业绩至上，方法至上。仅仅会埋头苦干、不问绩效的"老黄牛"的时代已经过去了，企业更需要能插上效益翅膀的"老黄牛"。

发现问题才有解决之道

综观古今中外的名人，不管是自然科学家还是社会科学家，是政治家还是外交家，是哲学家还是数学家，几乎都是善于思考、观察、发现和提出问题，或是善于在他人发现的基础上提出问题并找出解决方法而获得成功的人。

爱因斯坦说："发现问题，提出问题，比解决问题更重要……因为解决问题也许仅是一个数学上或实验上的技能而已，而提出新的问题、发现新的可能性，从新的角度去看旧的问题，都需要有创造性的想象力，而且标志着科学的真正进步。"

的确，解决问题的能力很重要，对于个人或是事物的发展和成功都是必不可少的。但发现问题并不比解决问题逊色，有时甚至比解决问题来得更重要。

解决问题是个人能力的综合，而发现问题更是个人水平的体现。无法创造性地使用知识，无法发现问题，那是毫无用处的，而且往往很容易让我们陷入问题所带来的困境。唯一让我们不陷入问题所带来的困境中的方法，就是主动寻找问题。成功需要人们寻找解决问题的方法，但成功更需要我们有超越他人的发现问题的能力。"电话之父"贝尔的成长经历就是一个很好的例子。

贝尔原是语音学教授，一天他在家修理电器时偶然发现，当电流接通或截断时，螺旋线圈会发出噪声。于是他想，是否能以电传送语音甚至发明电话？

这一设想一提出，立即遭到许多人的讥笑，说他不懂电学才会有如此奇怪的想法。贝尔的确一点儿也不懂电学，但他并没有放弃，而是千里迢迢前往华盛顿，向美国著名的物理学家、电学专家约瑟夫·亨利请教。亨利对他的想法给予了充分肯定，并鼓励贝尔去学习电学知识。

亨利的肯定对贝尔产生了很大的影响，他辞去了教授职务，一心扎入发明电话的试验中。他刻苦用功地学习着电学知识。两年后，世界上第一部电话，由贝尔试验成功。

为什么电话不是由那些懂得电学知识的专家发明的，而是由一个语音学家发明的？只因为他善于发现问题，使他比别人更快地找到了"市场的标靶"和可以奋斗的目标。而相关知识，即使一时不具备，也可以去学。

一个人具有某方面的能力是很重要的。但真正要想获得成功，他还必须具备捕捉问题的能力。

当然，发现问题并不等于是解决了问题，我们也并不期许所有的问题被解决时，就是完善的、完美的。问题的解决有待社会的发展、个人能力的提高。但是不可否认，有了发现才能有所认识，提出问题才可能解决问题，发现问题是解决问题的第一步，也是重要的一步。

4000多年前，我们的祖先黄帝发现了"磁石"可指南的现象，因而设计了"指南车"，并用于战争；哥白尼发现了"地心说"的谬误而提出了"日心说"的科学假设；马克思发现了"资本的剩余价值"而提出了"科学社会主义"的构想；爱因斯坦12岁时就提出"假如我以光速追随一条光线的运动，那会看到什么现象"，这个问题最终成为他一生为之奋斗的目标，并获得巨大的成功……

创造奇迹的关键，在于具备一双发现的眼睛。生活需要发现的眼睛，解决问题也需要发现的眼睛。许多伟大的发明和创造都是从不经意的发现开始，难题的解决也基于它本身的发现，或许只是一个简单的想法、一个美丽的假设。但正是因为问题的发现，它才得到了关注和认识，才有了解决的可能。

不止一条路通向成功

解决问题的方法并不是唯一的，当我们一次次的失败之后，不妨改变一下角度，从别处综观整个问题的概貌，或许能找到一条捷径，找到另一种更有效的方法。

生活中，我们不可能总是一帆风顺，做任何事情都能获得成功。当一条路已经走不通时，如果还继续坚持，那就是走入了死胡同。此时，积极思考、大胆开拓新的道路，将会给你带来意想不到的成功与收获。物质和知识的贫穷不是最可怕的，最可怕的是想象力和创造力的贫穷。随着生活的发展，很多事物都在发展变化。如果你能够随着时代的发展而发展，寻找多条通往成功的道路，你就会永远立于不败之地。

在现实中，有许多问题、情况是我们过去遇到过或是别人遇到过的，所以我们习惯按照既定的方法或常规的思路去解决。不错，经验的确能帮助我们省去许多麻烦，但是同样会让我们走入一种思维定式，让我们忘记，其实有许多方法都能解决问题，甚至有的方法更快更好，只是因为我们不熟悉，没有采用过，所以我们固执地认为除了这种方法，根本无其他路可走。

但事实真是如此吗？许多情况下，解决问题的方法并非只有一种，就如同通往罗马的路不止一条一样。我们没有找到另一条路，是因为我们尚未发现它，而并非它不存在。下面的故事会给我们新的启迪。

物理学家甲、工程学家乙和画家丙三个人讨论谁的智商高。他们互不服气，最后决定通过一场比赛来评判三人的智力水平。

主考官把他们领到一座塔下，并给了他们每人一只气压表，让他们依靠气压表，得到这座塔的高度。原则是：只要达到目的，什么方法都可以，但创造性最强的为胜。

比试的这三人，职业不同，知识结构也不同，各自用的方法自然也各不相同。

乙尤其高兴，觉得这对他来说再简单不过了，于是他很快站出来，在塔底测量了大气气压，登上塔顶又测量了一次气压，得到塔底和塔顶气压的差值，再根据每升高12米气压下降1毫米汞柱的公式，计算出塔的高度。他自己觉得，这是一份最准确的答卷。

甲不慌不忙地登上塔顶，探出身来，看着手表的秒针，轻轻松手让气压表自由落下，准确记录了气压表落到地面所需的时间，再根据自由落体公式，算出塔的高度。他很得意，这个方法很不错，所得结论与塔的实际高度不会相差太远。

最后轮到丙，这可难住了他。他既没有甲的学识，又没有乙的经验，科学办法他拿不出来，眼前几乎是一个"绝境"。不过，他很镇定。没有科学条件是劣势，但没有思维定式则是优势，这就为他提供了更大的选择空间。丙想，没有正路就走偏路，反正能达到目的就是胜利。他发挥想象力，对各种可能的方法搜寻了一番，禁不住笑了起来，因为办法太简单了：他将气压表送给看守塔的人——作为交换条件，让守塔人到储藏间把塔的设计图找出来。就这样，画家得到了图纸，拂去设计图上的灰尘，很快得到了塔的精确高度。

比赛的结果可想而知，自然是画家丙获得了最后的胜利。

画家虽然没有物理学方面的知识，也没有工程学方面的知识，但他却能在看似无计可施的情况下，撇开原先的想法，将目光投向图纸，这是一种新发现、一种创新思维，他找到了塔的高度的精确答案。

"条条大路通罗马"，没有什么问题的解题方式一定是唯一的。如果此路不通，那么可以适时地转换思路和方法，转走他路，往往能得到意想不到的效果。

那些胸怀抱负、渴望成功的人，都会为他们的人生做一番规划。他们制订详细的步骤、严谨的计划，坚持按照计划努力，并相信只有这样才能确保成功。当他们在实施计划的过程中遇到挫折或不可避免的变化时，就会像很多书籍所鼓励的那样：坚持！再坚持！却不会发挥自己的想象力和创造力，开辟另一条通往成功的道路。在他们一再遭受挫折与失败后，不禁心灰意冷、沮丧失望，哀叹时运的不济、命运的不公。他们不知道：通向成功的路不止一条。

变通地运用方法解决问题

在善于变通地运用方法解决问题的人的世界里，不存在"困难"这样的字眼。再顽固的荆棘，也会被他们用变通的方法连根拔起。他们相信，凡事必有方法可以解决，而且能够解决得很完美。事实也一再证明，看似极其困难的事情，只要变通地运用方法，必定会有所突破。

《围炉夜话》中说："为人循矩度，而不见精神，则登场之傀偏也；作事守章程，而不知权变，则依样之葫芦也。"一个卓越的人必是善于变通地运用方法解决问题的人。当他发现一条路不通或太挤时，就会及时转换思路，改变方法，寻求一条更为通畅的路。

杰森是一家大公司的部门经理，他面临一个两难的境地：一方面，他非常喜欢自己的工作，而且他的位置使他的薪水只增不减。另一方面，他非常讨厌他的上司，经过多年的忍受，他发觉情况已经到了忍无可忍的地步。

在经过慎重思考之后，他决定去猎头公司重新谋一个别的公司部门经理的职位。猎头公司告诉他，以他的条件，再找一个类似的职位并不难。

回到家中，杰森把这一切告诉了母亲。他的母亲是一个教师，那天刚刚教了学生如何重新界定问题，也就是把正在面对的问题换个角度思考。她把课上的内容讲给了杰森听，这给了杰森很大启发，一个大胆的创意即刻在他脑中浮现了。

第二天，杰森来到猎头公司，这次他是请猎头公司替他的上司找工作。不久，他的上司接到了猎头公司打来的电话，请他去别的公司高就。尽管他完全不知道这是他的下属和猎头公司共同努力的结果，但正好这位上司对于自己现在的工作也厌倦了，所以没有考虑多久，他就接受了这份新工作。

这件事最美妙的地方就在于，上司接受了新的工作，结果他的位置就空出来了。杰森申请了这个位置，于是他就坐上了以前上司的位置。

一流之人善于变通，末流之人故步自封。凡能变通地运用方法解决问题的人，都是能够主动创新的人，也是最受欢迎的人。凡世间取得卓越成就之人无不深知变通之理，无不熟谙变通之术。

随着社会的发展，变通地运用方法解决问题显得越来越重要，也越来越被人们所认识。只有善于变通、勤于寻找方法的人在社会上才具有更大的价值，才是社会最需要的人。

第二节　方法对了，事情就成了

借口是失败的温床

借口是失败的温床。有些人在遇到困境，或者没有按时完成任务时，都试图找出一些借口来为自己辩护，安慰自己，总想让自己轻松些、舒服些。在一个公司里，老板要的是勤奋敬业、不折不扣、认真执行任务的员工。如果一个员工经常迟到早退，对工作马马虎虎，还不时找借口说自己很忙，那么这样的员工是不会赢得老板信任和同事尊重的。

在日常生活中，我们经常会听到这样一些借口：上班迟到，会说"路上塞车"；任务完不成，会说"任务量太大"；工作状态不好，会说"心情欠佳"……我们缺少很多东西，唯独不缺的好像就是借口。殊不知，这些看似不重要的借口却为你埋下了失败的基石。借口让你获得了暂时的原谅和安慰，可是，久而久之，你却丧失了让自己改进的动力和前进的信心，只能在一个个借口中滑向失败的深渊。

刚毕业的女大学生刘闪，由于学识不错，形象也很好，所以很快被一家大公司录用。

刚开始上班时大家对刘闪印象还不错，但没过几天，她就开始迟到早退，领导几次向她提出警告，她总是找这样或那样的借口来解释。

一天，老总安排她到北京大学送材料，要跑三个地方，结果她仅仅跑了一个就回来了。老总问她怎么回事，她解释说："北大好大啊。我在传达室问了几次，才问到一个地方。"

老总生气了："这三个单位都是北大著名的单位，你跑了一下午，怎么会只找到这一个单位呢？"

她急着辩解："我真的去找了，不信您去问传达室的人！"

老总心里更有气了："你自己没有找到单位，还叫我去核实，这是什么话？"

其他员工也好心地帮她出主意：你可以打北大的总机问问三个单位的电话，然后分别联系，问好具体怎么走再去。你不是找到其中的一个单位吗？你可以向他们询问其他两家怎么走。你还可以进去之后，问老师和学生……

谁知她一点儿也不领会同事的好心，反而气鼓鼓地说："反正我已经尽力了……"

就在这一瞬间，老总下了辞退她的决心："既然这已经是你尽力之后达到的水平，想必你也不会有更高的水平了。那么只好请你离开公司了！"

虽然刘闪的举动让很多人难以理解，但像这种遇到问题不去想办法解决而是找借口推诿的人，在生活中并不少见。而他们的命运也显而易见——凡事找借口的人，在社会上绝对站不稳脚跟。

有了借口，就不再找方法了

平庸的人之所以平庸，是因为他们总是找出种种理由来欺骗自己。而成功的人，会想尽一切方法来解决困难，而绝不找半点借口让自己退缩。没有任何借口，是每个成功者走向成功的通行证。

任何一个社会似乎都存在两种人：成功者和失败者。根据二八法则，20%的人掌握着社会中80%的财富。什么原因让少数人比多数人更有力量？因为多数人都在找借口。20%的人和80%的人的区别在于：一种是不找借口只找方法的人，另一种是不找方法只找借口的人。而前一种人往往是成功者，后一种人往往是失败者。

须知，成功也是一种态度，整日找借口的人是很难获得成功的。你尽可以悲伤、沮丧、失望、满腹牢骚，尽可以每天为自己的失意找到一千一万个借口，但结果是你自己毫无幸福的感受可言。你需要找到方法走向成功，而不要总把失败归于别人或外在的条件。因为成功的人永远在寻找方法，失败的人永远在寻找借口，而一旦你找了借口，就不会冥思苦想地去寻找方法了，而不找方法，你就很难走向成功。

有一家名叫凯旋的天线公司，有一天总裁来到营销部，让员工们针对天线的营销工作各抒己见，畅所欲言。

营销部李部长耷拉着脑袋叹息说："人家的天线三天两头在电视上打广告，我们公司的产品毫无知名度，我看这库存的天线真够呛。"部里的其他人也随声附和。

总裁脸上布满阴霾，扫视了大伙儿一圈后，把目光驻留在进公司不久的大刘身上。总裁走到他面前，让他说说对公司营销工作的看法。

大刘直言不讳地对公司的营销工作存在的弊端提出了个人意见。总裁认真地听着，不时嘱咐秘书把要点记下来。

大刘告诉总裁，他的家乡有十几家各类天线生产企业，唯有001天线在全国知名度最高、品牌最响，其余的都是几十人或上百人的小规模天线生产企业，但无一例外都有自己的品牌，有两家小公司甚至把大幅广告做到001集团的对面墙壁上，敢与知名品牌竞争。

总裁静静地听着，挥挥手示意大刘继续讲下去。

大刘接着说："我们公司的天线今不如昔，原因颇多，但总结起来或许是我们的销售策略和市场定位不对。"

这时候，营销部李部长对大刘的这些似乎暗示了他们工作无能的话露出了愠色，并不时向大刘投来警告的一瞥，最后不无讽刺地说："你这是书生意气，只会纸上谈兵，尽讲些空道理。现在全国都在普及有线电视，天线的滞销是大环境造成的。你以为你真能把冰推销给爱斯基摩人？"

李部长的话使营销部所有人的目光都射向大刘，有的还互相窃窃私语。李部长不等大刘"还击"，便不由分说地将了他一军："公司在甘肃那边还有5000套库存，你有本事推销出去，我的位置让你坐。"

大刘朗声说道："现在全国都在搞西部开发建设，我就不信质优价廉的产品连人家小天线厂也不如，偌大的甘肃难道连区区5000套天线也推销不出去？"

几天后，大刘风尘仆仆地赶到了甘肃省兰州市中兴大厦。大厦老总一见面就向他大倒苦水，说他们厂的天线知名度太低，一年多来仅仅卖掉了一百来套，还有4000多套在各家分店积压着，并建议大刘去其他商场推销看看。

接下来，大刘跑遍了兰州几个规模较大的商场，有的即使是代销也没有回旋余地，因此几天下来毫无建树。

正当沮丧之际，某报上的一则读者来信引起了大刘的关注，信上说那儿的一个农场由于地理位置的关系，买的彩电都成了聋子的耳朵——摆设。

看到这则消息，大刘如获至宝，当即带上十来套天线样品，几经周折才打听到那个离兰州有一百多公里的天运农场。信是农场场长写的，他告诉大刘，这里夏季雷电较多，以前常有彩电被雷电击毁，不少天线生产厂家也派人来查，都知道问题出在天线上，可查来查去没有眉目，使得这里的几百户人家再也不敢安装天线了，所以几年来这儿的黑白电视只能看见哈哈镜般的人影，而彩电则更是形同虚设。

大刘拆了几套被雷击的天线，发现自己公司的天线与他们的毫无二致，也就是说，他们公司的天线若安装上去，也免不了重蹈覆辙。大刘绞尽脑汁，把在电子学院几年所学的知识在脑海里重温了数遍，加上所携仪器的配合，终于真相大白，原因是天线放大器的集成电路板上少装了一个电感应元件。这种元件一般在任何型号的天线上都是不需要的，它本身对信号放大不起任何作用，厂家在设计时根本就不会考虑雷电多发地区，没有这个元件就等于使天线成了一个引雷装置，它可直接将雷电引向电视机，导致线毁机亡。

找到了问题的症结，一切都可以迎刃而解了。不久，大刘在天线放大器上全部加装了感应元件，并将这种天线先送给场长试用了半个多月。其间曾经雷电交加，但场长的电视机却安然无恙。此后，仅这个农场就订了500多套天线。同时热心的场长还把大刘的天线推荐给存在同样问题的附近5个农林场，又给他销出两千多套天线。

一石激起千层浪，短短半个月，一些商场的老总主动向大刘要货，连一些偏远县市的商场采购员也闻风而动，原先库存的五千余套天线很快售完。

一个月后，大刘返回公司。而这时公司如同迎接凯旋的英雄一样，为他披红挂彩并夹道欢迎。营销部李部长也已经主动辞职，公司正式任命大刘为新的营销部部长。

在这个故事中，大刘之所以成功，是因为他没有跟着李部长找借口推脱责任，而是积极地寻找解决问题的方法；反之，李部长失败了，因为他只是一味地寻找借口，而不去寻找方法，自然要被找方法而不找借口的大刘取而代之。

许多杰出的人都富有开拓和创新精神，他们绝不在没有努力的情况下就事先找好借口。没有任何借口，是每个成功者走向成功的通行证。

扔掉"可是"这个借口

拒绝"可是"，拒绝借口，你才能找到解决问题的切入点，才能真正认识到自己的能力，而后准确地给自己定位。因为任何"可是"、任何借口，其实都是懒人的托词，它只能慢慢地把你推向失败的旋涡，让你处于一种疲惫且不知前进的状态。而扔掉"可是"这个借口，你才能发掘出自己的潜能，闯出属于自己的一片天地。

"我本来可以，可是……"

"我也不想这样，可是……"

"是我做的，可这不全是我的错……"

"我本来以为……可是……"

行事不顺时，我们都喜欢以"可是"这个借口来推脱责任，却很少有敢于承担后果的勇气，很少去思考解决问题的方法，就这样不断地求助于"可是"，不断地寻找各种各样的借口，糟糕的事情不断发生，生活也就不断地出现恶性循环。须知，唯有扔掉"可是"这个借口，你才能跨出心灵的囚笼，取得意想不到的辉煌成就。

对于很多善于找借口的人来说，从一件事情上入手来尝试着丢掉借口，抓紧时间，集中精力去做好手边的事，也许结果会大不相同。

一次，美国著名教育家、人际关系专家戴尔·卡耐基先生的夫人桃乐西·卡耐基女士，在她的训练学生记人名的一节课后，一位女学生跑来找她，这位女学生说：

"卡耐基太太，我希望你不要指望你能改进我对人名的记忆力，这是绝对办不到的事。"

"为什么办不到？"卡耐基夫人吃惊地问，"我相信你的记忆力会相当棒！"

"可这是遗传的呀，"女学生回答她，"我们一家人的记忆力全都不好，我爸爸、我妈妈将它遗传给我。因此，你要知道，我这方面不可能有什么更出色的表现。"

卡耐基夫人说："小姐，你的问题不是遗传，是懒惰。你觉得责怪你的家人比用心改进自己的记忆力容易。你不要把这个'可是'当作你的借口，请坐下来，我证明给你看。"

随后的一段时间里，卡耐基夫人专门耐心地训练这位小姐做简单的记忆练习，由于她专心练习，学习的效果很好。卡耐基夫人打破了那位小姐认为自己无法将记忆力训练得优于父母的想法。那位小姐就此学会了从自己本身找缺点，学会了自己改造自己，而不是找借口。

"可是"这个借口是人们回避困难、敷衍塞责的"挡箭牌"，是不肯自我负责的表现，是一种缺乏自尊的生活态度的反映。怎样才能不再找借口，并不是学会说"报告，没有借口"就足够了，而是要按照生活真实的法则去生活，重新寻回你与生俱来但又在成长过程中失去的自尊和责任感。

你改变不了天气，请不要说"可是"，因为你可以调整自己的着装；你改变不了风向，请不要说"可是"，因为你可以调整你的风帆；你改变不了他人，请不要说"可是"，因为你可以改变你自己。所以，面对困难，你可以调整内在的态度和信念，通过积极的行动，消除一切想要寻找借口的想法和心理，成为一个勇于承担责任的人，成为一个不抱怨、不推脱、不"可是"、不为失败找借口的人。

扔掉"可是"这个借口，让你没有退路、没有选择，让你的心灵时刻承载着巨大的压力去拼搏、去奋斗，置之死地而后生。只有这样，你的潜能才会最大限度地发挥出来，成功也会在不远的地方向你招手！

成功的人不会寻找任何借口，他们会坚毅地完成每一项简单或复杂的任务。一个追求成功的人应该确立目标，然后不顾一切地去追求目标，最终达到目标，取得成功。

拒绝说"办不到"

冲破人生难关的人一定是一个拒绝说"办不到"的人，在面对别人都不愿正视的问题或者困难时，他们勇于说"行"。他们会竭尽全力、想尽一切方法将问题解决，等待他们的也将是艰辛后的成果、付出后的收获。

实际生活中，许多人的困境都是自己造成的。如果你勤奋、肯干、刻苦，就能像蜜蜂一样，采的花越多，酿的蜜也越多，你享受到的甜美也越多。如果你以"办不到"来搪塞，不知进取，不肯付出半点儿辛劳，遇到点儿困难就退缩，那么你就永远也品尝不到成功的喜悦。

失败者的借口通常是"我能力有限，我办不到"。他们将失败的理由归结为不被人垂青，好职位总是让他人捷足先登。那些意志坚强的人则绝不会找这样的借口，他们不等待机会，也不向亲友们哀求，而是靠自己的勤奋努力去创造机会。他们深知唯有自己才能拯救自己，他们拒绝说"办不到"。文杰就是这样的一个人。

文杰在一家大型建筑公司任设计师，常常要跑工地、看现场，还要为不同的客户修改工程细节，异常辛苦，但她仍主动地做，毫无怨言。

虽然她是设计部唯一的女性，但她从不因此逃避强体力的工作。该爬楼梯就爬楼梯，该到野外就勇往直前，该去地下车库也是二话不说。她从不感到委屈，反而挺自豪，她经常说："我的字典里没有'办不到'这三个字。"

有一次，老板安排她为一位客户做一个可行性的设计方案，时间只有三天，这是一件很难做好的事情。接到任务后，文杰看完现场，就开始工作了。三天时间里，她都在一种异常兴奋的状态下度过。她食不知味，寝不安枕，满脑子都想着如何把这个方案弄好。她到处查资料，虚心向别人请教。三天后，她虽然眼睛布满了血丝，但还是准时把设计方案交给了老板，得到了老板的肯定。

后来，老板告诉她："我知道给你的时间很紧，但我们必须尽快把设计方案做出来。如果当初你不主动去完成这个工作，我可能会把你辞掉。你表现得非常出色，我最欣赏你这种工作认真、积极的人。"

因做事积极主动、工作认真，现在文杰已经成为公司的红人。老板不但提升了她的职位，还将她的薪水涨了三倍。把"办不到"这三个字常常挂在嘴边，其实是在处处为自己寻找借口。事实上，世上之事，不怕办不到，只怕拿借口来取代方法。

这个故事告诉我们，自己的命运掌握在自己手中。只要你勤奋、肯干，积极寻找问题的答案，而非一味地给自己找借口、推脱责任，你就会品尝到成果所带来的喜悦感。

很多人遇到困难不知道去努力解决，而只是想到找借口推卸责任，这样的人很难成为优秀的人。许多成功者，他们都有一个共同的特点——勤奋。在这个世界上，勤奋的人面对问题善于主动找方法，勤奋的人拒绝借口说"办不到"，勤奋的人最易走向成功。

横跨曼哈顿和布鲁克林之间河流的布鲁克林大桥是个地地道道的机械工程奇迹。1883年，富有创造精神的工程师约翰·罗布林雄心勃勃地意欲着手这座雄伟大桥的设计，然而桥梁专家们却劝他趁早放弃这个"天方夜谭"般的计划。罗布林的儿子，华盛顿·罗布林，一个很有前途的工程师，确信大桥可以建成。父子俩构思着建桥的方案，琢磨着如何克服种种困难和障碍。他们设法说服银行家投资该项目，之后，他们怀着不可遏止的激情和无比旺盛的精力组织工程队，开始建造他们梦想中的大桥。然而在大桥开工仅几个月后，施工现场就发生了灾难性的事故。约翰·罗布林在事故中不幸身亡，华盛顿的大脑严重受伤，无法讲话，也不能走路了。谁都以为这项工程会因此而泡汤，因为只有罗布林父子才知道如何把这座大桥建成。然而，尽管华盛顿·罗布林丧失了活动和说话的能力，但他的思维同以往一样敏捷。一天，他躺在病床上，忽然想出一种和别人进行交流的方式。他唯一能动的是一根手指，于是他就用那根手指敲击他妻子的手臂，通过这种密码方式由妻子把他的设计和意图转达给仍在建桥的工程师们。整整13年，华盛顿就这样用一根手指发号施令，直到雄伟壮观的布鲁克林大桥最终建成。

"办不到"是许多人最容易寻找的借口，它体现出了一个人所具有的自卑感和怯懦性，这种缺乏自信的人能否做出出色的事情呢？答案恐怕只有一个："只要有这个借口存在，他永远不可能出色。"只要一个人拒绝说"办不到"，他就会显出与别人不同的工作精神和态度，从而成就出色的事业。

只为成功找方法，不为问题找借口

制造托词来解释失败，这已是世界性的问题。这种习惯与人类的历史一样古老，这是成功的致命伤！制造借口是人类本能的习惯，这种习惯是难以打破的。柏拉图说过："征服自己是最大的胜利，被自己所征服是最大的耻辱和邪恶。"

顾凯在担任云天缝纫机有限公司销售经理期间，曾面临一种极为尴尬的情况：该公司的财务发生了困难。这件事被负责推销的销售人员知道了，并因此失去了工作的热忱，销售量开始下跌。到后来，情况更为严重，销售部门不得不召集全体销售员开一次大会。全国各地的销售员皆被召去参加这次会议，顾凯主持了这次会议。

首先，他请手下最佳的几位销售员站起来，要他们说明销售量为何会下跌。这些被叫到名字的销售员一一站起来以后，每个人都有一段令人震惊的悲惨故事要向大家倾诉：商业不景气、资金缺少、物价上涨等。

当第五个销售员开始列举使他无法完成销售配额的种种困难时，顾凯突然跳到一张桌子上，高举双手，要求大家肃静。然后，他说道："停止，我命令大会暂停十分钟，让我把我的皮鞋擦亮。"

然后，他命令坐在附近的一名小工友把他的擦鞋工具箱拿来，并要求这名工友把他的皮鞋擦亮，而他就站在桌子上不动。

在场的销售员都惊呆了，他们有些人以为顾凯发疯了，人们开始窃窃私语。这时，只见那位黑人小工友先擦亮他的第一只鞋子，然后又擦另一只鞋子，他不慌不忙地擦着，表现出第一流的擦鞋技巧。

皮鞋擦亮之后，顾凯给了小工友1元钱，然后发表他的演说。

他说："我希望你们每个人，好好看看这个小工友。他拥有在我们整个工厂及办公室内擦鞋的特权。他的前任的年纪比他大得多，尽管公司每周补贴他二百元的薪水，而且工厂里有数千名员工，但他仍然无法从这个公司赚取足以维持他生活的费用。

"可是这位小工友不仅不需要公司补贴薪水，还可以赚到相当不错的收入，每周还可以存下一点儿钱来。他和他的前任的工作环境完全相同，也在同一家工厂内，工作的对象也完全相同。

"现在我问你们一个问题，那个前任拉不到更多的生意，是谁的错？是他的错，还是顾客的？"

那些推销员不约而同地大声说：

"当然了，是那个前任的错。"

"正是如此。"顾凯回答说，"现在我要告诉你们，你们现在推销缝纫机和一年前的情况完全相同：同样的地区、同样的对象以及同样的商业条件。但是，你们的销售成绩却比不上一年前。这是谁的错？是你们的错，还是顾客的错？"

同样又传来如雷般的回答：

"当然，是我们的错。"

"我很高兴，你们能坦率地承认自己的错误。"顾凯继续说，"我现在要告诉你们。你们的错误在于，你们听到了有关本公司财务发生困难的谣言，这影响了你们的工作热情，因此，你们不像以前那般努力了。只要你们回到自己的销售地区，并保证在以后30天内，每人卖出5台缝纫机，那么，本公司就不会再发生什么财务危机了。你们愿意这样做吗？"

大家都说"愿意"，后来果然也办到了。那些他们曾强调的种种借口，如商业不景气、资金缺少、物价上涨等，仿佛根本不存在似的，统统消失了。

卓越的人必定是重视寻找方法的人。在他们的世界里不存在"借口"这个字眼，他们相信凡事必有方法去解决，而且能够解决得最完美。事实也一再证明，看似极其困难的事情，只要用心寻找方法，必定会成功。真正杰出的人只为成功找方法，不为问题找借口，因为他们懂得：寻找借口，只会使问题变得更棘手、更难以解决。

第四章

"命"不可变，但"运"可以变

第一节　命从心生，运由心转

想要梦想成真，首先要学会不做梦

我们都需要华美的梦来装饰我们的生活，但要实现这一个个美丽的梦，不单单是拥有梦想，如果只是拥有梦想，幻想着实现梦想后的美好与成就感，那么梦想只能永远是梦想，要想梦想成真，首先要学会不做梦，需要我们脚踏实地去行动起来。

人人都渴望成功，但真正成功的人却只是少数，很多人都是碌碌无为地度过一生。仔细想想不难发现，热情和脚踏实地的努力的错位是重要的原因。人在年轻的时候，往往心气很高，但常常由于眼高手低，不能脚踏实地做人做事，而与成功的机会擦肩而过；人到中年，虽然已经奠定了一定的基础，但往往又得过且过，由于缺乏继续向前的热情，从而永远无法感受到成功的喜悦与满足。

有些人能有所作为，是因为他们从不轻易选择快捷方式，而是日复一日地持续努力，认真又脚踏实地地用坚持实践着自己的梦想，让明天比今天更好。因此，成功不是一蹴而就的瞬间辉煌，而是每一个平凡的"今天"

的不断累积，脚踏实地的努力。

在钱锺书先生去世后不久，曾有人撰文纪念他"寂静""勤于钻研"的一生，的确，钱锺书先生可谓是脚踏实地的典范，终生专注于学术研究，从不以口舌争名求利，从不为交游虚掷光阴；览古籍、做学问、写专著，他的一生都致力于将他对于学问的苛求付诸实践，刻苦、勤奋，造就了这个学贯中西的大学者。

试想，若没有脚踏实地的孜孜以求，钱锺书先生又如何能成为中西文化的大师？司马迁含辛茹苦，埋头十几年，才一字一字地写出千古名篇《史记》；刘翔从小起步、不顾寒暑，勤学苦练，才一步一步地跑出一百米跨栏世界冠军。这些事例生动形象地说明一个道理：追求成功的脚步必须扎扎实实。

可以说，每一个卓有成就的人都将自己的梦想转化成了行动。英国剧作家莎士比亚曾向世人发出忠告："要想登上陡峭的山峰，从一开始就需要有坚实的步伐。"一个人无论有怎样美好的追求，都不要心急火燎地去实现。而应该确定目标、探索方法、培养毅力、寻找机会，一步一个脚印地去操作、去实践。

在对成功的追求中，守株待兔不行，揠苗助长更不行。杀鸡取卵、竭泽而渔、好高骛远，都会事与愿违，与理想背道而驰，与目标遥遥无期。有的人自命不凡，可是心比天高，手比眼低，大事做不成，小事不愿做，结果是竹篮打水一场空。有的人贪求捷径，饮鸩止渴，画饼充饥，总是期待跨越式发展，一夜成名，结果是捉鸡不成蚀把米。有的人投机取巧，不愿脚踏实地，喜欢闭门造车，或者寻找旁门左道，结果是四处碰壁美梦熄。还有的人总想三步并做两步走，一生目标一朝完，好大喜功、追名逐利，结果累得气喘吁吁却无功而返。

一个真正为理想而追求、为事业而奋斗的人，就懂得风物长宜、脚踏实地，埋头苦干。要懂得不积跬步，无以至千里；不积小流，无以成江海的道理。从我做起，从当下做起，不被千难万险所吓倒，也不让声色犬马诱惑，静心屏气、沉着稳健，一步一步地向前走去。 在实现成功追求的路途中有毅力、有耐心，脚踏实地、任劳任怨、破釜沉舟、坚持到底。

人生就像爬坡，恒心架起通天路，勇气吹开智慧门。如果心旌摇荡，必将前功尽弃。春播、夏锄、秋收、冬储，是农业上的一个过程，如果从春天一步就迈进初冬的门槛，那么储存的也只能是一堆堆枯黄的叶子。即便你驾着汽车，在高速公路上行驶，也会被限制速度，因为超速预示着危险，也会受到惩罚。起点再美好，如果没有一个脚踏实地的过程，终点也将因此而黯然失色。

马克思曾经说过："在科学上面没有平坦的大道，只有不畏劳苦沿着陡峭山路攀登的人，才有希望到达光辉的顶点。"每个梦想的实现，都需要脚踏实地。善于积累，善于总结工作中的点点滴滴，善于学习积累成功经验，循序渐进开展工作。充实每一个今天，日复一日地积累，就会让梦想成真。

每个人都可以与众不同

卡耐基认为，当一个人走入人群，不能很清楚地表现自己独特的一面，而只是成为人群中的一分子的话，这个人的个人形象明显存在缺憾。缺乏个人化的特质很难引起别人对你的注意，当然更谈不上成功了。

卡耐基举了这样一个例子证明个人化的重要性："你对自己，应照厄文·柏林对已故的乔治·杰许文所做的明智的劝告去做。柏林与杰许文初遇时，柏林已经成名，而杰许文则是一个正在奋斗中的青年作曲家，在亭盘巷里为着每星期35元而工作。柏林对杰许文的才能大为赞许，想请他做自己的音乐秘书，薪水已达他当时所得的三倍。'不过还是别接受这个工作的好，'柏林劝道，'假使你接受了，你可能会发展成为二流的柏林。可是你坚持做自己，总有一天你会成为一流的杰许文。'杰许文记下了柏林的忠告，没有接受这份工作，果然日后成为美国当代著名的音乐家。"

由此可见，当一个人具备了完全个人化的形象时，他至少成功了一半。当然个人化并不是那些不合时宜的论调、古怪的生活方式和令人侧目的衣着打扮，而是一些性格上的更坚强、更牢固的东西。要是一个漂亮女孩的美丽就是她的性格的话，她是失败的。而一个即使并不美丽的女孩，如果在性格上具有善良的美德，那么她个人化的品质则比前者突出得多。其实，做好了自己，就能做到与众不同。

其实每个人都具有某种潜能，所以，不要浪费时间去担忧自己的与众不同。你在这世上完全是崭新的，前无古人，也将后无来者。遗传学家告诉我们，你是由48个染色体互相结合的结果，其中24个来自父亲、24个来自母亲。每个染色体里面有成百个遗传基因，每一个基因都能改变你整个生命。因此，我们的确是"不可思议，极为奇妙"的一个组合。我们是独一无二的存在，我们是"双赢"的组合。

我们如果没有了自己的生活方式、思想方式，就会无法定位自我，别人一提意见，就会无所适从、惊慌失措。如果决定了自己的生活方式，就不用在意别人的目光。不同的人有不同的生活方式，你没有必要努力达到某个所谓的标准答案。

别人的人生与自己的人生，自然是不同的。自己的人生，掌握在自己的手中，会是"成功传奇"还是"人生悲剧"，全是自己的问题。不去做你永远不知道的事情。所谓"真理唯有实践能证明，若能专心致力于自己的生活，就会有一定的效果"。

爱默生在散文《自持》中，如是说："每个人在受教育的过程当中，都会有段时间确信：嫉妒是愚昧的，模仿只会毁了自己；每个人的好与坏，都是自身的一部分；纵使宇宙间充满了好东西，不努力你什么也得不到；你内在的力量是独一无二的，只有你知道自己能做什么，但是除非你真的去做，否则连你自己也不知道自己真的能做。"

芸芸众生，既不是翻江倒海的蛟龙，也不是称霸林中的雄狮，我们在苦海里颠簸、在丛林中避险，平凡得像是海中的一滴水、林中的一片叶。海滩上，这一粒沙与那一粒沙的区别你可能看出？旷野里，这一捧黄土和那一捧黄土的差异你是否能道明？

每个生命都很平凡，但每个生命都不卑微，所以，真正的智者不会让自己的生命陨落在无休无止的自怨自艾中，也不会甘于身心的平庸。

你见过在悬崖峭壁上卓然屹立的松树吗？它深深地扎根于岩缝之中，努力舒展着自己的躯干，任凭阳光暴晒，风吹雨打，在残酷的环境中它依旧始终保持着昂扬的斗志和积极的姿态。或许，它很平凡，只是一棵树而已，但是它并不平庸，它努力地保持着自己生命的傲然姿态。

有这样一个寓言，让我们懂得：每个生命都不卑微，每个生命都是与众不同的，都是大千世界中不可或缺的一环，都在自己的位置上发挥着自己的作用。

一只老鼠掉进了一只桶里，怎么也出不来。老鼠吱吱地叫着，它发出了求救声，可是谁也听不见。可怜的老鼠心想，这只桶大概就是自己的坟墓了。正在这时，一只大象经过桶边，用鼻子把老鼠吊了出来。

"谢谢你，大象。你救了我的命，我希望能报答你。"

大象笑着说："你准备怎么报答我呢？你不过是一只小小的老鼠。"

过了一些日子，大象不幸被猎人捉住。猎人用绳子把大象捆了起来，准备等天亮后运走。大象伤心地躺在地上，无论怎么挣扎，也无法把绳子扯断。

突然，小老鼠出现了。它开始咬着绳子，终于在天亮前咬断了绳子，替大象松了绑。

大象感激地说："谢谢你救了我的性命！你真的很强大！"

"不，其实我只是一只小小的老鼠。"小老鼠平静地回答。

每个生命都有自己绽放光彩的刹那，即使一只小小的老鼠，也能够拯救比自己体型大很多的大象。故事中的这只老鼠正是佛学大师星云法师所说的"有道者"，一个真正有道的人，即使别人看不起他，把他看成是卑贱的人，他也不受影响，因为他知道自己的人格、道德，不一定要求别人来了解、来重视。他依然会在自我的生命驿旅中将智慧的种子撒播到世间各处。坚持做自己，不人云亦云，不模仿别人，你就可以与众不同。

也许你只是一朵残缺的花，只是一片熬过旱季的叶子，或是一张简单的纸、一块无奇的布，也许你只是时间长河中一个匆匆而逝的过客，不会吸引人们半点的目光和惊叹，但只要你拥有自己的信仰，并将自己的长处发挥到极致，就会成为成功驾驭生活的勇士。

起点影响结果，但不会决定结果

印度有一句谚语："播种行为，收获习惯；播种习惯，收获性格；播种性格，收获命运。"人的命运虽不可选择，却不是既成的。人无法选择自己的出身，也无力改变所处的环境，但人可以改变自己的思想和性格。起点可以影响结果，但不会最终决定结果，决定结果的是我们自己。当你遇到挫折时，可以让自己屈服，从此放弃努力，甘于过平庸的生活；也可以坚韧不拔地走下去，最终获得充实而卓越的人生。因此，只有把握自己的个性，才能真正把握自己的命运，把握自己的人生。

《时间简史——从大爆炸到黑洞》是一部在全世界具有影响力的科普著作，它的作者斯蒂芬·霍金患上了会使肌肉萎缩的卢伽雷氏症，全身只有右手的三个手指能动，后来又丧失了语言能力。正是这样一个身体上有缺陷的人，被科学界公认为继爱因斯坦之后最伟大的理论物理学家。每一位有幸见到他的人，都会对人类中居然有如此的灵魂而从内心受到深深的影响。霍金在21岁时被确诊为患有不可治愈的运动神经病。医生断言他只能再活两年半，而他没有被致命的挑战吓倒，以他的执着和坚定粉碎了医生的预言。他先后被选入伦敦皇家学会，被任命为卢卡逊数学教授——这是牛顿曾获得的荣誉职位。

霍金是一位划时代的英雄！他的伟大在于性格的伟大，刚毅的性格使他藐视身体的痛苦，对梦想、成功和影响力的执着追求使他拥有巨大的勇气和意志力。敢于挑战、顽强拼搏的人，就能战无不胜，而世界属于一往无前的人。

霍金身体的缺陷对他而言是无法改变的命运，但事业的成功是由自己创造的。一个坚强、勇敢、自信、宽容、谦虚的人，比起一个怯懦、自卑、自私、自大的人，成功的概率和可能要大得多。卡耐基有一个著名的理论：一个人的成功85%归于性格，15%归于知识。性格、意志、情绪等非智力因素在一个人的成长中起决定作用，而智力和知识并不是最重要的。美国斯坦福大学某教授曾经对1000多名智商在140分以上的天才儿童进行过长达几十年的跟踪研究。在研究中，他把这些人中最有成就的150人和成就最低的150人进行了比较。他们在智力上相差甚微，而能否取得成就的原因主要在于性格特征的差别：自信或不自信，自卑或不自卑，坚毅或不能坚持，是否有较强的适应能力和实现目标的动机等。可见，成功与否是由自己决定的，命运如何是由性格决定的，性格即命运。

事业上的成功离不开良好的个性品质，个人生活上的成功更离不开良好的个性。具备良好的个性才能有成功的人生。一个人对学习充满热情，就会发现学习中的乐趣。对集体利益充满热情，他的才华就会在集体中充分展示。对他人多一份关心与帮助，就会更多地得到别人的帮助与支持。以宽容和诚实之心对待别人，就会得到珍贵的友情、爱情、亲情、师生情。性格勇敢、坚强，就不会为生活中的挫折所烦恼。性格乐观则能更多地感受生活中阳光的温暖。幸福是一种对生活的体验。态度不同，性格不同，对幸福的体验就会不同。命运本身也许并无好坏，人以什么态度来对待它，才是命运好坏的根本原因。

个性具有很大的可塑性。良好个性的形成更离不开个人的主观努力。从小事做起、从现在做起、从身边做起，就可以逐渐形成通向成功的性格。如果你认为自己不够关心别人，那么当你看到别人遇到困难时，主动地伸出你的手，尽你所能去帮助他们，这样一来，你就能逐渐养成乐于助人的性格。无论在学习或生活中，遇到挫折或困难，你都要时刻提醒自己坚持下去。以宽容之心对他人、以严格之心要求自己，不断地播下个性的种子，终能收获自己有影响力的命运。

是的，我们无法选择自己的起点，许多先天条件我们没有办法改变，但是起点并不能决定终点。我们可以做的就是在既定的起点的基础上努力去改变可以改变的，有的时候只改变一点，却能产生强大的效应。成功者无不有良好的性格，就让我们从改变自己开始。

专心让今天完美，有效应对未来

生活最重要的，不是去想未来那些模糊不清的事，而是专注于今天的一切。完全投入今天的生活，才会从所做的事当中得到充分的快意与满足。大多数的人都无法专注于现在，他们总是若有所想，心不在焉，想着过去、明年甚至下半辈子的事。一位作家这样说过："当你存心去找快乐的时候，往往找不到，唯有让自己活在现在，全神贯注于周围的事物，快乐才会不请自来。"不管你正在下棋还是和朋友说话，或是观看落日，掌握此刻是一种幸福。古希腊哲学家库里希波斯曾说："过去与未来并不是'存在'的东西，而是'存在过'和'可能存在'的东西。唯一'存在'的是现在。"因此，集中一切将今天的工作做到极致，不要将精力花费于对不可知未来的担忧中。

有个小和尚，每天早上负责清扫寺院里的落叶。

清晨起床扫落叶实在是一件苦差事，尤其在秋冬之际，每一次起风时，树叶总是随风飞舞。每天早上都需要花费许多时间才能清扫完树叶，这让小和尚头痛不已，他一直想要找个好办法让自己轻松些。

后来有个和尚跟他说："你明天打扫之前先用力摇树，把落叶统统摇下来，后天就可以不用扫落叶了。"小和尚觉得这是个好办法，于是隔天他起了个大早，使劲儿猛摇树，这样他就可以把今天跟明天的落叶一次扫干净了。一整天小和尚都非常开心。

第二天，小和尚到院子里一看，不禁傻眼了，院子里如往日一样满地落叶。老和尚走了过来，对小和尚说："傻孩子，无论你今天怎么摇动树枝，明天的落叶还是会飘下来。"

老和尚的话让我们明白一个道理，世上有很多事是无法提前的，唯有专心让今天完美，专注地把握今天才是最真实的人生态度，才是应对未来的有效方法。每一分钟的我们都发生着微妙的变化，所以我们并不能活在已经成为过去的昨天，也无法透支宏大的未知的明日。宇宙每一瞬都在改变，我们只有一瞬，只活在当下。生活从来不在别处，只在眼前明明白白的每一分、每一秒。

事业上取得非凡成绩的人，往往就在于比普通人更能理解专心"活在当下"的内涵，搜狐首席执行官张朝阳说："要能活到150岁的话，肯定是人的生活质量更高、更快乐，能够活出自然给予我们人类最极限的状态，这是一件很伟大的事情。对我来说，活在当下，活得高兴就行。"其实，很多人都没意识到，抓住过去不放，活在对未来的幻想中却不付出实际行动，是为通往未来的路设置了重重障碍。专心让今天完美，让每一天都比昨天完美，才是有效应对未来的方法。

1871年春天，一个蒙特端综合医院的医学学生偶然拿起一本书，看到了书上的一句话。这句话改变了这个年轻人的一生，它使这个原本只知道担心自己的期末考试成绩、自己将来的生活何去何从的年轻的医学院的学生，最后成了他那一代最有名的医学家——他创建了举世闻名的约翰·霍普金斯学院，被聘为牛津大学医学院的钦定讲座教授，还被英国国王册封为爵士。他死后，他的一生用厚达1466页的两大卷书才记述完，他正是威廉·奥斯勒爵士，而他在1871年看到的那句话出自汤冯士·卡莱里："人的一生最重要的不是期望模糊的未来，而是重视手边清楚的现在。"

后来，他在给耶鲁大学的学生们做演讲时说："成功的秘诀很简单，就是活在一个'完全独立的今天'里。用铁门把未来和过去隔断。为明日做准备的最好方法是专注于今天，把今天的工作完成，这就是你能应对的唯一有效的方法。"

人的一生中，总是会被许多过去或未来的人或事分散精力，然而，不论是在过去的废墟里搜寻再多的回忆，还是在未来的梦中播下再多的种子，都不会有丰收的喜悦。只有在今天的田野上播种，才会有收获的希望，因为只有现在属于我们，只有现在会带给我们一切。我们不知道自己的生命到底有多长，但我们却可以安排今天的生活。只要把握好现在，我们的人生就不会失色。

曾经有两位哲人游说于穷乡僻壤之中，对前来听教的人说了一句流传千古的话："不要为明天的事烦恼，明天自有明天的事。只要全力以赴地过好今天就行了。"在这个世界上，有许多事情是我们难以预料的。你左右不了变化无常的天气，却可以调整自己的心情；你不能控制机遇，却可以掌握自己；你无法预知未来，却可以把握现在。

专心让今天完美是一种全身心地投入今天的生活态度。当你专心活在今天，而没有过去拖在你后面，也没有未来拉着你往前时，你全部的能量都集中在这一时刻，生命因此具有一种巨大的张力。在生命的航船上，关闭与过去和未来相接的通道，活在一个独立的今天里，专注于今天的每一件事情，因为只有现在才是我们唯一能有所作为的时间。

把人生的绊脚石当成自己的跳板

世事无常，我们随时都会遇到挫折。当我们碰到厄运的时候，当我们面对失败的时候，当我们承受重大灾难的时候，我们该怎样去面对呢？面对困难确实需要勇气，但这不能成为我们生命不能承受之重，只要我们仍能在自己的生命之杯中盛满希望之水，不要把自己禁锢在眼前的困苦中，眼光放远一点，就能将绊脚石转化为自己的跳板。当你看得见成功的未来远景时，便能走出困境，达到你梦想的目标。

内心充满希望，它可以为你增添一分勇气和力量，它可以支撑起你一身的傲骨。当莱特兄弟研究飞机的时候，许多人都讥笑他们是异想天开，当时甚至有句俗语说："上帝如果有意让人飞，早就使他们长出翅膀了。"但是莱特兄弟毫不理会外界的说法，终于发明了飞机。当伽利略以望远镜观察天体，发现地球绕太阳而行的时候，教皇曾将他下狱，命令他改变主张，但是伽利略依然继续研究，并著书阐明自己的学说，他的研究成果后来终于获得了证实。最伟大的成就，常属于那些在大家都认为不可能的情况下，踢掉绊脚石，坚持到底的人。坚持就是胜利，这是成功的一条秘诀。

在一座偏僻遥远的山谷里的断崖上，不知何时，长出了一株小小的百合。它刚诞生的时候，长得和野草一模一样，但是，它心里知道自己并不是一株野草。它的内心深处，有一个纯洁的念头："我是一株百合，不是一株野草。唯一能证明我是百合的方法，就是开出美丽的花朵。"它努力地吸收水分和阳光，深深地扎根，直直地挺着胸膛，对附近的杂草置之不理。

在野草和蜂蝶的鄙夷下，百合努力地释放内心的能量。百合说："我要开花，是因为知道自己能开出美丽的花；我要开花，是为了完成作为一株花的庄严使命；我要开花，是由于自己喜欢以花来证明自己的存在。不管你们怎样看我，我都要开花！"

终于，它开花了。它那灵性的白和秀挺的风姿，成为断崖上最美丽的风景。年年春天，百合努力地开花、结籽，最后，这里被称为"百合谷地"。因为这里到处是洁白的百合。

百合没有屈服于挫折，而是以挫折为契机，开出了花朵，实现了自己的愿望。我们生活在一个竞争十分激烈的社会，有时在某方面一时落后，有时困难重重，甚至有时被人嘲笑……无论什么时候，我们都不能放弃努力；无论什么时候，我们都应该像那株百合一样，为自己播下希望的种子。

发生在汶川的"5·12特大地震"虽然震裂了大地，但震不垮人们坚强的心。面对死亡，这对活着的人来说，他们的心里要有足够强大的精神来支撑自己不要倒下，多少次的痛不欲生，多少次的跌跌撞撞，终于，他们顶住了，面对这需要珍重的新生，面对新生活，为死去的人好好活着。因为他们知道，活在痛苦中，只会让自己辜负这新生命的际遇，他们好好活着，就是对这生命最好的感恩。

在竞争中，暂时的落后并不可怕，自卑的心理才是可怕的。人生失意、挫折、失败对人是一种考验，是一种学习，更是一种财富。我们要牢记"勤能补拙"，既能正确认识自己的不足，又能放下包袱，以最大的决心和最顽强的毅力克服这些不足，弥补这些缺陷。人的缺陷不是不能改变，而是看你愿不愿意改变。只要下定决心，讲究方法，就可以弥补自己的不足。

在不断前进的人生中，凡是看得见未来的人，也能掌握现在，因为明天的方向他已经规划好了，知道自己的人生将走向何方。平凡人总是把挫折当成挫折，当作自己前进的绊脚石，而非凡的人把人生中的挫折都当成自己的跳板，借助跳板，跨越到更高的阶段。所以，留住心中的"希望种子"，相信自己会有一个无可限量的未来，心存希望，任何艰难都不会成为我们的阻碍。相信只要怀抱希望，那些暂时的绊脚石，我们终将能从上面跨过去，之后等待我们的将会是熠熠生辉的星光大道。

保持低姿态，赢得他人心

如果你想把事做成，不妨以一种低姿态出现在对方面前，表现得谦虚、平和、朴实、憨厚，甚至愚笨、毕恭毕敬，使对方感到自己受尊重，比你聪明，在谈事时也就会放松自己的警惕性，觉得自己用不着花费太多精力去对付一个"傻瓜"了。

其实，你以低姿态出现只是一种表面现象，是为了让对方从心理上感到一种满足，使他愿意与你合作。实际上越是表面谦虚的人，反而越是非常聪明的人。当你表现出大智若愚来，使对方陶醉在自我感觉良好的氛围中时，你就已经受益匪浅，已经达到了你的目的。

你谦虚时，显得他高大；你朴实和气，他就愿与你相处，认为你亲切、可靠；你恭敬顺从，他的指挥欲得到满足，认为与你配合得很默契，很合得来；你愚笨，他就愿意帮助你，这种心理状态对你非常有利。

相反，你若以高姿态出现，处处高于对方，咄咄逼人，对方心里会感到紧张，做事就没把握了，而且容易产生一种逆反心理，使工作难以进行。

因此，为了把事办成，不妨常以低姿态出现在别人面前，使别人感到安全时，你自己也是安全的。

有些被求者，以为帮助了别人，有恩于你，心理上会不自觉地产生一种优越感，说不定还要对你数落一番。当你认为自己可能会被人指责时，不妨先数落自己一番，当对方发觉你已承认错误时，便不好意思再指责你了。

赫蒙是美国著名的矿冶工程师，毕业于美国的耶鲁大学，在德国的佛莱堡大学拿到了硕士学位。可是当赫蒙带齐了所有的学历去找美国西部的大矿主赫斯特的时候，却遇到了麻烦。

那位大矿主是个脾气古怪又很固执的人，他自己没有学历，所以就不相信有学历的人，更不喜欢那些文质彬彬又专爱讲理论的工程师。当赫蒙前去应聘并递上学历时，自以为老板会乐不可支，没想到赫斯特很不礼貌地对赫蒙说："我之所以不想用你，就是因为你曾经是德国佛莱堡大学的硕士，你的脑子里装满了一大堆没有用的理论，我可不需要什么文绉绉的工程师。"

聪明的赫蒙听了不但没有生气，相反，他心平气和地回答说："假如你答应不告诉我父亲的话，我要告诉你一个秘密。"赫斯特表示同意，于是赫蒙小声对赫斯特说："其实我在德国的佛莱堡并没有学到什么，那三年就好像是稀里糊涂地混过来一样。"想不到赫斯特听了笑嘻嘻地说："好，那明天你就来上班吧。"就这样，赫蒙在一个非常顽固的人面前通过了面试。

赫蒙把自己的身份降低，赢得了大矿主的心。和赫蒙相似，美国著名政治家帕金斯30岁那年就任芝加哥大学校长，有人怀疑他那么年轻能否胜任大学校长的职位，他知道后只说了一句："一个30岁的人所知道的是那么少，需要依赖他的助手兼代理校长的地方是那么的多。"就这短短一句话，使那些原来怀疑他的人一下子就放心了。

许多人往往喜欢尽量表现出自己比别人强，或者努力地证明自己是有特殊才干的人，然而一个真正有能力的领袖是不会自吹自擂的，所谓"自谦则人必服，自夸则人必疑"就是这个道理。

保持低姿态，先让别人感到缺他不成，努力寻找并讲出对方的优点，就会让对方觉得有面子，感到光彩。这样一来，对方与你的关系便走近了一步。最终，得到好处、被人尊重的，还是你自己。可以说，低姿态正是胜利者的姿态，低姿态正是成功者的姿态。

在秦始皇陵兵马俑博物馆，有一尊被称为"镇馆之宝"的跪射俑。它被誉为兵马俑中的精华，中国古代雕塑艺术的杰作。陕西省就是以跪射俑作为标志的。

它左腿蹲曲，右膝跪地，右足竖起，足尖抵地。上身微左侧，双目炯炯，凝视左前方。两手在身体右侧一上一下做持弓弩状。

如今，秦兵马俑坑已经出土，清理各种陶俑一千多尊，除跪射俑外，皆有不同程度的损坏，需要人工修复。而这尊跪射俑是保存最完整的，仔细观察，就连衣纹、发丝都还清晰可见。

这究竟为何呢？

专家告诉我们，这得益于它的低姿态。首先，跪射俑身高只有1.2米，而普通立姿兵马俑的身高都在1.8～1.97米。天塌下来有高个子顶着，兵马俑坑都是地下坑道式土木结构建筑，当棚顶塌陷、土木俱下时，高大的立姿俑首当其冲，低姿的跪射俑受损害就小一些。其次，跪射俑做蹲跪姿，右膝、右足、左足三个支点呈等腰三角形支撑着上体，重心在下，增强了稳定性。

其实，处世也是如此，保持低姿态，避开无谓的纷争，就能避开意外的伤害，更好地发展自己。

古人常说："谦卑者其实最高贵。"这是因为谦卑是高贵者的通行证，君子懂得谦让，因此行万里也会路途顺畅。小人好争斗，因此还未动步，路已被堵塞。君子知道屈可以为伸，因而受辱时不反击，知道谦让可以战胜对手，因而甘居人下而不犹豫。到最后时，就会转祸为福，让对手知错而成为朋友，使怨仇不传给后人，而美名远扬以至于无穷。

低姿态不仅是种手段，更是种态度。你越充分地运用这种方法，你就越有可能赢得别人的心。

年轻人社会经验还不足，当还没有充分的实力时，低姿态就具有特别重要的战略意义。做大事者往往能够审时度势，低头挺住，办成自己的事。

你可以不成功，但不能不成长

"在人生的道路上，所有的人并不站在同一个场所——有的在山前，有的在海边，有的在平原，但是没有一个人能够站着不动，所有的人都得朝前走。"这是泰戈尔的名言。我们每个人都有自己的位置，也许低也许高，并不是所有的人都能有机会站在人生的最高顶点，但是"所有的人都得朝前走"，即不论是谁都要努力前进。我们不一定要创造丰功伟绩，但不论现在的成绩如何，我们都要不断超越现在，不断进取才有成功的机会，而安于现状被安逸生活吞噬进取心的人，则永远没有体验人生风景的机会。

有一天，沼泽向在自己身边奔流而过的河流问道："你整天川流不息，一定累得要命吧？你一会儿背着沉重的大船，一会儿负着长长的水筏，在我眼前奔流而过。小船、小划子更不用说了，它们多得没有个穷尽。你什么时候才能抛弃这种无聊的生活呢？像我这样安逸地生活，你找得到吗？我是一个幸福的闲人，舒舒服服、悠悠闲闲地荡漾在柔和的泥岸之间，好比高贵的太太们窝在沙发的靠枕里一样。大船也罢、小船也罢，漂来的木头也罢，我这儿可没有这些无谓的纷扰，甚至小划子有多重我都不知道，至多偶尔有几片落叶漂浮在我的胸膛上，那是微风把它们送来和我一起休息的。一切风暴有树林挡住，一切烦恼我也沾染不上，我的命运是再好不过的了。周围的尘世不断地忙忙碌碌，我却躺在哲学的梦里养神休息。"

"哲学家，你既然懂得道理，可别忘了这条法则，"河流回答，"水只有流动才能保持新鲜，我成了伟大壮阔的河流就是因为我不躺在那儿做梦，而是按照这个法则川流不息。结果呢，我的源源不绝的水，又多又清的水，年复一年地给人们带来了幸福，因而赢得了光荣的名誉，或许我还要世世代代地川流不息下去。那时候，你的名字将不会有人知道了。"

多年以后，河流的话果然应验了，壮丽的河仍旧川流不息，沼泽却一年浅似一年。沼泽的表面浮着一层黏液，芦苇生出来了，而且生长得很快，沼泽最终干涸了。

这个故事告诉我们，一成不变能换取一时的安逸，却得不到丝毫成长，只会慢慢退步，甚至慢慢衰亡。

成功的人往往都是一些不那么"安分守己"的人，他们绝对不会因取得一些小小的成绩而沾沾自喜。每一个渴望成功的人都要谨记：只有不断"砸烂"较差的，你才能完全没有包袱，创造出更好的，走上成功的殿堂，就像下面的故事中讲到的一样。

一位雕塑家有一个12岁的儿子。儿子要爸爸给他做几件玩具，雕塑家只是慈祥地笑笑，说："你自己不能动手试试吗？"

为了制作自己的玩具，孩子开始注意父亲的工作，常常站在大台边观看父亲运用各种工具，然后模仿着运用于玩具制作中。父亲也从来不向他讲解什么，放任自流。

一年后，孩子好像初步掌握了一些制作方法，玩具造得颇像个样子。这样，父亲偶尔会指点一二。但孩子脾气倔，从来不将父亲的话当回事，我行我素，自得其乐，父亲也不生气。

又一年，孩子的技艺显著提高，可以随心所欲地摆弄出各种人和动物形状。孩子常常将自己的"杰作"展示给别人看，引来诸多夸赞。但雕塑家总是淡淡地笑，并不在乎似的。

有一天，孩子存放在工作室的玩具全部不翼而飞，他十分惊疑！父亲说："昨夜可能有小偷来过。"孩子没办法，只得重新制作。半年后，工作室再次被盗！又半年，工作室又失窃了。

孩子有些怀疑是父亲在捣鬼：为什么从不见父亲为失窃而吃惊、防范呢？偶然一天夜晚，儿子夜里没睡着，见工作室的灯亮着，便溜到窗边窥视：父亲背着手，在雕塑作品前踱步、观看。好一会儿，父亲仿佛做出某种决定，一转身，拾起斧子，将自己大部分作品打得稀巴烂！接着，将这些碎土块堆到一起，放上水重新混合成泥巴。孩子疑惑地站在窗外。这时，他又看见父亲走到他的那批小玩具前。只见父亲拿起每件玩具端详片刻，然后，父亲将儿子所有的自制玩具扔到泥堆里搅和起来！当父亲回头的时候，儿子已站在他身后，瞪着愤怒的眼睛。父亲有些羞愧，温和地抚摩儿子的脸蛋，吞吞吐吐道："我……哦，是因为，只有砸烂较差的，我们才能创造更好的。"

10年之后，父亲和儿子的作品多次同获国内外大奖。

人只有在不断进取的状态下才能够永葆生命的活力。既然生命不息，那就应该不断进取，超越自我。奔腾不息的流水才能够永葆生命的新鲜与活力，对于积极进取的人来说，每天都是一个崭新的起点，因为进取心带来的激励存在于我们人体内，它推动我们完善自我，追求完美的人生。

一个有事业进取心的人，可以把"梦"做得大些，虽然开始时是梦想，但只要不停地做，不轻易放弃，梦想终能成真。一旦我们每一个人有幸受这种伟大推动力的引导和驱使，生命就会成长、开花、结果。

胡巴特说："这个世界愿对一件事情赠予大奖，包括金钱和荣誉，那就是'进取心'。"进取心是存在于我们体内的一种神秘又伟大的力量。也许我们正处于人生起步，也许已经小有成就抑或许仍然平凡，无论我们处于什么样的高度，也要时刻提醒自己，生活还在继续，要一直向前，而不该原地踏步，数着自己的脚印过活。经济不景气，金融危机，这一切使得竞争更加残酷。年轻人只有让自己能够迅速地成长，不断地学习、不断地拼搏，知识面才会越广，得到的信息才越多，人生的视野才会越来越开阔。

放开自己，努力成长

在成长的过程中，很多人因为遭受来自社会、家庭的议论、否定、批评和打击，奋发向上的热情便慢慢冷却，逐渐丧失了信心和勇气，对失败惶恐不安，变得懦弱、狭隘、自卑、孤僻、害怕承担责任、不思进取、不敢拼搏。事实上，他们不是输给了外界压力，而是输给了自己。很多时候，阻挡我们前进的不是别人，而是我们自己。因为怕跌倒，所以走得胆战心惊、亦步亦趋；因为怕受伤害，所以把自己裹得严严实实。殊不知，我们在封闭自己的同时，也封闭了自己的人生。

世界上最难攻破的不是那些坚固的城堡和城池，而是自己为自己编织的"心理牢笼"。因此，我们要想走上成功的道路，摆脱不顺的现状，就要勇敢地冲出"心理牢笼"。

有一条鱼在很小的时候被捕上了岸，渔人看它太小，而且很漂亮，便把它当成礼物送给了女儿。

小女孩把它放在一个鱼缸里养了起来。每天，这条鱼游来游去总会碰到鱼缸的内壁，心里便有一种不愉快的感觉。

后来鱼越长越大，在鱼缸里转身都困难了，女孩便为它换了更大的鱼缸，它又可以游来游去了。可是每次碰到鱼缸的内壁，它畅快的心情便会暗淡下来。它有些讨厌这种原地转圈的生活了，索性静静地悬浮在水中，不游也不动，甚至连食物也不怎么吃了。

女孩看它很可怜，便把它放回了大海。

它在海中不停地游着，心中却一直快乐不起来。

一天它遇见了另一条鱼，那条鱼问它："你看起来好像闷闷不乐啊！"

它叹了口气说："啊，这个鱼缸太大了，我怎么也游不到它的边上！"

　　我们是不是就像那条鱼呢？在鱼缸中待久了，心也变得像鱼缸一样小了，不敢有所突破，有一天到了一个更为广阔的空间，已变得狭小的心反倒无所适从了。

　　其实，心有多大，世界就有多大。如果不能打碎心中的四壁，你的翅膀就舒展不开，即使给你一片大海，你也找不到自由的感觉。

　　放开自己，需要开放自己的胸怀。

　　开放，是一种心态、一种个性、一种气度、一种修养；是能正确地对待自己、他人、社会和周围的一切；是对自己的专业和周围的世界都怀有强烈的兴趣，喜欢钻研和探索；是热爱创新，不墨守成规、不故步自封、不固执僵化；是乐于和别人分享快乐，并能抚慰别人的痛苦与哀伤；是谦虚，勇于承认自己的不足，并能乐观地接受他人的意见，而且非常喜欢和别人交流；是乐于承担责任和接受挑战；是具有极强的适应性，乐意接受新的思想和新的经验，能够迅速适应新的环境；是坚强，敢于面对任何的否定和挫折，不畏惧失败。

　　不放开自己，一个人就不可能学会新东西，更不可能进步和成长。开放的胸怀，是学习的前提，是沟通的基础，是提升自我的起点。在一个组织里，最成功的人就是拥有开放胸怀的人，他们进步最快，人缘最好，也容易获得成功的机会。

　　具有开阔胸怀的人，会主动听取别人的意见，改进自己的工作。比尔·盖茨经常对微软的员工说："客户的批评比赚钱更重要。从客户的批评中，我们可以更好地吸取失败的教训，将它转化为成功的动力。"比尔·盖茨本人就是一个心态非常开放的人，他鼓励公司里每个人畅所欲言，当别人和他有不同意见时，他会很虚心地去听。每次公开讲演之后，他都会问同事哪里讲得好，哪里讲得不好，下次应该怎样改进。这就是世界巨富的作风，也是他之所以能成为巨富的潜能。

　　开放的心自由自在，可以飞得又高又远；而封闭的心像一池死水，永远没有机会进步。如果你的心过于封闭，不能接纳别人的建议，就等于锁上一扇门，禁锢了你的心灵。要知道褊狭就像一把利刃，会切断许多机会及沟通的渠道。

花草因为有土壤和养分，才会苗壮成长、美丽绽放，人的心灵也需要不断接受新思想的洗礼和浇灌，否则智慧就会因为缺乏营养而枯萎死亡。

拥有开放的心，你才能充分利用成功的第一原则：一个人只要对自己的信念坚定不移，就没有做不到的事情。打开你的心，让想象力自由翱翔，让你成功的希望越飞越高。

开放的人生来源于开放的思想，开放的思想来源于开放的眼界，开放的眼界来源于开放的行动，开放的行动来源于开放的知识。生活在一个不断开放的国度里，我们也要以开放的胸襟、开放的思维、开放的勇气、开放的行动，为自己建设一个不断开放、不断进步的人生。

创新就是敢于走别人没走过的路

创新是一个民族的灵魂，更是每一个能够成功的人所拥有的重要品质。走前人走过的路，往往很难觅得一条真正能有所收获的路。我们常说，第一个吃螃蟹的人是最勇敢的人。同样，如果没有第一个吃螃蟹的人，我们就不会知道这世界上还有螃蟹这样的美食，但是没有人会记住第二个吃螃蟹的人。就如同我们会记住每一个伟大成就或者定理的发现者，但是我们不会记住他们后来的诠释者，除非能够在同一领域里有所创新。发掘新奇的，探索未知的，便能够取得成就，获得成功。

世上的路并非走的人越多，就越平坦、越顺利。跟在别人后面走，不仅很难有创新，有时还可能跌进陷阱。一位商界大亨曾这样感慨："凡事第一个做的人是天才，第二个做的人是庸才，第三个做的人是蠢才。"要想成功，我们应以新、奇制胜，用自己独到的眼光去发现别人尚未发现的机会。

前人走过的路不一定是康庄大道，也可能荆棘满布。前人的脚印不一定全是成功的步伐，也可能是失败的铺垫。因此，正确对待已有的模式，在面临选择之时，不仅仅要以现成事物为参照，还要去发散思维，创造出更多的行为模式，并且进行正确的评估。在黑暗中前行不仅需要一颗勇敢的心，还需要一双敏锐的眼睛。正视眼前的现状，考虑所有可能的问题才能够紧紧握住自己航程的方向，从而创造不一样的人生。

几年前，荷兰一个城市发生了垃圾问题。这个城市一度相当干净，但由于人们不愿使用垃圾桶，结果垃圾四处堆积。卫生部门对此极为关切。他们提出许多解决问题的办法，希望能使城市清洁。第一个办法是：把乱丢垃圾的人的罚金从25元提高到50元。实施后，收效甚微。第二个办法是：增加街道巡逻人员的数量。然而实施成效同样不明显。

于是，有人提出这样一个问题：假如人们把垃圾丢入垃圾桶时，可以从桶里拿到钱呢？我们可以在每一个垃圾桶上装上电子感应的退币机器，在人们倒垃圾入桶时，就可以拿到10元奖金。

但是，这个点子明显难以实施，因为假若市政府采用了这个办法，那么过不了多久就会使财政拮据或发生危机。

上述建议虽然不切实际，未被采用，但可以被用作垫脚石。他们想到："是否有其他奖励大家用垃圾桶的办法呢？"这个问题有了答案。卫生部门设计出了电动垃圾桶，桶上装有一个感应器，每当垃圾丢进桶内，感应器就有反应而启动录音机，播出一则故事或笑话，其内容每两个星期换一次。这个设计大受欢迎。结果所有的人不论距离远近，都把垃圾丢进垃圾桶里，城市又恢复了清洁。

没有哪种方案是完美无缺的，如果你只钟爱一种方案，你就看不到其他方案的长处，你也会因此而失去许多机会。寻找新方案最稳妥的办法，就是将思维发射到四面八方，绝不要在刚找到第一种正确答案时就止步不前，而是继续寻找其他的方案。

俗话说："三个臭皮匠顶个诸葛亮。"每个人的思维都有其自身的局限性，只有集思广益，才能克服局限缔造出最完美的方案。没有一种方案能够面面俱到，因此，在处理问题时，应该善于收集不同的解决办法，从而能够争取问题得到根本性的解决。

发散性思维是创造完美方案的必经之路。通过发散性思维找到事物之间的普遍联系，通过分析综合的方法明确各个方案中的优缺点，最后进行"去其糟粕、取其精华"的过程，那么一个能够平衡各方利益、解决各种矛盾的综合方案就会诞生。

这个过程中不仅需要发散性思维，同时也需要选择和舍弃。辨识不同方案的特点，从而能够进行有目的的斟酌。我们在当下的生活中，若在面对困境时不放弃，继续找寻；在面对成功时不停止，继续完善，便能够得到最完美的结果。

这个时代并不欠缺机会，而是欠缺创意。假如你有新奇的想法，并付诸行动，就已经成功了一半。在生活的每个角落里，都隐藏着一些新鲜的东西，如果我们能够想到这一点，不断地从偶然的机会中挖掘对自己有用的信息，不断开发自己的创新能力，就能够打破思维的桎梏，使自己的生活和工作都更有创意。

第二节　你决定不了出身，但可以把握命运

勇于尝试，打破思维定式

一艘远洋海轮不幸触礁，沉没在汪洋大海里，8位船员拼死登上一座孤岛，才得以幸存下来。

但接下来的情形更加糟糕，岛上除了石头还是石头，没有任何可以用来充饥的东西。更为要命的是，在烈日的暴晒下，每个人都口渴得冒烟，水成为最珍贵的东西。

尽管四周是水——海水，可谁都知道，海水又苦、又涩、又咸，根本不能用来解渴。当时8个人唯一的生存希望是下雨或别的过往船只发现他们。

几天过去了，没有任何下雨的迹象，他们的周围除了海水还是一望无边的海水，没有任何船只经过这个岛。渐渐地，7位船员支撑不下去了，他们纷纷渴死在孤岛上。

当最后一位船员快要渴死的时候，他实在忍受不住了，扑进海水里，"咕嘟咕嘟"地喝了一肚子水。船员喝完海水，一点儿觉不出海水的苦涩，相反觉得这海水又甘甜、又解渴。他想：也许这是自己临死前的幻觉吧，便静静地躺在岛上，等待着死神的降临。

他睡了一觉，醒来后发现自己还活着。船员非常奇怪，于是他每天靠喝这岛边的海水度日，终于等来了救援的船只。

当人们化验这水时发现，由于有地下泉水的不断翻涌，实际上，这里的海水是可口的泉水。

前面7位船员死于自己的思维定式，实在很可悲。被自己的思维定式困住的人，将永远被他人的意见和价值观左右，永远不可能有闪光的思想和新颖的创意。勇于尝试，打破思维定式，对任何人来讲都至关重要。

打破常规、独立思考的习惯一旦形成，就会产生巨大的力量。19世纪美国著名诗人及文艺批评家洛威尔曾经说过："真知灼见，首先来自多思善疑。"爱因斯坦也非常重视独立思考，他说："高等教育必须重视培养学生具备会思考、懂探索的本领。人们解决世上所有问题用的是大脑的思维本领，而不是照搬书本。"

勇于尝试，积极而独立的思考，会使你越来越接近成功。

古语云"行成于思"，没有思考就不会有行动，当然就不会有成功。因此，要想取得成功，就要敢于打破思维定式。

有一家效益相当好的大公司，决定进一步扩大经营规模，高薪聘请营销人员。广告一打出来，报名者云集。

面对众多应聘者，公司招聘负责人说："相马不如赛马。为了能选拔出高素质的营销人员，我们出一道实践性的试题，就是想办法把梳子尽量多地卖给和尚。"

绝大多数应聘者感到困惑不解，甚至愤怒：出家人剃度为僧，要梳子有什么用处？岂不是神经错乱，拿人开涮？没过一会儿，应聘者纷纷拂袖而去，几乎散尽，最后只剩下三个应聘者：甲、乙、丙。负责人对他们三人说："以十日为限，届时请各位将销售成果报给我。"

十日期限到。

负责人问甲："卖出去多少？"答："一把。""怎么卖的？"

甲讲述了历尽辛苦，以及受到众和尚的责骂和追打的委屈，幸好在下山途中遇到一个小和尚一边晒太阳，一边使劲儿挠着又脏又厚的头皮。甲灵机一动，赶忙递上了梳子，小和尚用后满心欢喜，于是买下一把。

负责人又问乙："卖出去多少？"答："十把。""怎么卖的？"

乙说他去了一座名山古寺，由于山高风大，进香者的头发都被吹乱了。乙找到了寺院住持说："蓬头垢面是对佛的不敬，应在每座庙的香案上放把梳子，供善男信女梳理头发。"住持采纳了乙的建议，那山共有10座庙，于是住持便买下了十把梳子。

负责人又问丙："卖出去多少？"答："一千把。"负责人惊问："怎么卖的？"

丙说他到一个久负盛名、香火极为旺盛的深山宝刹，朝圣者如云，施主络绎不绝。丙对住持说："凡来进香朝拜者，多有一颗虔诚之心，宝刹应有所回赠，以作纪念，保佑其平安吉祥，鼓励其多做善事。我有一批梳子，您的书法超群，可先刻上'积善梳'三个字，然后便可成为赠品。"住持大喜，立即买下一千把梳子，并请丙小住几天，共同出席了首次赠送"积善梳"的仪式。得到"积善梳"的施主与香客很是高兴，一传十、十传百，朝圣者更多，香火也更旺了。这还不算完，好戏还在后头。住持希望丙再多卖一些不同档次的梳子，以便分层次赠给各种类型的施主与香客。

任何一个有创造成就的人，都是战胜常规思维的高手。他们不被过去的思维所困扰，能突破思维定式的束缚，取得创新硕果。很多人抱怨思维受阻、灵感枯竭，拿不出好的创意，其实，思维没有界限，界限都是人在心里给自己设的。经验和常识可以帮助我们缩短探索的过程，少走很多弯路，但有时候也会把人们带进"习惯"的盲区。所谓"思维一转天地宽"，当思路受阻时，不妨丢弃经验，寻求没有先例的办法和措施去分析、认识事物，从而获得新的认识和方法，锻炼和提高人的认识能力。老观念不一定对，新想法不一定错，只要打破心理枷锁，突破思维的桎梏，你一样可以成功。

没有解决办法，那就改变问题

当我们苦苦寻找解决问题的方法，却因方法不当而一次次地进行尝试时，不妨想一想能不能将问题稍加改变，使我们的方法更加适合它。

危机来临，许多问题如果找不到解决的办法怎么办？一般的人也许会告诉你："那只能放弃了。"但善于运用逆向思维的杰出人士会这样说："找不到办法，那就改变问题！"

在19世纪30年代的欧洲大陆，一种方便、价廉的圆珠笔在书记员、银行职员甚至是富商中流行起来。制笔工厂开始大量生产圆珠笔。但不久却发现圆珠笔市场严重萎缩，原因是圆珠笔前端的钢珠在长时间的书写后，因摩擦而变小，继而脱落，导致笔芯内的油漏出来，弄得满纸油渍，给书写工作带来了极大的不便。人们开始厌烦圆珠笔，不再用它了。

一些科学家和工厂的设计师们为了改变"笔芯漏油"的状况，做了大量的实验。他们都从圆珠笔的珠子入手，实验了上千种不同的材料来做笔前端的圆珠，以求找到寿命最长的圆珠，最后找到了钻石这种材料。钻石确实很坚硬，不会漏油，但是钻石价格太贵，而且当油墨用完时，这些空笔芯怎么办？

为此，解决圆珠笔笔芯漏油的问题一度搁浅。后来，一个叫马塞尔·比希的人却很好地将圆珠笔进行了改进，解决了漏油的问题。他的成功是得益于一个想法：既然不能延长"圆珠"的寿命，那为什么不主动控制油墨的总量呢？于是，他所做的工作只是在实验中了解一颗钢珠在书写中的"最大用油量"，然后每支笔芯所装的"油"都不超过这个"最大用油量"，解决了这个大难题。这样，方便、价廉又"卫生"的圆珠笔又成了人们最喜爱的书写工具之一。

马塞尔·比希发现解决足够结实又廉价的"圆珠"这个问题比较困难，便将问题转换为控制"最大用油量"，运用逆向思维使原本棘手的问题得到了巧妙的规避，并且不需要耗费过多的精力和财力。

马塞尔·比希灵活改变了着手点，就解决了问题。有一位智者说，这个世界上有两种人，一种人是看见了问题，然后界定和描述这个问题，并且抱怨这个问题，结果自己即成为这个问题的一部分；另一种人是观察问题，并立刻开始寻找解决问题的办法，结果在解决问题的过程中自己的能力得到了锻炼、品质得到了提升。你愿意成为问题的一部分，还是成为解决问题的人，这个选择决定了你是一个失败者还是成功者。

其实，现实生活往往如此，无论你做了多少研究和准备，有时事情就是不能如你所愿。如果你尽了一切努力，还是找不到一种有效的解决办法，就不妨像马塞尔·比希那样，从反方向思考出发，寻找解决问题的最佳途径。其实，思维逆转本身就是灵感的源泉。

找不到解决方法，就试着改变这个问题。还有一个故事：

某楼房自出租后，房主不断接到房客的投诉。房客说，电梯上下速度太慢，等待时间太长，要求房主尽快更换电梯，否则他们将搬走。

已经装修一新的楼房，如果再更换电梯，成本显然太高。如果不换，万一房子租不出去，更是损失惨重。房主想出了一个好办法。几天后，房主并没有更换电梯，可有关电梯的投诉再也没有接到过，剩下的空房子也很快租出去了。

为什么呢？原来，房主在每一层的电梯间外的墙上都安装了很大的穿衣镜，大家的注意力都集中到自己的仪表上，自然感觉不出电梯的上下速度是快还是慢了。

更换电梯显然不是最佳的解决方案，但问题该怎么解决呢？房主也运用了逆向思维，将视角从"换不换电梯"这一问题转换到了"该如何让房客不再觉得电梯慢"，问题变了，方案也就产生了，转移大家的注意力就可以了。

无论你做了多少研究和准备，就是达不到自己预想的结果。如果试了很多方法，还是不能有效解决问题，那就试着改变这个问题。

为问题寻找到合适的解决办法是通常使用的正向思维思考方式，但是，当难以找到解决途径时，也许最好的解决办法就是将问题改变，改变成我们能够驾驭的、容易解决的。

用能力打造自己的影响力

影响力产生的一个重要原因是别人对你的实力的认同。换言之，富有影响力的人之所以不同于一般人，重要原因之一就在于他被别人看成是独特的，甚至是独一无二的。这种信念一旦产生，人们不仅会心甘情愿地接受他，而且会做出异乎寻常的决定去追随他。因为一旦拥有对这个人坚定不移的信念，人们就会坚定地认为，他是如此非凡，他会知道问题的全部答案，有办法变理想为现实。

问题的关键是如何才能使人们感到非同寻常，你的非同寻常，是由其非同寻常的实力造就的，能力决定了你的影响力。

影响力与人的能力素质直接相关。那些个人素养、道德品质较好，而能力低、素质差的"无能的好人"，是难以获得影响力从而赢得追随者的。

成功的领导人在领导过程中表现出了超群的领导才能，能得到上司的赏识和信任，受到下属的爱戴和拥护。这样，未来领导人的威望就会逐步树立起来。一个人的实力是一步步增强和不断展现出来的，当你在生活和工作中表现出卓越的才能，得到他人的欣赏和信任，这样你的实力就展现出来了，甚至获得了一种无形的权威。

赢得了欣赏和信任，在生活和工作中自然就会一呼百应，大家愿意心悦诚服地聚集在你的周围，这样，支持者就会越多。缺乏能力的人，生活上不如意，工作中不行，这样的人可能是个"老好人"，但多数人不喜欢和这样的人打交道，自然就树立不起威望，也不能赢得更多的支持者。

一些个人的素质或行为也会被理解成非凡的或独特的，成为构筑非权力影响力的重要因素。曾经教过比尔·盖茨的一位大学教授评价他说："他是我所教的学生当中最好的学生，我不能想象还有比他更聪明的人。搞软件，对他来说几乎是不费力的。"比尔·盖茨的一位同学也说："他是一位天才，问题就这么简单。他说他的脑子里尽是一些软件开发方案，而我们不能不信他。"不仅是比尔·盖茨，许多被称为魅力领导者的人也都是这样常常被熟知他们的人所议论。我们常常听人们钦佩地说起他们的老板，如"他真聪明，善于把握事物的实质，一眼就能看穿未来。""他是与众不同的，他有非凡的理解力和卓越的战略眼光，没办法，他就是比别人聪明。"从这些话语中，我们不难看出这些人的老板以独特的能力，在其公司员工那里构筑了非凡的信誉和影响力。

有一个人是这么评价一位他非常尊敬的领导的：

他确实非常有魅力，这在两件事上明显地表现出来。一是他身上凝聚着有关制造业的全部知识，对此，他可以信手拈来，随意说出，可见，他对自己的专业了解得极为透彻。他刚一到任，就全面地更新了生产的流程，使得我们厂终于生产出自己的产品，而这在以前是从来没有过的。二是他给我们留下了深刻印象，那就是干什么他总比别人领先一步。当他和我们说出他的想法以后，很多人发自内心想说："真希望那是我自己说的。"

确实有很多人拥有非凡的才能，但是，他们之所以被认为有非凡的才能，是因为他们获得过别人从来没有获得过的成功，而这些成功有时会被夸大地看成是超凡出众的能力造成的。

对于一个富有影响力的领导者来说，在他所有被下属所崇拜的才能中，最引人注目的是领导者的战略眼光。作为拥有较大专家影响力的领导者，他与普通领导人之间的区别，往往在于他不仅拥有非凡的战略眼光，而且拥有相应的知识及技能，这些往往被人们称为聪明或智慧。他们之所以给人如此印象，是其非凡能力使然，同时，这也说明他们在其下属那里建立起了非同寻常的专家影响力。一般来说，这种专家影响力使得下属们坚信，在这样的领导者领导下，自己能够得到更大的发展，因此，他们都心甘情愿地追随领导者。

应该引起注意的是，这些领导者非凡的战略眼光既非天生，也非神授，而只能解释为从以前的实践经验中积累起来的对现象的领悟力和对未来的预见力。这种能力往往是与实践经验一起发挥作用的。他们之所以比其下属表现得更聪明，关键是因为他们拥有其下属没有的经验和知识。

所以，我们要在成长中不断积累实力，用自己的实力塑造自己的影响力。

诚实面对情绪，正视自己的不安

畅销书《不抱怨的世界》的作者威尔·鲍温曾经接受了一家电台晨间节目的采访，采访结束后与工作人员聊天时，一位播音员对他说："我是靠抱怨维生的，而且我靠抱怨获得了非常高的薪水。"

鲍温问他："如果把快乐分成从一到十这十个等级，你在哪个等级呢？"

很明显，他愣了一下，几秒钟之后他伤感地问鲍温："有负数可以算吗？"

那一刻，鲍温感受到了这位"高薪"播音员内心的不安。对于一个常常抱怨的人来说，不安的情绪是他们每天生活必然承受的，以至于渐渐成为习惯。

其实，曾经有一段时间，鲍温也像那位播音员一样，内心充满忐忑。所以他总是想用自己的大嗓门、抱怨和对他人的指责来压抑心里的不安。当鲍温的第一任妻子离开时，她告诉鲍温在他的身边从来没有安全感，这令她身心交瘁。

从那天开始，鲍温进行了认真的反省。多年以来，他一直试图改变身边的一切以变成一个有安全感的人，但是长时间的思考之后，他才豁然明白：有安全感代表接受事物的原貌，而不是改变它。

那些内心踏实的人，往往能够认同自己的长处，接受自己的缺点，悠然自得，从来不会通过他人的目光来肯定自己；而没有安全感，内心充满不安的人，常常质疑自己的重要性，他们或者将自己的成就昭告天下，以博得赞赏，或者反复诉说不幸的遭遇，以换取同情。久而久之，他们习惯了用各种方式掩饰自己的不安，而最终成为一个爱抱怨的人。

所以，真正有安全感的人能够诚实面对自己的情绪，正视自己的不安，他们不会压抑自己内心的种种情绪，而是会自然而然地接受所有痛苦的情绪带来的不适，一旦真正接受了，自然不需要再通过其他的途径来发泄。

詹姆斯是一家餐厅的老板，有一天他忘记关上餐厅的后门，结果早上三个武装歹徒闯入抢劫，他们要挟詹姆斯打开保险箱。由于过度紧张，詹姆斯弄错了一个号码，造成抢匪的惊慌，开枪射击詹姆斯。

他躺在地板上，内心充满了绝望。但是很快，詹姆斯努力地让自己振作起来，因为在生和死面前，他还是更乐于选择前者。很快，幸运的詹姆斯被邻居发现了，被紧急送往了医院。

在被推入紧急手术间的路上，詹姆斯看到医生跟护士脸上忧虑的神情，真的被吓到了，他们的脸上好像写着——他已经是个死人了！但是，这时候的詹姆斯特别镇定，他只有一个想法：虽然我中弹了，但是我一定能够活下来。

手术之前，有个护士用吼叫的音量询问他是否会对什么东西过敏。

詹姆斯回答说："有。"

这时，医生跟护士都停下来等待他的回答。他深深地吸了一口气，喊着："子弹！"

医生和护士们显然愣了一下，之后他们笑了起来。等他们笑完之后，詹姆斯说："我现在选择活下去，请把我当作一个活生生的人来开刀，不是一个活死人。"

经过18小时的外科手术以及长时间的悉心照顾，詹姆斯终于出院了，虽然还有块子弹留在他身上，但是詹姆斯比以前活得更加快乐了。

当詹姆斯面临着死亡的威胁时，他并没有抱怨命运的不公。虽然他的内心充满了恐惧，但他正视自己的畏惧，并坚定地告诉医生："我现在选择活下去。"还有什么比对生的渴望更有力量的呢？不是每个人都会面临死亡的威胁，但每个人都会遇到逆境和不如意。如果每当我们遇到逆境就不停地抱怨，那么逆境会永远成为逆境。所以，当你的境遇不如意时，请不要抱怨。虽然眼下的境况和你的想象有很大的差距，但是先接受它，你就会有能力改变它。

有时候我们常常会因为遇到了困难而暴躁不安，可是苦难不会因为你的暴躁而消失。所以，当我们苦闷的时候可以去感受这种苦闷的心情，接受之后我们才能体会到这是很正常的事情，没有什么大不了的。

每个人的生命都是由自己掌控的，享受它，或者憎恨它，这是唯一真正属于你的权利。诚实面对你的情绪，正视内心的不安，你的快乐指数才不会成为负数。

走出心灵的牢狱，用快乐拥抱每一天

如果你遇到了挫折，遭遇了失败，心情低落到了极点，情绪坏到了不能再坏的地步，那么请先让自己冷静下来，哪怕打一针镇静剂。铺开一张纸，就好像铺开自己的心情一样，把自己的不快乐都列在这张清单上。当然，你还要找出一张纸，上面写上你可能得到幸福的事情，不要放过任何一个快乐的源泉，比如你长得漂亮，你的身体很健康、你的家人对你很好等等。紧接着，你就可以对比了。这个时候，你就会发现，让你快乐的理由远远大于悲伤和难过的，既然如此，你就不该再将自己放置在悲伤痛苦的阴影当中了。

多年前，有一个女孩因为错手伤人而坐牢，尽管后来被释放，但她仍然很痛苦，就到教堂祷告，希望上帝能够分担她的痛苦。看到女孩一脸悲伤，一位牧师问她发生了什么事。这个女孩哭了，她泣不成声地说："我好惨啊，我多么地不幸啊，我这一辈子都忘不了这件事情……"

听罢她的陈述，牧师对她说："这位小姐，是你自愿坐牢的。"

女孩被牧师的这句话吓了一跳，说："你说什么？我怎么可能自愿坐牢？"

牧师对她说："你尽管已经从监狱里出来了，但在你的心里，天天心甘情愿地被关在牢里，那你不是自愿坐在心中的牢狱里吗？"

"这是什么意思呢？"女孩不解地问。

"在你身边发生了一件不好的事情，你好像看了一场不好的电影一样，天天在回想，这不是很笨的事情吗？这与重蹈覆辙有什么区别呢？你改变不了环境，但你可以改变自己；你改变不了事实，但你可以改变态度；你改变不了过去，但你可以改变现在；你不能控制他人，但你可以掌握自己；你不能预知明天，但你可以把握今天；你不可能样样顺利，但你可以事事尽心；你不能延伸生命的长度，但你可以决定生命的宽度；你不能左右天气，但你可以改变心情……"

心灵的牢狱比行动不自由更可怕。生活本身已经制造那么多问题了，如果我们又进一步在脑子里提炼出那么多不快乐，的确是在增加心理的负荷。每天都要面对那么多无法预测的事情，还要承受自己给自己制造的不快乐，这本身难道不是一种愚蠢的行为吗？

我们不要再强调那些制造自己不快乐的人的态度，我们来看看怎么才能停止制造不幸的过程：我们是因为想不快乐的事情，适用我们惯有的悲观情绪去想问题，所以才变得不快乐的。那么，如果我们停止再想这些问题，停止用悲观的眼睛看待世界，就会开心得多。

有两个人在沙漠的黑夜中行走，水壶中的水早就喝完了，两人又累又饿，体力渐渐透支了。在休息的时候，其中一个人问另一个人，现在你能看到什么？

被问的那个人回答道："我现在似乎看到了死亡，似乎看到死神在一步一步地向我靠近。"

发问的人却微微一笑，说："我现在看到的是满天的星星和我的妻子、儿女等待我回家的脸庞。"

两个人看到了两种景象，最后，那个说看到死亡的人真的死了，就在快要走出沙漠的时候，他用刀子匆匆结束了自己的生命；而另一个说看见星星和自己妻子、儿女脸庞的人靠着星星的方位指示成功地走出了沙漠，并成为人们心目中的英雄。

其实这两个人并没有根本的区别，仅仅是当时的心态不同，但在最后却演绎了截然不同的命运。因此，一个人的心态往往会影响一个人的命运，要想时刻都过得愉快，就得让自己的心情永远都在你的掌控之中。

有一句俗语："拥有积极心态的人像太阳，照到哪里哪里亮；拥有消极心态的人像月亮，初一十五不一样。"这句俗语生动地阐明了心态可以影响我们的生活，你拥有什么样的心情，世界就会向你呈现什么样的颜色。

从故事中我们还可以看到，问题的发生，不在于事物本身，而在于我们的心态。心态不同，看到的世界就是不同的。因为报怨者的眼睛里只有消极和悲观，抱怨的人生是灰色的，他们的目光也只会为了生活中的不如意而停留，他们的生活总是被烦恼占满，他们的心理总是被沮丧和自卑充斥着。

其实一个人在任何时候都面临着选择快乐和不快乐两个方面，也许我们不能在任何环境下都选择快乐，但是我们要知道，我们在任何时候都有选择快乐的权利。既然快乐也是过一天，不快乐也是过一天，我们不如用快乐去拥抱每一天。

给自己时间，别害怕重新开始

这个世界上不会有人一生都毫无转机，穷人可能会腾达为富人，富人也可能沦落为穷人。很多事情都是发生在一瞬间。富有或贫穷，胜利或失败，光荣或耻辱，所有的改变都会在一瞬间发生。

比如，一个人要戒烟，如果他总认为戒烟是一个渐进的、缓慢的过程，要逐渐地戒，那他永远也戒不了烟；他只有在某天突然感觉到再抽下去会得癌症，肺会完全烂掉，才会痛下决心，马上采取戒烟措施，才有可能戒烟成功。

美国有线电视新闻网（CNN）的老板特德·特纳，年轻时是一个典型的花花公子，从不安分守己，他的父亲也拿他没办法。他曾两次被布朗大学除名。不久，他的父亲因企业债务问题而自杀，他因此受到了很大的触动。他想到父亲含辛茹苦地为家庭打拼，他却在胡作非为，不仅不能帮助父亲，反而为父亲添了无数麻烦。他决定改变自己的行为，要把父亲留给自己的公司打理好。从此他像变了一个人似的，成了一个工作狂，而且不断寻找机会，壮大父亲留下的企业，最终将CNN从一个小企业变成了世界级的大公司。

很多人害怕改变，因为习惯了自己固定的生活习惯和生活模式，任何细小的意外都会让自己感觉被命运掌控着。只要生活如心所愿，安于常规没有什么不好。但是当生活远远低于自己的期望时，不要有顾虑，不要害怕以后的生活会更糟，不尝试去改变，怎么知道结果呢？这时候，就要下定决心去追寻自己想要的生活状态。

其实，人的改变就在一瞬间，只要我们思想上有了一种强烈的要改变的意识，并下定决心，改变就会出现。一瞬间的改变可以成就一个人的一生，也可以毁灭一个人的一生，所以，我们不能忽视一瞬间的力量。

鲁迅认为中国落后是因为中国人的体质不行，被称作"东亚病夫"，于是他去日本学习医学。但一次在课间看电影的时候，他看到日本军人挥刀砍杀中国人，而围观的中国人却一脸的麻木，当时其他的日本同学大声地议论："只要看中国人的样子，就可以断定中国必然灭亡。"鲁迅在思想上瞬间发生了改变，他说："我便觉得医学并非一件紧要事，凡是愚弱的国民，即使体格如何健全，如何茁壮，也只能做毫无意义的示众的材料和看客，病死多少是不必以为不幸的，所以我的第一要素是在改变他们的精神，而善于改变精神的是，我那时以为当然要推文艺，于是想提倡文艺运动了。"从此，鲁迅决定弃医从文，以笔为枪，去唤醒沉睡中的中国，中国也多了一位伟大的思想家和文学家。

禅宗讲求顿悟，认为人的得道在于顿悟，在于一刹那的开悟。其实人生也是这样，人思想的改变就在一瞬间。当我们顿悟后，我们就能洞察生命的本性，从被奴役的生活而走向自由的道路，将蕴藏在内心中的仁慈和潜能都充分地发挥出来。

一个人想要达到成功的巅峰，也需要顿悟，从你的内心深处升起的那份卓越的渴望，将会在瞬间改变你的一生。

人生可以随时开始，即使只剩下生命中的24小时。一个人只要还能思考，还充满了梦想，就可以重新开始自己的人生。可为什么，有时我们明明知道自己已经错了，还是要继续错下去，或是已深陷痛苦之中，却仍然不愿逃离出来呢？在"不敢"或"不舍"中将自己陷于困局？如果明知这条路不适合自己，再走下去的结果也只是枉然，何不立即舍弃重新开始呢？日本作家中岛熏曾说："认为自己做不到，只是一种错觉。我们开始做某事前，往往考虑能否做到，接着就开始怀疑自己，这是十分错误的想法。"人生随时都可以重新开始，没有年龄限制，更没有性别区分，只要我们有决心和信心，梦想，即使到了70岁也能实现。

今天是一个结束，又是一个开始。昨天的成功也好，失败也好，今天都可以重新开始，重新开拓自己的人生。昨天失败了，不要紧，今天忘了它，总结失败的教训，继续新的努力。即便昨天是成功的，今天依旧要重新开始，在成功的基础上继续努力，争取更辉煌的进步。

人生就是不断重新开始的过程，随时都可以有新的开始、新的希望、新的天空。不顺的生活正是我们开始新生活的开端，我们为什么还要抱怨呢？

如果你还在抱怨中过日子，那就不妨给自己时间，试着去改变。

逆境不是结局，而是过程

失败是成功之母，这是我们从小就知道的格言，可是，当你把它运用到自己身上的时候，发现还是很困难的。从失败的惨痛中走出来重整旗鼓并不是件容易的事情。有这个勇气固然很好，但是仅凭着勇气，并不能够轻易地就扭转局面。因为更为重要的是冷静客观地分析原因，吸取失败的教训才能取得进步。

如今，市场经济风云莫测、信息瞬息万变，竞争非常激烈，人们常常用"商场如战场"来形容这种没有硝烟的战争。世上没有常胜的将军，能够从失败中吸取教训的人往往能够得到人们的青睐。

一家公司正在招聘销售主管，前来应聘的人很多，经过了层层淘汰，最终剩下三个年轻人在角逐这个职位。当然，他们三个人是不知情的。最后一轮中，主考官分别告诉他们说："对不起，你在面试中没有达到我们的要求，所以你不能被录用。"这三个人听到后，都走出了这家公司。这时候，有个满头华发的老人过来问："你们三个人怎么看着都有心事，在想什么呢？"

一个年轻人非常懊恼地说："我今天很倒霉，应聘又被刷下来了。"

另一个人急急忙忙地说："我着急再去找应聘信息呢，对不起，我要赶紧走了。"

第三个人则是若有所思地说："我在考虑他们为什么不录用我？我到底哪个环节表现得不佳呢？"

这个老者哈哈大笑，指着第三个人说："年轻人，你被我们录用了。"这时，这三个年轻人才知道这个老者就是公司的董事长。

故事中，最后的面试问题就是看应聘者面对失败的表现。第一个是一味地沉浸在失败的烦恼中；第二个是对失败的原因不加分析、考虑，就盲目地再去求职；而第三个人则是冷静地在思考失败的原因，而这种应对失败的品质恰恰是这家公司非常看重的。

三个人在经历了同样的失败后，对待失败的态度存在的差异，决定了他们今后面对困难、挑战的信心和智慧。一个意志坚强的人往往能够看得更远、站得更高，让自己的人生释放出夺目的光彩。

要善于让自己迎接挑战，只有在能够焕发斗志的环境中，你才能够激发奋斗的热情和动力，挖掘出蕴含在生命之中的潜力，开创出属于自己的一片广阔天地来。

一个小姑娘看到别人溜冰很潇洒，自己也想学，可是又害怕摔倒的疼痛。在刚开始学的时候，她就小心翼翼、战战兢兢的，不敢迈出步子去学，只能扶着墙试探着往前走。但还是会摔倒，她就痛恨自己还没有学会溜冰，就已经摔倒这么多次了。这时，教练轻盈地滑过来，看着教练优美的姿势，她很是美慕，问教练溜冰的秘诀。

教练告诉她，没有秘诀可言，唯一的秘诀就是你每次摔倒后都要考虑这次失败的原因。如果用这种方法训练，你将能够很快学会。小姑娘自然是将信将疑，但她还是尝试着按照教练的方法去做，在一次次的摔倒中她都在思考原因，果然思考之后，发现动作的协调、步伐的掌握的确有了很大的进步。不到五十下的时候，她已经行动自如了。当初学者再问她溜冰秘诀的时候，她也将教练的秘诀告诉给了别人。

迎接失败的挑战过程固然艰辛，但正是这种过程，才能够让你痛定思痛，深刻地反思自己、审视自己，才能厚积薄发。你在经历了奋斗的过程后，会发现阳光总在风雨后，经历了风雨的洗礼后，挂在天空的彩虹才更加美丽。

我们要坚信我们现在的不如意、逆境、挫折乃至苦难都是你的财富！古今中外，凡成大事业者，无一不是从苦难中走出来的。在逆境中，我们会经受各种考验与锤炼，百炼成钢，成就我们非凡的意志品质和能力，"苦其心志，劳其筋骨，饿其体肤，空乏其身……增益其所不能"。逆境并不可怕，可怕的是你把它看成是结局而不是过程。在这个过程中，我们去接受苦难并跨越它，等待我们的是美好的未来。

你要永远快乐，只有向痛苦里去找

每个人都想要幸福的生活，但生活总会给我们带来痛苦和缺憾，这些缺憾可能是身体上的、才智上的，或者是生活中的一些挫折。面对这些生活中的缺憾，是反复强调，在痛苦和自卑中艰难度日，还是正视缺陷，把它当作特别的赐予，安然地享受生活呢？感恩不但是解除痛苦的良方，还是幸福的源泉。

一位小孩罹患先天性心脏病，动过一次手术，胸前留下一道深长的伤口。孩子有一天换衣服时，从镜中看见疤痕，竟骇然而哭。"我身上的伤口这么长！我永远不会好了。"孩子想。

孩子的敏感早熟令她的妈妈惊讶异常！她心酸之余，解开自己的衣服，露出当年剖腹生产留下的刀口给孩子看。

"你看，妈妈身上也有一道这么长的伤口。因为以前你还在妈妈的肚子里的时候生病了，没有力气出来，幸好医生把妈妈的肚子剖开，把你救出来，不然你就会死在妈妈的肚子里面。妈妈一辈子都感谢这道伤口呢！同样的，你也要谢谢你的伤口，不然你的小心脏也会死掉，见不到妈妈了。"

感谢伤口！这四个字如钟鼓声直撞心中，不由得使我们低下头，检视自己的伤口。它不在身上，而在心中。每一次失败都会化作伤疤留在心里，每一道伤痛都会蛰伏在心底不时隐隐作痛。然而，没有灼热的刺痛哪能体会到甘甜的舒畅，没有坎坷的人生哪能品尝得到再次成功的喜悦？感谢艰难，感谢留在心底的那道伤口，它让我们在青春的岁月里明白：痛苦往往是生命的重生！

苏珊是一个先天的畸形儿，长了6根手指，手指上没有任何指节。18岁之前，她已做了不下30次手术，可她的手仍旧没有恢复正常。先天的畸形成了苏珊挥之不去的阴影，最让她心痛的一件事是：临近毕业的时候，她爱上了同学汤姆，可是好朋友的话却深深刺痛了她。她说："苏珊，你真的不明白？汤姆是不会爱上你的，因为你的手是畸形的。"

听到这样的话，苏珊的心如针扎一般。为了躲避嘲笑、掩藏自卑，她去当了一个一年级老师，因为她觉得学校是一个适合手指畸形的人待的好地方。

一天下午，苏珊教孩子们写"a"这个字母。每个人都在用心地练习，教室里显得非常安静。苏珊像往常一样向学生们望去，她发现一个叫安妮的小女孩写字的时候手指交叉着。苏珊蹑手蹑脚地走近她，弯下腰，对她小声说："安妮，为什么你要手指交叉着写字呢？"

小女孩抬起她那双漂亮的大眼睛，看着苏珊，说："老师，因为我想像您一样。"

安妮从来没见过畸形的手，她只是看到一个她自己想要的特别之处。我们每个人都会有一些我们认为不那么完美的地方——我们认为那是畸形。我们可以觉得自己有些畸形，同样，我们也可以觉得那非常特别。我们理解了生活，具有了感恩的心，就可以自由把握幸福的尺度，活出生命的意义。

在这个有缺陷的世界上，没有一个人的人生是圆满的，有福报的人没有智慧，有智慧的人没有福报。书读得好的，多半是福报差一点；命运好一点的人，多半在知识上少一点，有了这一面就少了那一面。

佛说，不圆满的人生才是完美的人生。春秋时期的老子也说：大成若缺，大音希声，大智若愚，大巧若拙，大象无形。

的确，生命就像是一篇高低起伏的乐章，高低错落才会显得生动而鲜活，所谓"如不如意，只在一念间"，人生的真相便是"不如意之事十有八九"。

"我常常抱怨自己没有鞋穿，直到有一天我看到了有人没有脚"，这样的情形常常会让人心灵震撼，其实人生就是残缺的，当我们觉得自己有着众多的不如意，但是却偶尔地发现实际上别人比我们更不幸。

人常常会追求极致的完美，总觉得不够完美，而这样的完美主义总会让自己不快乐。曾经流传过这样一个故事，让不少的人突然觉得自己实际上是很幸运的。一个人从19层楼跳下去的时候看到18层的夫妻在吵架，看到17层的男人因为抑郁而睡不着，看到16层的男人背着自己的老婆在偷情，看到15层的大学生因为没有拿到毕业证而痛哭不已……到1层的时候，这个人觉得自己还是很幸运的，但是当他摔下去的时候，所有人都感慨："原来他比我们更不幸。"

人生没有什么是完美的，在你得到的同时，自然也会有一些会失去，世界上根本就没有绝对完美的事物，而当没有缺憾的时候，生活就会变得单调乏味。

亚历山大大帝因为没有可征服的土地而痛哭；喜欢玩牌者若是只赢不输就会失去打牌的兴趣。正如西方谚语所说："你要永远快乐，只有向痛苦里去找。"

正因为人的不圆满，才会促使人向上追求，渴望自身的圆满，不圆满从某种意义上说，正是一个人灵魂飞升的动力所在。因此，我们应正视并珍惜自己的不圆满，努力向上，这才是真正健康的心态。

正视快乐的短暂，直面痛苦的现实

不管人们为自己树立了多么伟大的理想，最后无非是想得到快乐。有的人追求物质的快乐，有的人追求享受自然的快乐，其实人生本就是苦海，无法脱离苦的本质，所以便有很多人在对快乐的追求中迷失了自我，最后反而变得更痛苦。

想要真正获得自在与欣慰，豁达和坦然面对，便是能以一种愉悦的心情看待人生的苦与乐、悲与喜的方式。这种豁达就是智慧，而真正充满智慧的人，会洞悉一切事物的本质，会对一切都充满包容，不管是苦是乐，都一样接受，都一样放在心中。

人心随着年龄、阅历的增长而越来越复杂，但生活其实十分简单。保持自然的生活方式，不因外在的影响而刻意地生活，便会懂得生命简单的快乐。

其实，人一生中，许多时候，我们并没有机会和时间去伪装自己。伪装自己是自欺欺人，自己不开心，别人也会讨厌你的虚伪。不如保持一颗质朴的心，遵循内心的声音，遵循生命自然的方式。

云照禅师是一位得道高僧，他面容慈祥，常常带着微笑。每次与信徒们开示时，他总是会说："人生中有那么多的快乐，所以要乐观地生活。"

云照禅师对待生活的积极态度感染着身边的人，所以在众人眼中，他俨然已经成为快乐的象征。可是有一次云照禅师生病了，卧病在床时，他不住地呻吟道："痛苦呀，好痛苦呀！"

这件事很快传遍了寺院，住持听说了，便忍不住前来责备他："生老病死乃是不可避免的事情，一个出家人总是喊'苦'，是不是不太合适？"

云照禅师回答："既然这是人生必不可少的经历，痛苦时为何不能叫苦？"

住持说："曾经有一次，你不慎落水，死亡面前依然面不改色，而且平时你也一直教导信徒们要快乐地生活，为什么一生病就反而一味地讲痛苦呢？"

云照禅师向着住持招了招手，说："你来，你来，请到我床前来。"

住持朝前走了几步，来到他床前。云照禅师轻轻地问道："住持，你刚才提到我以前一直在讲快乐，现在反而一直说痛苦，那么，请你告诉我，究竟是说快乐对呢？还是说痛苦对呢？"

快乐与痛苦没有对错，人生有苦乐的两面，无论是太过痛苦还是太过快乐，都容易物极必反。所以不苦不乐的中道生活才是很好的度日选择。苦时说说乐，让自己得到些宽慰，乐时说说苦，忆苦思甜。这才是生活在现代社会的人们应该选择的生存方式。可是我们周围的很多人却恰恰相反，遭遇挫折的时候便钻进苦痛的牛角尖，快乐的时候却开心得忘乎所以，人应该保持一颗平和的心方能获得永久的幸福，所以，应该时不时地用情绪中和一下我们的生活。

虽然不苦不乐的中道生活不是我们每个凡夫俗子都能得到的，但却可以追求。人这一生，快乐与痛苦相伴而生，若一味享受快乐的精彩，必然会在安逸的陷阱中丧失警惕；若长期沉溺于痛苦的深渊，又将在绝望的泥沼中无法自拔。生活总是苦乐参半的，不要期待只有快乐而没有痛苦，也不要偏执地认为人生毫无快乐可言。正视快乐的短暂，不回避痛苦的现实，在快乐中保持清醒，在痛苦时积极应对，这才是智慧的人生。

"对于有智慧的人来说，春天不是季节，而是内心；生命不是躯体，而是心性。"睿智如星云大师，也说不苦不乐的中道生活源自人内心的洒脱与淡定。在他看来："智慧就是对万事万物的豁达和穿透一切的力量，别人看到外，你看到内；别人看到相，你看到里；别人看到点，你看到面。"智慧是什么，就是你可以豁达地对待万事万物，苦乐皆可接受，那时你就能看到别人所看不到的事物本质，达到洞悉一切的大智慧境界。

人的心性就如一杯水，淡淡的清水里不掺杂任何杂质，就能够长久地保持洁净的状态，但如果在水中放入了一些酸甜苦辣的东西，这杯水很快就会变质。人的思想也是，想法越多越复杂，就容易变质；而乐于接受苦乐的人，能够坦然地面对苦乐，能享受不苦不乐的中道生活，其智慧的境界，绝对是非凡的。

想掌控未来，就要对未来有所预见

1910年，28岁的他只是一个从耶鲁大学中途辍学的木材商人。有一天，他在观看了一场飞行表演后突发奇想：为什么不把飞机改造成经济实用的交通工具呢？自此，他对飞机产生了浓厚的兴趣，并不断研究飞机的构造。因为那时飞机只处于启蒙阶段，驾乘飞机只是少数人用以娱乐、运动的一种昂贵的消费方式，所以当时科学界对他提出的所谓"发展航空事业"嗤之以鼻。但他并未就此放弃，而是开始了十几年如一日的飞机制造。

20世纪20年代，他觉得替美国邮政运送邮件将会是一桩赚钱的生意，于是决定参加"芝加哥—旧金山邮件路线"的投标。为了赢得投标，他把运输价格压得非常低，反而引起了专家们的怀疑，他们认为他的公司必倒无疑，甚至邮政当局也怀疑他能否撑得下去，要求他交纳保证金才肯签约。但他自信满满，他对公司所研制的飞机重量进行了严格的要求，不出所料，他的邮件运送业务开始获利，很快，他从运送邮件发展到载运乘客。

"二战"结束后，航空工业空前委靡，他的公司也停产了。为谋生计，他不得不转为制作家具，但仍想方设法供养着公司的几个重要骨干，以保证飞机研发计划能继续进行。他身边传来各种各样的声音，大部分人认为他太过狂热，不切实际，但他坚信，航空业终究会柳暗花明，他说："我可以预见未来……"

他就是这样特立独行、我行我素。今天，这个自以为是的人所创立的飞机制造公司成为全世界最大的商用飞机制造公司之一，他便是闻名全球的波音飞机制造公司的创始人——威廉·波音。

"除了事实之外，再也没有权威，而事实来自正确的认知，预见只能由认知而来。"这是古希腊哲人希波克拉底的话，它也曾被作为座右铭挂在威廉·波音办公室的门上。

要想比别人看得远，我们就要比别人站得高些；要想比别人走得远，我们就要比别人想得远些。一个想掌控未来的人，就应该像威廉·波音一样对自己的未来有所预见，否则，只会陷入眼前的困惑中，想不开、走不出，不仅会减缓成功的速度，也容易多走弯路，甚至遭遇险情。

培养自己预见未来的能力，要先从培养细致准确的观察力和超前思考的能力入手。众多杰出人士的共同点就是善于观察和思考，通过这两项能力，他们才能看到别人看不到的前方，才能高瞻远瞩地看清时代的发展方向。他们的思维总是超前的，所以他们能够引领时代的潮流。

生活中，那些对自己的未来没有预见的人，往往会被眼前的利益所蒙蔽，看不到远方的危险。所以，要学会高瞻远瞩，培养自己预见未来的能力，拥有开阔的眼界，只有这样才能走向成功。

在预见未来的时候，人非常容易犯想当然的错误，许多认识上的错误都是想当然造成的。事实上，貌似理所当然的事情往往并非必然，这是因为世界上的事物是错综复杂的，一个条件可得出多种结果，一果亦可能多因，影响事物变化发展的，除了必然性，还有偶然性。

一位学者指出："要使自己有一副优秀的大脑，勿被看起来似乎理所当然的事所迷惑。"

这种想当然的猜测不是科学的预见，它会将我们的人生规划和行动引向歧途，所以我们要尽力减少想当然的错误，时刻提醒自己不要轻易下结论，时刻提醒自己我的判断充分吗？我的预测合理吗？只有这样，才能做出理性的判断和有价值的预见。

"要是我早点开始就好了！"这是很多人到了一定年龄后的感叹。为了避免将来后悔，最好及早开始。当然，人的预见不可能永远正确，也会有失误的时候，不过，以失误最少者为指针，则是不变的方法。能够弥补这种失误的方法，就是多观察、多思考，用理性的头脑分析问题。成功者都是在不断的预见、不断的思考中走向人生的成功。

第五章

无法改变工作，但可以改变态度

第一节　你对了，世界就对了

带着怨气不如带着快乐工作

旋！旋！旋！满满的一车螺丝钉都要旋出来！对于刚做旋车工的萨姆尔来说，他似乎觉得自己的一生都要消磨在旋钉子这件琐事上了。他满腹牢骚，老想着自己干什么别的不好，偏偏一定要来这旋钉子呢？就算他把这一大堆的螺丝钉都旋完了，过一会儿马上又会有另一车堆在原来的地方，然后，自己又得不停地旋啊！旋啊！这一切多么可怕呀！

在第二架旋车上的旋车工荷维德听了萨姆尔的埋怨，也很郁闷地叹了口气，以表同情。他和萨姆尔一样，也很讨厌这份工作。

有什么办法呢？难道去找工头说：以自己的能力，做这种简单的体力活简直就是大材小用，因此，我希望得到另外一份更好的工作？但是，可以想象得到工头听到这些话时的轻蔑神情。要么，干脆就辞职不干了，另外再去找一份工作？这可是他费了九牛二虎之力才找到的一份工作啊！萨姆尔是绝对不能轻易辞掉的。

难道就没有别的办法来改变这种讨厌的工作吗？办法总归会有的，关键在于你肯不肯动脑子去思考。当萨姆尔想到这一点时，他立刻想出一个很聪明的方法，可以使这种单调乏味的工作变成一件很有趣味的事——他要把它变成一种游戏。他转过头来对他的同伴说："让我们来比赛吧，荷维德。你在你的旋机上磨钉子，把外面一层粗糙的东西磨下来。然后，我再把它们旋成一定的尺寸。我们比一比，看谁做得快。过一会儿如果你磨钉子磨烦了，我们再换着做。"

荷维德同意了他的建议，于是，他们俩之间的比赛马上就开始了。这样一来，果不其然，工作起来并不像以前那么烦闷了，而且工作效率还比以前提高了。不久，工头便给他们调换了一个较好的工作。

这位聪明的年轻人萨姆尔就是后来鲍耳文火车制造厂的厂长。

萨姆尔并不是咬紧他的牙齿，好像受酷刑一样去从事自己所痛恨的工作，而是把工作变成了一种游戏，使自己做起来饶有趣味。后来他说："如果你不能在你所从事的工作中闯一条路出来，你就应该换一个工作试一试。"

这是一个很好的忠告，但是秘诀便在寻求的方法上，一味地埋怨和厌烦是无法找到的，而是要通过一种更好的方法去做到这一点。

安德鲁·卡内基曾说过："如果一个人不能在他的工作中找出点'罗曼蒂克'来，这不能怪罪于工作本身，而只能归咎于做这项工作的人。"

卡内基之所以能够取得巨大成功，主要原因就在于他既知道享受生活中的快乐，而且能以工作为乐。

决定将来的工作是一种快乐还是一种折磨，多半取决于你对工作的态度，而不在于工作本身。如果你能将你事业的第一块基石安放在有价值的生活根基上，你就可以使工作成为一种享受。

一个人的降生，便是表示他在自然界中最大的游戏——生活的游戏中被选为选手之一。如果你能让自己主动加入这一伟大的游戏中，你所体验到的震惊该会是相当巨大的！每一个黎明便是一个新的召唤，每一次跌倒后的爬起来都是一个新的起点。

你昨天失败过，那又有什么关系，今天新升的太阳又会给你带来一个崭新的机会，让你好好重新开始。如果你能将每天的生活视为一种去克服暂时的困难的机会，你每天得胜的机会便比前一天多。每天早晨，当你睁开双眼的时候，你便可以看到新的机会、新的获胜的可能、新的可得的奖品、新的可学的规则以及新的竞争者。

尽情地享受生活还是以生活为苦役，这一切都要看你自己的选择。

对于你所从事的工作，应当抱有一种积极乐观的态度，这样，你才可以做得更好。只有比别人做得更好，你才能脱颖而出。如果你能尽自己最大的努力去做自己的工作，不错过每一个机会，这样一直坚持不懈地努力下去，胜利总会在某个地方拥抱你。

是你需要工作，而不是工作需要你

清水原来是一名橡胶厂工人，后来转行做了邮差。在最初的日子里，他没有尝到多少工作的乐趣和甜头，于是在做满了一年以后，便心生厌倦和退意。这天，他看到自己的自行车信袋里只剩下一封信还没有送出去时，他便想：把这最后的一封信送完，就马上去递交辞呈。

然而，这封信由于被雨水打湿，地址模糊不清，清水花费了好几个小时的时间，还是没有把信送到收信人的手中。由于这将是他邮差生涯送出的最后一封信，所以清水发誓无论如何也要把这封信送到收信人的手中。他耐心地穿越大街小巷，东打听西询问，好不容易才在黄昏的时候把信送到了目的地。原来这是一封录取通知书，被录取的年轻人已经焦急地等待好多天了。当年轻人终于拿到通知书的那一刻，他激动地和父母拥抱在了一起。

看到这感人的一幕，清水深深地体会到了邮差这份工作的意义所在。"即使是简单的几行字，也可能给收信人带来莫大的安慰和喜悦。这是多么有意义的一份工作啊！我怎么能够辞职呢？"

在这以后，清水更多地体会到了工作的意义和自己肩负的使命感，他不再觉得乏味与厌倦，他深深地领悟了职业的价值和尊严。这样他一干就是25年。从30岁当邮差到55岁，清水创下了25年全勤的空前纪录。他在得到人们普遍尊重的同时，也于1963年得到了日本天皇的召见和嘉奖。

可见，使命感是一个人积极工作的内在动力。找到了心中的使命感，明白了工作的意义，你就会充满激情地投入自己的工作中去。

下文中的费兰德这样做了，他便获得了成功。

三十年前的费兰德是一个还不到13岁的少年，但谁会想到，这个孩子竟会把自己的人生目标不可思议地定在纽约大都会街区铁路公司总裁的位置上。

为了实现这个目标，费兰德从13岁开始就与一伙人一起为城市运送冰块。虽然没有上过几天学，但他总是利用一切闲暇时间学习知识来充实自己，并且想尽办法向铁路工作靠拢。

18岁那年，经朋友介绍，他进入了铁路行业，在长岛铁路公司的夜行货车上当一名装卸工，他觉得这是一个难得的机遇。尽管每天的工作又脏又累，但他始终保持着一份快乐的学习心态，因此受到上司的赏识，被安排到铁路上，开始了检查铁轨和路基的工作。虽然每天只能赚1美元，但费兰德觉得他已经在向铁路公司总裁的职位迈进了。

随后，他又被调到铁路扳道工的岗位上。在这里，他仍一如既往地勤奋工作，并利用空闲时间帮主管们做一些力所能及的工作，他认为这样可以学到一些更有价值的东西。

后来，他回忆说："记不清有多少次，我不得不工作到午夜十一二点钟，才能统计出各种关于火车的营利与支出、发动机耗量与运转情况等相关数据。但也正是通过这些工作，我迅速地掌握了铁路各个部门具体运作情况的第一手资料。通过这种途径，我对这一行业所有部门的情况了如指掌。"

尽管在以后的工作生涯中，费兰德一直在不停地调换工作部门，但无论做什么工作，他都没有忘记自己的目标和使命，不断地补充自己的铁路知识。很快，大家都知道他是一个雄心勃勃的年轻人。现在，费兰德已是公司的总裁，他依旧废寝忘食地工作。他每天负责指挥运送100万名乘客，迄今为止也没有发生过重大的交通事故。

弗兰德的成功向我们证明：对于一个具有强烈使命感的员工而言，没有什么是不能改变的，也没有什么是不能实现的。

工作是一个价值体现的机会，应该是一种幸福的差事，我们有什么理由把它当作苦役呢？有些人抱怨工作本身太枯燥，然而，问题往往不是出在工作上，而是出在这些人自己身上。

如果你能够在工作中发现自己的使命，并努力从工作中发掘自身的价值，你就会发现工作是一件非做不可的乐事，而不是一种惹人烦恼的苦役。

任何时候，都要记住：是你需要工作，而不是工作需要你。带着这样的思想去工作，你才能成为真正敬业的员工。

蔑视工作就是否定自己

很多人都觉得自己的工作不如意，不足以让自己发挥出最大的人生价值。其实你现在的工作就是你发挥的平台，也是你实现自我价值的最佳选择。你的工作就是你的事业，是你的身份的代言人。如果不能认真努力地对待你的工作，那么你也将不能很好地做自己，也不会得到别人的认可。

让·菲利普在底特律一家家电企业工作。

在他刚刚开始工作时，他只是这家企业下设的一个电器商店的普通店员。菲利普每天的工作是清扫店铺，并协助销售员搬运货物，将顾客选好的货物送到指定的地方。

菲利普努力工作了10年，在这10年里，菲利普为家用电器销售业做出了非常出色的贡献，他们的连锁店以每年1~2家的速度递增着。在连锁店开到第20家时，尽管他是这个集团的核心指挥，尽管他一直被委以重任，但他的想法却发生了转变。

菲利普回想自己全力工作的10年，他一直以工作为他的生命核心，他每天从早忙到晚，工作总是占据着他所有的时间，还有数不清的应酬——虽然他乐于交际，但这么长时间过去了，他终于开始厌倦自己的工作，他对自己说：

"我实在厌倦了商场中的利害关系，也感到了疲倦。所以我应该辞掉工作，到一个风景秀丽的小岛上，过悠闲愉快的生活。"

让·菲利普经过认真考虑，做出了决定。虽然所有人都反对他的决定，并尽力挽留他，但他还是辞掉了自己的工作，带着多年的积蓄，来到南方一个迷人的小岛上，打算在此长期生活下去。10天过去了，他却无法找到初来这里时的欣喜。因为没有任何事情可做，他闲得发慌。最后，他得出了结论：以前他总是勾画在南方生活的蓝图，那只不过是对现实的逃避，也是放松自己的需要，但那并不是自己最真实的需要。当这种因为疲倦而产生的向往一旦满足，他就再也无法从中体会满足感与幸福感。

而与逃避现实的想法相比，直面现实，在现实中创造生命的价值，实现自己真正的愿望，才能给予自己真正的幸福与满足。

可见，人只有在工作中才能实现自己的价值。

美国第二代移民安松尼·阿司特，年轻时曾在纽约街上，靠着帮行人擦皮鞋为生。那时候，还不会说流利英语的他，擦鞋功夫既高明又迅速，虽然他一贫如洗，却以他的工作为荣。

即使三餐不继，他也不以贫穷为苦，虽然个性内向羞怯，有时不免自怨自艾，然而从未听到他怨天尤人。

以擦鞋工作为荣的他，凭着无比的毅力，奇迹般地以鞋油开创了自己的事业，至今他所出品的"克丽斯汀"牌鞋油，仍然畅销全球。

即使是一个平凡的岗位，也可以做出骄人的成绩，所以不要蔑视自己的工作，蔑视工作也就等于否定了自己的劳动和自己的人生价值。

不只为薪水工作，成长比成功更重要

某公司有一位员工，已经工作了10年，薪水却不见涨。有一天，他终于忍不住内心的不平，当面向老板诉苦。老板说："你虽然在公司待了10年，但你的工作经验却不到1年，能力也只是新手的水平。"

这名可怜的员工在他最宝贵的10年青春中，除了得到10年的新员工工资外，其他一无所获。

也许，老板对这名员工的判断有失公允，但我相信，在当今这个日益开放的年代，这名员工能够忍受10年的低薪和持续的内心郁闷而没有跳槽到其他公司，足以说明他的能力的确没有得到其他公司的认可，换句话说，他的现任老板对他的评价基本上是客观的。

这就是只为薪水而工作的结果！

在一个人的事业发展过程中，能力比金钱重要万倍。

许多成功人士的一生跌宕起伏，有攀上顶峰的兴奋，也有坠落谷底的失意，但最终都能重返事业的巅峰，俯瞰人生。原因何在？是因为有一种东西永远伴随着他们，那就是能力。他们所拥有的能力，无论是创造能力、决策能力还是敏锐的洞察力，绝非一开始就拥有，也不是一蹴而就，而是在长期工作和学习中积累得到的。

一位纽约的百万富翁在回顾自己的成功历程时说，当年，他在一家百货公司的薪水最初只有每周7.5美元，后来一下子就涨到了每年10000美元，而这之间竟然没有任何的过渡，没过多久，他还成为这家百货公司的合伙人。

刚去公司的时候，他和公司签订了5年的工作合约，约定这5年内薪水保持不变。但他暗下决心：绝不满足于这每周7.5美元的低微薪水，绝不能就此不思进取。他一定要让老板知道，他绝不比公司中的任何一个人逊色，他是最优秀的人。

他卓越的工作能力很快引起了周围人的注意。3年之后，他已经如鱼得水、游刃有余，以至于另一家公司愿意以3000美元的年薪，聘用他为海外采购员。但他并没有向老板们提及此事，在5年的期限结束之前，他甚至从未向他们暗示过要终止工作协定。也许有很多人会说，不接受如此优厚的条件，他实在是太愚蠢了。但是，在5年的合同到期之后，他所在的公司给予了他每年10000美元的高薪。老板们都很清楚，这5年来他所付出的劳动要比他所领的薪水高出数倍，理所当然，他成为一个获利者。假如他当时对自己说："每周7.5美元，他们只给我这么多，既然我只领着每周7.5美元，那么我何必去考虑每周50美元的业绩呢！"如果那样，你说结局会怎样？实际上，这些话正是当下很多年轻人的想法，他们一边以玩世不恭的态度对待工作，对公司报以冷嘲热讽，频繁跳槽，蔑视敬业精神，消极懒惰；一边却怨天尤人，埋怨自己怀才不遇、生不逢时。因为老板所付不多就敷衍自己的工作，正是这种想法和做法，令成千上万的年轻人与成功绝缘。

对于一个雇员来说，还有比薪水更重要的东西，那就是工作后面的机会、工作后面的学习环境和工作后面的成长过程。工作固然也是为了生计，但比生计更重要的是品格的塑造和能力的提高。如果一个人的工作仅是为了工资的话，那么，我们可以肯定，他注定是一个平庸的人，无法走出平庸的生活模式。

让工作成为愉快的旅程

美国一家著名橡胶公司的董事会主席威尔·罗格斯指出，工作应当有趣。他说："为了获得成功，你必须知道你正在做的事，喜欢你正在做的事，并相信你正在做的事。"

毋庸讳言，许多工作是重复性的，缺乏创新，没有刺激，因而很容易让人感觉单调与乏味。一个优秀的员工必须善于培养对工作的兴趣，使工作成为愉快的旅程。

大部分人都存在这样一个问题，就是对工作过分挑剔，一直在寻找完美的工作或雇主，可是并不自知他们不是完美的员工。许多人过分强调公司应当能提供优厚的福利，对于已经有工作且做得相当好的人而言，这个要求并不为过；而对于没有工作敷衍了事的人，如果一开始便如此要求，似乎野心过大。

兴趣是保持工作激情的源源不断的动力，也是获得成功的重要条件。没有兴趣的工作即使勉强坚持下去，过不了多久也会丧失耐心与信心，最后只能半途而废，前功尽弃。

许多员工之所以不够勤奋，最重要的原因就是他们对自己的工作没有兴趣，很多人对工作抱着完全消极的态度，如果再加上缺乏明确的职业发展规划，其工作的状态自然可想而知了。

积极的态度有积极的结果，这是因为态度有感染力，这种态度就是热情与兴趣。阿尔伯特·巴德曾说："没有一件伟大的事情不是由热情促成的。"好的传教士与伟大的传教士、好的母亲与伟大的母亲、好的演说家与伟大的演说家、好的推销员与伟大的推销员之间的最大差别，就在于热情与兴趣。

一个人如果在事业上全神贯注的话，一定会大有成就，而且能满足他们的事业心。

研究表明，能力的提高可以通过学习来实现，兴趣与热情则可以有意识地培养。比如：

1.保持乐观积极的心态

你不得不承认，心态的影响是如此之大，良好的心态无疑可使我们更加积极地面对挫折与失败，尽管客观地看，心态于事物的发展并没有直接的助益。

2.用成就感激励自己

尽管人们一直强调过程的意义，但是，与令人兴奋的结果比较起来，过程往往是平淡的、乏味的甚至是痛苦的。因此，在每一次取得成果时，要学会欣赏自己的成就，然后将过程演化为一个值得回味的经历，以激励自己继续前行。

3.努力寻找工作中的乐趣

即使再乏味的工作，只要用心体验，也可以发现其中的乐趣。有一个每天上班乘坐拥挤的公交车的人，一度把公交车上的噪声当作音乐听，虽然有点阿Q的自我解嘲意味，但就其效果而言，不失为一种缓解情绪的方法，对待工作也是如此。

4.兴趣只有在深入了解工作特点之后才会产生

对问题的一知半解很容易使我们陷入困惑之中，只有对问题深入研究和了解之后才会产生兴趣。对一些人来说，数学是一门比较枯燥的学科，不过是数字、符号堆砌起来的恼人的魔术而已。但对真正了解它的人而言，数学则是一门艺术，是世界上最完美、最严谨的艺术。这就是泛泛了解与深入研究的区别。

当你开始喜欢你的工作时，工作将成为增添生命味道的食盐。你必须爱它，它才能给予你最大的恩惠并使你获得最大的成果。

记住这样一句话：当你喜欢工作时，它会使你的生命甜美，有目标，有收益。

第二节　与其抱怨别人，不如在自己身上找原因

工作中没有"不可能"，障碍都在你心里

在工作中，"不可能"经常被人们所引用，它使人们对自己或他人失去信心，也让人们不相信奇迹的发生。但是人们应该想想过去所创造出的奇迹，如海伦·凯勒不能听见声音，看不见东西，但她创造了文学史上的奇迹；约翰·库缇斯曾被医生断言活不过一周，但他活到了34岁，成为轮椅橄榄球运动员、室内板球健将、国际著名的演讲大师，并有了妻儿……

世上没有不可能，我们应该对自己有信心。在奥运会上，运动员最不可缺少的也正是这种信念——相信"没有不可能"。

奥康企业就是一个在工作中奉行"没有什么不可能"的典型代表。在发展过程中，奥康企业创造了许多别人觉得无法做到的"神话"，而这些所谓"神话"的产生，其实正体现了敢于蔑视困难、把问题踩在脚下的精神。

我们再来看一个奥康创造的"没有什么不可能"的故事：仅用3个月，就建成了一栋7400平方米的厂房。

2006年，为了满足生产的需要，奥康准备再盖一栋厂房。

为了让厂房能够以最快的速度投入使用，奥康的高层对负责这一工程的主管下了死命令：3个月必须将厂房建好。

开始时，很多人都认为这是天方夜谭，通常盖这样一栋厂房起码需要8个月，3个月之内建好，这不是开玩笑吗？

但在奥康看来，没有什么不可能。

奥康制订出了一个详细的工作计划，什么时候该完成什么工作，都写得清清楚楚，并采取了一系列的措施。

　　如为了用足24小时，奥康安排工人三班倒，晚上的工资是白天的3倍。这就是奥康所信奉的"宁愿损失金钱，也不能浪费时间"。

　　终于，在大家的努力下，厂房如期建成了。

　　当时有一个工人开玩笑地说：

　　"奥康建房就像山里的竹笋一样，前一天还没破土，第二天就冒出来了。"

　　其实，除了3个月建成厂房，奥康还创造了很多个"不可能"。

　　西部鞋都，这个荒地上诞生的奇迹，在开始时看来也是不可能，但最后，"不可能"变成了现实。

　　和意大利一流制鞋企业GEOX的合作，在别人看来同样不可能。因为当时GEOX考察的中国企业有七八家，论实力，奥康比不过某些企业；论名次，奥康被排在考察的最后一位。在考察奥康之前，GEOX内部已经有了初步定论，甚至有些人提议不要去奥康了，免得浪费时间。但没有想到的是：最终，奥康成了GEOX在中国唯一的合作伙伴。

　　几年前，当奥康决定投资生物制药时，遭到了很多人的反对，可事实证明，投资这一领域是很有眼光和商业前景的。

　　黄冈商业步行街是奥康打造的100条商业步行街的第1条，之前几乎听不到赞同的声音，可是黄冈步行街的开业让所有不相信的声音都从此销声匿迹……

　　做大的事业，需要的正是将所有"不可能"踩在脚下的勇气和魄力！

　　"不可能"并非真的不可能，而是被夸大的困难吓住了前进的脚步。要想面对生活、工作中的多种"不可能"，就要相信"没有什么不可能"！只要坚信"没有什么不可能"，"不可能"就将变为可能。

不要抱怨不公平，是你的努力还不够

　　许多员工抱怨自己为企业辛苦工作，为企业立下"汗马功劳"，却一直得不到老板的赏识，蜗居在平凡的岗位上，似乎永远也得不到提升的机遇。其实细细思考，自己是不是在自己的岗位上持续努力，为组织带来恒久的效益了呢？在如今这个竞争激烈的年代，如果不主动升值就意味着不断贬值，那么等待你的不仅不是升职，反而是被淘汰的命运。如果躺在自己过去的"功劳簿"上，只是沉浸在过去成功的喜悦之中，"晋升"势将与自己无缘。

对于任何一个员工来说，对自己所处的职位抱怨不已是没有任何作用的。其实我们不应该将精力放在"自己没有升职"上，而应该将注意力集中在"为什么自己没有升职"上，找到自己的缺点，给自己一个准确的定位。当我们不再为现状而一味抱怨，而是为将来的"提升"做好准备工作时，我们的升职之路将会出现无限光明。

奥尼斯初进戴尔公司的时候只是一名普通的业务员，后来一步一个脚印，由业务员成长为公司的市场部经理，随后又成为公司的市场总监。奥尼斯究竟是如何一步一步成长起来的？让我们看看他从一个市场部经理成长为市场总监的过程吧。

在成为公司的市场部经理之后，奥尼斯很快就对自己的工作有了一个正确的定位：

在企业的营销过程中，市场部经理的位置十分重要，一个优秀的市场部经理，在很大程度上能够协助市场总监完成营销战略任务。奥尼斯认为一个优秀的市场部经理必须具备以下四种基本素质：

（1）具有营销策划的能力；

（2）具有品牌策划的能力；

（3）具备产品策划的能力；

（4）具有对市场消费态势潜在性的分析能力。

后来，奥尼斯又认真研究了大多数公司对市场部经理的更高要求，他觉得自己应该在现有的能力基础上进一步学习，以提升自己的工作能力。

首先，他从掌握各项营销政策入手进行学习，因为他过去从事的是广告策划工作，对营销政策知之甚少。其次，他又开始不断强化自己的执行力。最后，奥尼斯认识到自己的市场应变能力很差，缺乏市场销售过程的锤炼和亲身的市场销售体验，这是他在工作中最大的软肋。

有了这些深刻而全面的认识之后，奥尼斯开始逐步提升自己的业务素质。他首先对自身这些弱处进行弥补，先让自己成为一名优秀、称职的市场部经理。后来他又用了三年的时间来亲身体验营销实践。与此同时，奥尼斯又学习了丰富的组织管理知识、全面的法律知识和财会知识，因为这些知识在工作的时候很有用处。当然了，修炼对团队的掌控能力也是奥尼斯学习的一个重要方面，如果控制不了下属团队，那么一切都是空谈。

通过几年的认真学习和实践锻炼，奥尼斯终于如愿以偿地成了公司的市场总监，他为公司的市场营销工作做出了很大的贡献。

奥尼斯成长的例子告诉我们，工作中每一步台阶都需要相应的能力匹配，让自己的能力升值，给老板一个提升你的理由。

也许你还在抱怨自己劳苦功高却职位低下，但是却对现在的环境视而不见！据统计，25周岁以下的从业人员，职业更新周期是人均一年零四个月。为公司创造的功劳永远只能代表自己的过去，只有不断为公司创造业绩，才能为自己赢得升职的机遇。

企业永远都选择最优秀的员工，并不会为了照顾某一位老员工而提升他。一些人面对自己职业上的停滞，他们更多的是埋怨企业没能给他们职位提升的空间，这种思维是不对的。"解铃还需系铃人"，要突破这种职业停滞期，我们要学会"自我革命"，只有不断地突破自我，才能够不断地成长。

能力有所提升，薪水自然会上涨

工作中，有很多员工总是发出"薪水太低""替别人卖命"等抱怨，从而对工作产生严重的抵触情绪，这样的态度永远也不能开创工作的新局面。他们不是把精力用于思考如何做好工作，而是整日抱怨，把大好的光阴和大把的精力白白浪费了。抱怨的恶习，将他们卓越的才华和创造性的智慧悉数吞噬，使之根本无法独立工作，成了没有任何价值的员工。

静下心来仔细想想我们为什么抱怨自己的薪水这么微薄，真的是"付出多，得到少"吗？其实很多时候，并不是老板故意不重视你、故意不给你加薪，而是你的能力和经验还没有提高到相应的水平。这时，如果能够抱持"抱怨工资低，不如自我增值"这样的想法，就能够获得事业的成功。

1961年，韦尔奇已经作为一名出色的工程师在GE（通用电气公司）工作一年了，他的年薪是10500美元。他发现他的薪水居然和许多工作能力不如他的人完全一样，他因此十分沮丧。于是，他一天比一天委靡，终日无心工作。

终于有一天，他意识到自己以后的路还很长，整日抱怨薪水低，无心工作，只会浪费GE这个大舞台！

他决定让自己有一个根本性的改变，这时在他面前出现了一个机遇：一个经理因业绩突出被提升到总部担任战略策划负责人，这样经理的职位就出现了空缺。

"我为什么不试试呢？"韦尔奇想。这个富有挑战性的工作实在是太有诱惑力了。他找到领导说出他的想法。

"你是在开玩笑吗？"领导问道，"杰克，你根本不熟悉市场，而这一点对于这种新产品是至关重要的。"

韦尔奇不肯接受否定的回答。他谈到了自己的资历、看市场的眼光、对人和工作的态度。他在领导的车上坐了一个多小时，试图说服他。

最后，领导似乎明白了韦尔奇是多么需要用这份工作来证明自己能为公司做些什么，他对站在街边的韦尔奇大声说道："你是我认识的下属中，第一个向我要职位的人，我会记住你的。"

在接下来的7天时间里，韦尔奇不断给领导打电话，列出他适合这个职位的其他原因。一个星期后，领导打来电话，告诉韦尔奇，他已被提升为塑料部门主管聚合物产品生产的经理。

1968年6月初，也就是韦尔奇进入GE的第8年，他被提升为主管塑料业务部的总经理。当时他年仅33岁，是这家大公司有史以来最年轻的总经理。

到1981年，他终于凭借自己对公司的卓越贡献，稳稳地站到了董事长兼首席执行官的位置上，站到了GE这个大舞台的中央。

如果你想改变不够理想的现状，获得加薪的机遇，抱怨是无济于事的。你必须认真对待自己的工作，明确自己在工作中的责任，明确自己应该为公司做什么。只有这样，你才能收获美丽"薪情"。

抱怨不会使自己的薪水得以提升。我们明白了这一点，就不会再将自己的精力放在抱怨上。

很多员工在看到别人屡次加薪时，就说："那是幸运。"发现有人为老板所重用，就说："那是机缘。"这种负面的消极态度只会让他们感觉越来越糟，工作越来越被动，收入越来越少，进而对自己的境况更加抱怨，于是便陷入了一种恶性循环中，严重影响他们的工作和生活。

在公司里，一个人的态度直接决定了他的行为，决定了他对待工作是尽心尽力还是敷衍了事，是安于现状还是积极进取。态度越积极，决心越大，对工作投入的心血也越多，从工作中所获得的回报也就相应地更为理想。

一味抱怨自己的工作并不能提升自己的薪水。专注于提升自己的能力，用兢兢业业、尽职尽责的态度去工作，才是你脱颖而出、区别于其他人、使自己变得更有竞争力、成为高薪者的一个"武器"。

抱怨别人不如反省自己

美国著名行销大师吉格讲过这样一段经历：

我在行销业有一段非常困难的时光，但是在一位传道士启发我之后，我开始走上了成功之路。

然后我停止成长而开始骄傲。结果很悲惨，在接下来的5年里，我到过17家不同的公司。有些公司是华而不实的，但有些是真正有潜力的。然而当时的我已骄傲地认为，天下没有可以难倒我的事。

如果我正在工作的公司没有采纳我出色的建议，我会说："我不必忍受这种迂腐。"然后我便离开，到自认为赏识我的公司去。当我离开的时候，我预言那家公司失败，虽然它可能已营业了50年。在5年里我更换了17家公司，我正在陷入越来越深的债务之中。最后，我决定做一件我曾经发誓决不会再做的事：回到厨具界，那个我以前享受过了不起的成功的地方。

一位大公司的董事长给我一大笔贷款，帮我解决了窘迫的经济状况，于是我回到了厨具界。我是南卡罗来那州的经销商。在我加入团队之后不久，分区管理人来访问我，并且提供了一些建议。

老实说，对于厨具界，我自认为比这个人懂得多，而我才应该当管理人。因此我不愿意接受他是我上司的这个事实，而且我的骄傲与态度让我无心倾听。

他的一段叙述非常有道理。他说："你是个很棒的售货员——我曾见过的最好的一位。但是你的骄傲使你很容易被操纵。人们吹捧你，喂养你的骄傲，并且让你相信你能够完成那些根本做不到的事。你事实上已经尝试过你可以做的每一件事，而且你得到的结果不是很好。"然后他说："现在吉格，我要给你一些忠告，它是免费的……而正如你所知，大多数免费忠告的价值大约就是它的成本，但是请让我给你个建议。"

'你在这一行已经留下一些纪录。你已经得到一些全国性的尊敬。但是，下一次这些好交易来到你身边的时候，试着把眼罩戴上。告诉那个人，不管他们的条件有多吸引人，你已经做出承诺。你将要留在这一行，直到你经济上稳定，并且要重建你的名声，让人觉得你是稳固可信的，而不是一闪而逝，总在寻找下一次交易的人。如果那些交易都是好的，一年之后它们仍然是好的。而如果它们一年之后就不好了，那么它们现在也不是好的。'

虽然我痛恨承认我有骄傲的问题，但我认可我的管理人告诉我的智慧。开头几个月并不好过，但是多亏辛苦的工作，与我决心安定下来的那个承诺，那一年，在全国超过3000多名经销商中，我是第5名。接下来的几年里，我是全美个人销售第一名。

我的管理人给了我曾经得到过的最好的忠告，而且多年以来，我们培养了真正的友谊。如果我没有吞下我的骄傲，我将会错失更多的东西。"

上面的例子告诉我们，只有认清自己，才能在工作中实现自己的价值。

安格尔17岁进入巴黎的达维特画室，后来又到罗马进修。1840年，他从意大利回国，受到法国政府和民众的热烈欢迎，使他的艺术声望达到最高点，可是他仍秉持谦逊态度，以冷静看待这一切。

虽然获得无比的殊荣，但他并没有被名声冲昏了头。"人要有自知之明。"安格尔如此告诉自己，不能因这些虚名而放纵自己。于是，不为所动的安格尔，仍然坚持自己的风格，不向世俗妥协，尽管晚年身体虚弱，他依然锲而不舍地努力作画。70岁那年，他创作出杰出油画《泉》，把人体绘画提升到炉火纯青的境界，成为一代不朽的艺术大师。

成功的人，往往都对自己有着一个客观的评价，对于赞美要清醒地接受而不是被虚空和名利冲昏了头脑。往往越是真正伟大的人越是能客观地认清自己。

不要为失败找借口

一个人做事不可能一辈子一帆风顺，就算没有大失败，也会有小失败。每个人面对失败的态度也都不一样，有些人不把失败当一回事，他们认为"胜败乃兵家之常事"；也有人拼命为自己的失败找借口，告诉自己，也告诉别人：他的失败是因为别人扯了后腿、家人不帮忙，或是身体不好、运气不佳等。总之，他们可以找出一大堆理由。

有一位在职场打拼多年的年轻人时常对自己仍是一无所成的境遇牢骚满腹，抱怨命运的不公。

有一天，他终于鼓足勇气敲开了一位富翁的门，希望能从那位白手起家的富翁那里知道一些关于成功的秘诀。

"你一定想知道我是怎样白手起家的吧？"富翁问道。

"您是怎么知道的？"这位年轻人惊讶地问道。

"因为在你之前，已经有很多位自以为一无所有的人来找过我。来时他们确实贫困潦倒而且牢骚满腹，但走时俨然个个都成了富翁。你也具有如此丰厚的财富，为什么还抱怨不止呢？"

"是什么？"年轻人问。

"是你的一双眼睛。只要你给我一只眼睛，我可以用100万元作为补偿。"

"不，我不能失去眼睛！"年轻人拒绝道。

"好，那么把你的一双手给我吧！我可以给你200万元。"

"不，双手也不能失去！"

"既然有一双眼睛，你就可以学习；既然有一双手，你就可以劳动。现在你看到了吧，你有多么丰厚的财富啊！这就是我所谓的成功秘诀。"富翁微笑着说。

这位年轻人听了，如梦初醒。

所以，不要为自己的失败找借口，成功需要自己把握。

从前，有一对贫穷的兄弟，他们以捡废品为生。

一天，兄弟俩照旧从家里出发沿着一条街道去捡废品。但这条偌大的街道，仅有的就是一个个1寸长的小铁钉。

弟弟看到了不屑一顾地说："几个小铁钉能值多少钱？"

但是，哥哥并不嫌弃，而是弯腰一个个地捡了起来。走到了街尾，他差不多捡到了满满一袋子的铁钉。

再向前走了不久，兄弟俩几乎同时发现街尾新开了一家收购店，门口挂着一块牌子写道：本店高价回收1寸长的旧铁钉。

两手空空的弟弟只好眼睁睁地看着哥哥用那些小铁钉换回了一大把钞票。

店主问弟弟："孩子，在来的路上，难道你一个铁钉也没看到？"

弟弟非常沮丧地回答："我看到了啊。可那小铁钉并不起眼，我也没想到一路上会有那么多，我更没想到它竟然这么值钱，等我想要去捡时，铁钉全被大哥捡光了。"

在职场上，也有许多人像故事中的弟弟一样，自己不努力抓住机会，却抱怨别人抢得先机。

工作中，有人经常为自己的失败找借口，时间长了，他们会把"为失败找借口"当成一种本能习惯，认为很多失败是由客观因素造成的，无法避免，却从未想过大部分失败应是由自己的主观原因造成的。

因此，当我们在工作中面对失败之时，不要寻找借口，而应找出失败的原因。

在这一点上，我们应该学习西点军校的做法。美国西点军校不仅培养了一大批优秀的军事人才，也培养出无数商界的精英。在这所学校里有一个悠久的传统，就是学生遇到长官问话时，只能有四种回答："报告长官，是！""报告长官，不知道！""报告长官，不是！""报告长官，没有借口！"除此之外，不能多说一个字。例如，军官派一个士兵去完成一项任务，但由于种种原因，没有及时完成，当军官问他原因时，如果他为自己辩解说由于这样或那样的原因导致自己没有按时完成任务，那就错了，他只能说："报告长官，没有借口！"因为军官看重的是结果，他根本不会听你长篇大论的解释。

西点军校之所以采取这种方式，就是为了使学生学会适应压力，培养他们不达目的誓不罢休的毅力，尽量把每件事都做得更好。它也让每一位学生懂得：失败是没有任何借口的。

尽管有些困难是不可难免的，但能从困境中走出来，获得成功的往往是那些不为自己失败找借口推脱的人。

抱怨如同诅咒，越抱怨越退步

不管走到哪里，你都能发现许多才华横溢的失业者。当你和这些失业者交流时，你会发现，这些人对原有工作充满了抱怨、不满和谴责。要么就怪环境条件不够好，要么就怪老板有眼无珠、不识才，总之，牢骚一大堆，积怨满天飞。殊不知，这就是问题的关键所在——抱怨的恶习使他们丢失了责任感和使命感，只对寻找不利因素兴趣十足，从而使自己的发展道路越走越窄，在自己的抱怨声中不断退步。

我们可以发现，几乎在每一个公司里，都有"牢骚族"或"抱怨族"。他们每天轮流把"枪口"指向公司里的任何一个角落，埋怨这个、批评那个，而且从上到下，很少有人能幸免。他们的眼中处处都能看到毛病，因而处处都能看到或听到他们的批评、发怒或生气。

本来他们可能只是想发泄一下，但后来却一发而不可收。他们理直气壮地数落别人如何对不起他们、自己如何受到不公平的待遇等，牢骚越讲越多，使得他们也越来越相信，自己完全是遭受别人践踏的牺牲品。不停抱怨的"牢骚族"，他们的抱怨只会妨碍和干扰自己的阵脚，终究受害最大的还是自己。

事实上，你很难找到一个成功人士会经常大发牢骚、抱怨不停，因为成功人士都明白这样的道理：抱怨如同诅咒，越抱怨越退步。

于强在一家电器公司担任市场总监，他原本是公司的生产工人。那时，公司的规模不大，只有30多人，有许多市场等待开发，而公司又没有足够的财力和人力，每个市场只能派去一个人，于强被派往西部的一个市场。

于强在那个城市里举目无亲，吃住都成问题。没有钱坐车，他就步行去拜访客户，向客户介绍公司的电器产品。为了等待约好见面的客户，他常常顾不上吃饭。他租了一间破旧的地下室居住，晚上只要电灯一关，屋子里就有老鼠在那里载歌载舞。

那个城市的气候不好，春天沙尘暴频繁，夏天时常暴雨，冬天天气寒冷，这对于于强来说简直就是一个巨大的考验。公司提供的条件太差，远不如于强想象得那样。在这样艰苦的条件下，不抱怨几乎是不可能的，但每次抱怨时，于强都会对自己说："开拓市场是我的责任，抱怨不能帮助我解决任何问题。"他选择了坚持。

一年后，派往各地的营销人员都回到公司，其中有很多人早已不堪忍受工作的艰辛而离职了。后来，于强凭着自己过硬的业绩当上了公司的市场总监。

即使在恶劣的环境下，于强也没有选择抱怨，对自己工作的坚持，使他在进步的阶梯上得到了飞速发展。一名员工，无论从事什么工作都应当选择不抱怨的态度，应该尽自己的最大努力去争取进步。把不抱怨的态度融入自己的本职工作中，你才能不断地进步，才能得到社会的认可，受到老板的青睐。

你是否能够让自己在公司中不断得到进步，这完全取决于你自己。如果你永远对现状不满，以抱怨的态度去做事，那你在公司的地位永远都不能变得重要，因为你根本就不能做出重要的成绩。

抱怨的人很少积极想办法去解决问题，不认为主动独立完成工作是自己的责任，却将诉苦和抱怨视为理所当然。任何一个聪明的员工都应该明白这样的道理：一个人一旦被抱怨束缚，不尽心尽力去工作，在任何单位里都会自毁前程。如果希望改变一下自己的处境，希望自己能够取得不断的进步，那么首先从不抱怨自己的工作开始吧。

抱怨只会让事情更糟

在生活中，经常会有这样一些人，他们总是抱怨自己人生的不如意，生不逢时，并由此而产生了一系列的矛盾与烦恼。

比如说，有的人对自己目前的工作不满意，认为职位低，赚钱少，比不上别人。于是就不断地抱怨，工作常常出错，上司也不喜欢他，同事也觉得他没出息。这样，他就越来越孤独，越来越被排挤，越来越远离快乐和成功。

怨恨是使自己觉得自己重要的一种方法。很多人以"别人对不起我"的感觉来达到异常的满足。从道德上来说，不公正的受害者和那些受到不公正待遇的人，似乎比那些造成不公正的人要高明。

心怀怨恨的人，是想在人生的法庭上证明他的案子，如果他有怨恨之感就证明生活对他不公平，而有一些神奇的力量将会澄清那些使他产生怨恨的事情，使他得到补偿。从这个意义上来说，怨恨是对已发生之事的一种心理反抗或排斥。

怨恨的结果是塑造劣等的自我意象。就算怨恨的是真正的不公正与错误，它也不是解决问题的好方法，因为它很快就会转变成一种习惯情绪。一个人习惯于觉得自己是不公平的受害者时，就会定位于受害者的角色上，并可能随时寻找外在的借口，即使对最无心的话在最不确定的情况中，他也能很轻易地看到不公平的证据。

　　抱怨会使自己的情绪恶化，看什么都不顺眼，使自己陷入一种自己制造出来的消极情境之中。

　　经常抱怨也会变成一种习惯，遇到压力或不如意之事，便先抱怨一番，这是最可怕的事。一位伟人曾说："有所作为是生活中的最高境界，而抱怨则是无所作为，是逃避责任，是放弃义务，是自甘沉沦。"不论我们遭遇到的是什么境况，光是喋喋不休地抱怨不已，都注定于事无补，还会把事情弄得更糟。而这绝不是我们的初衷。

　　倘若我们的抱怨毫无理由，就应从根本上改变自己的心态，由消极变为积极、由推诿变为主动、由事不关己变为责任在我。即使我们的抱怨拥有充足的理由，那也还是不要抱怨吧！在逆境中拼搏能够产生巨大的力量，这是人生永恒不变的法则。当你遇到某一个难题时，也许一个珍贵的机会正在悄悄地等待着你。抱怨并不能解决实际问题，尽快地停止抱怨吧，只有去行动才有解决问题的可能。

　　因此，我们要从现在开始记住，不要抱怨父母，不要抱怨环境。无法改变环境，就改变自己；改变不了过去，就努力改变未来。

　　那么怎样才能克服抱怨的毛病呢？认真完成下面的行动计划，就能帮你克服抱怨的弱点。

　　行动1：

　　写下发生在你身上的5件事，写下其中你的抱怨；对照自己写的内容，抱怨能真正帮你解决问题吗？显而易见，抱怨满腹不能解决任何问题，相反会阻碍我们成功。

　　行动2：

　　找出一直困扰住你的一件事，你要像看电影一样回忆其中的每一个细节，然后把这段过程转化为滑稽的形式。

　　你找一把高高的椅子坐在上面，然后满脸堆笑，气定神闲地进行这一过程。如果有个人对你说了什么坏话，你就像录像带倒带一样，让那个人说话的速度变快很多，如果不过瘾，你还可以给那个人安上米老鼠的鼻子和唐老鸭的耳朵，再配上一些古怪的音乐。这样来来回回十遍，再看这个困扰你的过程，你会发现变得非常滑稽了，你会觉得失去了抱怨的意义。

行动3：

找一个支持和值得你信赖的真挚友人作为倾诉的伙伴，把所有的抱怨、牢骚、不满都发泄出来。

行动4：

在一张纸上尽快地写出你所有的感觉，把你的每一个意见、思想和感觉尽情发泄在纸上，当你全部发泄完之后，把纸撕掉，最好把纸撕得粉碎，重复地写出来，再撕掉，直到你感觉不到激烈的情绪为止。

当你克服了抱怨的弱点后，你就真正成了一个阳光的人，一个时刻感受到快乐和幸福的人。

与其抱怨，不如实干

一位伟人曾说："有所作为是生活中的最高境界，而抱怨则是无所作为，是逃避责任，是放弃义务，是自甘沉沦。"不论我们遭遇到的是什么境况，喋喋不休地抱怨只会把事情弄得更糟。而这绝不是我们的初衷。

有一个小药店的店主，一直想找一个能干一番大事业的机会。每天早晨他一起来，就希望自己今天能够得到一个好机会。然而，很长时间过去了，他认为的机会并没有出现。对此，他抱怨不已，认为自己有干大事业的本事，却没有干大事业的机会。大部分时间他并不是去研究市场，而是经常在花园里去做所谓的"散心"，而他经营的小药店也因此门庭冷落。

在现实生活中，我们中的大多数人都不免多少有点儿像这个店主。看见别人的成功便无形中会生出点嫉妒，并且在这种嫉妒之余，常常还会妄自菲薄，总以为别人的工作才是最好的，而自己呢？自己总是看不到什么希望。我们总是把别人的成功归结为运气好，于是，我们也梦想着好运能早一天降临到自己的头上来。

后来，这个药店的店主战胜了自己这种消极的态度，而他接下来的所作所为，我们可以将其视为榜样。他是怎么做的呢？他的办法其实很简单：就是无论什么人，不管他们的地位是高还是低，自己都主动地去和他们接触。

有一天，他这样问自己："我为什么一定要把自己的希望、自己未来的奋斗目标寄托在那些自己一无所知的行业上呢？为什么不能在自己现在相对熟悉的医药行业干出一番大事业来呢？"

于是，他下定决心摆脱自己以前的那种怨天尤人的心态，就从自己的药店做起，他把自己的这一事业当作一种极为有兴趣的游戏，以此来促进生意的发展。他让自己用那种发自内心的热情告诉别人，他是如何尽量提高服务质量使顾客满意，以及他对药店这一行业有多么大的兴趣。

"如果附近的顾客打电话来要买东西，我就会一面接电话，一面举手向店里的伙计示意，并大声地回答说：'好的，赫士博克夫人，二十片安眠药，一瓶三两的樟脑油，还要别的吗？赫士博克夫人，今天天气很好，不是吗？还有……'我尽量想些别的话题，以便能和她继续谈下去。"

"在我和赫士博克夫人通电话的同时，我指挥着伙计们，让他们把顾客所需要的东西以最快的速度找出来。而这时负责送货的人，脸上带着笑容，正忙着穿外衣。在赫士博克夫人说完她所要的东西之后不到一分钟，送货的人已带着她所需要的东西上路了。而我则仍旧和她在电话中闲谈着，直到等她说：'呵，瓦格林先生，请先等一等，我家的门铃响了。'"

"于是我笑了笑，手里仍拿着话筒。不一会儿，她在电话中说：'喂，瓦格林先生，刚才敲门的就是你们的店员，他给我送东西来了！我真不知道你怎么会这么快，实在是太不可思议了。我打电话给你还不过半分钟呢！我今天晚上一定要把这事告诉赫士博克先生。'"

"因为我这里有优质的服务，过了不久，几条街以外的居民也都舍近求远地跑到我们店里来买药了。以至于后来城里好多别的药店老板都跑到我这儿来取经，他们不明白，为什么偏偏我的生意会做得这样好？"

这便是查尔斯·瓦格林成功的方法，也正是这一方法，使得他的小药店生意兴隆，其分店几乎在全美遍地开花，以前所未有的速度迅速占领了美国医药业的零售市场。在当时的美国医药零售业中，他的公司拥有的分店数量及其规模占全国第二，并且他的事业还在继续健康地发展下去。

他的医药事业之所以能够成功，有一个小小的秘诀，那就是：如果你放下了抱怨，选择了实干，那么机会不久便会站在你的门口。

抱怨的人往往是没找对方法

我们常常听到这样的抱怨：

"这份工作太难了，根本就做不好。"

"这么难，让我无从下手，可怎么做啊？"

他们认为找不到方法来解决问题，自然工作是做不好的。这些只能说是推脱之词，只有主动去找方法才会有办法。

我们说：没有解决不了的问题，只有找不到方法的人。只要拥有方法这把宝剑，工作中再大的障碍也会被夷为平地。

第25届世乒赛时，有一个戏剧性情节：中国选手容国团战胜自己的同胞队友杨瑞华。杨瑞华则大胜匈牙利老将西多，不是偶然获胜，而是每战必胜，被称为西多的克星。西多则每每战胜容国团，也不是偶然获胜，而是常胜，两天前的团体赛就赢得很爽快，被称为容国团夺冠的"拦路虎"。最后的冠亚军决赛由容国团对阵西多。第一局，容国团很快就告负了。赛场预测，男单冠军必属西多无疑。可是，最后的结果却相反，容国团为我国体育代表队夺得了第一个世界冠军。这是为什么？中国队采取了什么战术？

在第一局结束后，教练傅其芳退后，队员杨瑞华临时充当教练，指导容国团。杨瑞华时而示范动作，时而侧目西多，眼中充满火药味。西多见杨瑞华为容国团面授机宜，浑身觉得不自在，心里直发怵。他双眼直盯杨瑞华，自己的教练说了什么都未能听进去，一副忧心忡忡的样子。第二局开始，荣国团士气大振，越战越勇，西多却步伐紊乱，连连失误。最后，容国团以3∶1夺冠。

教练导演了一个戏剧性变化，赢得了中国体育历史上值得大书特书的一块金牌。让我们看看这一方法的根蒂：

一是场上条件不足场外补。根据历史表现与现实表现，教练断定，容国团战胜西多的概率很小，换句话说，仅靠容国团个人在场上的力量很难制伏对方。场上条件不足，但我们有场外条件优势，让它发挥出来，不无小补，这是一个极为出格的决策。

二是技术条件不足心理补。很明显，在技术条件上，容国团根本不占优势，甚至说是遇上了"拦路虎"。场外条件虽好，但鞭长莫及，替代不了，那就提供心理力量：教练的创新打击了西多的求胜心理。对阵的还是容国团、西多两人，两人的技术也不可能在瞬间发生很大的变化，客观条件很难改变。着力点就在主观上——让西多的克星杨瑞华站到教练席上，对西多实施精神压迫。让杨瑞华面授机宜，尽管客观上不一定发挥多大作用，这让西多听不懂、猜不透，以为自己的弱点被对方抓住了，心中没了底气。同时，安排杨瑞华"侧目怒视"，充满火药味，进一步给西多施加压力。

通过教练的计谋，增添了容国团的自信心，而有杨瑞华点破西多的破绽，容国团对西多的畏惧也消除了，在杨瑞华的点拨下，容国团对自己的攻击力也有自信了，斗志自然更加旺盛了。

我们常常看到这样的情况：面对同一种工作，有的人认为无从下手，而有的人却可以做得很好，其中的关键差别就在于能不能转换自己的思路，并积极地寻找解决问题的方法。

相信大家都读过"把梳子卖给和尚"的故事。乍一看，这是一个难以完成的任务，却有人可以做出很不错的业绩。原因就在于，他突破了传统思维的限制，梳子除了用来梳头发还可以做什么呢？可以做纪念品。如果在其上刻上"积善梳"三字，其意义非同寻常，根据不同的香客身份赠送不同品质的梳子，市场也就更为广阔了。

这就是方法的力量。有了找方法的人，原来看似难以解决的困难都可以迎刃而解，看似难以完成的工作都可以顺利完成。

第三节 态度好了，幸福就来了

不是只有你最聪明

春秋时期，孔子和他的学生们周游列国。

一天，他们驾车正在赶往晋国的路上。一个孩子在路当中堆碎石瓦片玩，挡住了他们的去路。

孔子对那小孩说："你不该在路当中玩，这样就挡住了我们的车。"

孔子的学生们也觉得这个小孩没有礼貌，纷纷让他让开道路。

孩子指着地上说："老人家，您看这是什么？"

孔子一看，是用碎石瓦片摆的一座城，便说："这不过是一些瓦片堆垒的城墙而已。"

小孩又说："您说，应该是城给车让路，还是车给城让路呢？"

孔子被问住了，一时语塞。

孔子觉得这个小孩很聪明，便问："你几岁啦？"

小孩回答说："7岁。"

孔子对学生们说："他可以做我的老师啊！"

圣人且拜师，我们普通的人当然更应该有自知之明，你要认清这样一个道理，不是只有你最聪明。

下面的寓言故事告诉我们同样的道理：

狮子和人类在一起比试，夸耀自己如何有能耐。

狮子说："看看我的样子就知道我有多么威风，我是百兽之王，动物们见了我没有一个不害怕的。"

人不屑一顾地说："我们人类是最聪明的，是万物之灵长，我们是天下最有智慧的。所有的生灵，植物也好，动物也罢，乃至整个宇宙，上至太空，下至海洋，无不掌控在我们人类的手中！"

狮子和人你一言我一句争论得不可开交，最后他们经过一座庙宇，庙宇的前面有一座狮子和人的雕像。人走过去，仔仔细细地看了看，发现上面雕塑的是人类狩猎的场面，只见雕像上一个猎人手持长矛，正刺向一头狮子的心脏，狮子垂死挣扎时面目狰狞，颓然瘫倒在地上。人看见后不无得意地对狮子说："不用我多说了，看看，这就是最好的证明，你们那尖牙利爪还比不上人类手中的一根长矛！"

狮子看到那座雕像，神情变得严肃起来，它猛地扑向站在一边的人，接着把他掀翻在地，并死死地踩在脚下。人吓得直打哆嗦，惊慌地问："你要干什么？"

狮子严厉地说："我只是想让你明白，如果我们狮子愿意树立一座雕像的话，你将会看到一大堆被狮子踩在脚底下的死人的雕像。"

那些自以为聪明的人一般很少关心别人，与他人关系疏远，对人缺少热情。但人与人之间的情感是相互的，久而久之，他们会因此而被孤立起来，影响到自己的生活、学习、工作和人际交往，严重的还会影响心理健康。谦虚才能使人进步。在职场上，有一些人总认为自己比别人聪明。无论在观念上还是行动上都无理地要求别人服从自己。他们的致命弱点是不愿意改变自己的态度或接受别人的观点。接受他人意见，即针对这一特点提出的方法。接受他人意见不是完全服从他人，只是要求那些自以为是的人能够接受别人正确的观点，通过接受别人的意见，改变过去唯我独尊的形象。

要全面认识自我，既要看到自己的优点和长处，又要看到自己的缺点和不足，不可一叶障目，不见泰山。每个人都有自己的独到之处，都有他人所不及的地方，同时也有不如人的地方。与人比较，不能总拿自己的长处去比别人的不足，把别人看得一无是处。

每个人都要把"常检点自己，不要总是归咎别人"作为一条思维和行为准则。这样做的益处很多，比如减少不必要的误解和矛盾，融洽与周围人的关系，使自己保持良好的愉快情绪，进而有益于事业的发展。

如果一个人能够常常反省自己，那么他的所言所行就会更加正确，更加符合为人处世的道理。无论做什么事情，无论在什么时间，如果能够在反省中修错补漏，不但会使事情发展得更顺利，而且会逐步完善自己的品质修养。

如果没有反省自己的习惯和品质，看不到自己的缺点和错误，把注意力放在观察别人的过失上，动辄妄加非议和批评，动不动就归咎他人，这样的人在职场是最容易被人厌恶的。

纪律上的约束是为了团队更好地发展

在团队中，总会有这样或那样的纪律约束着人们，让他们失去了自由。所以，很多人抱怨纪律的制定，认为对自己的利益构成伤害的，就是不合理的。其实，这样的想法是不对的。团队的发展，必须依靠纪律来约束。

一个有纪律的团队必定是一个团结协作、富有战斗力和进取心的团队，如果其中一个人无视纪律，不但会毁掉整个团队的战斗力，而且会毁掉自己的前途。

任何一个员工都应该清楚地认识到，在企业里，严明的纪律是不容忽视的。

公司要获得发展，就必须先构建有纪律的、团结有力的、无坚不摧的团队。团队要想完成任务，就必须磨砺团队中每个成员无比坚强的信念，就必须要求每个成员用严明的纪律来约束自己。通过企业的倡导和推行，纪律容易在员工群体中达成共识和自觉性，从而达到促使员工的言行举止和工作习惯向企业期望的方向和标准转化的目的。

没有规矩，不成方圆。企业的活力来源于各级员工良好的职业精神面貌、崇高的职业道德。在残酷的商业竞争中，企业需要营造员工自觉遵守纪律的文化氛围，需要建立严格的制度和规范，这些制度和规范需要你去配合遵守，这是任何一家企业不可动摇的铁的纪律。

让集体荣誉感代替抱怨

在漫长的迁徙过程中，总有一只大雁带头搏击，一只领头雁累了，就会有另一只来代替它。茫茫苍穹，每只大雁都在付出自己的努力，始终让雁队保持飞行的速度、保持明确的方向。它们仿佛是训练有素的军队，历经重重苦难，克服旅途的艰辛，雁队中，每只大雁都努力承担责任，竭尽全力。大雁给我们的启示其实是深刻的：只要自己是集体中的一分子，就应该时刻维护这个集体，时刻存有集体荣誉感，以集体利益为重，而不应该总是为了自己的利益得失而抱怨团队。

这是大雁要告诉我们的。同样，在人类社会中，像大雁一般拥有集体荣誉感的员工，他们往往会顾全大局，以公司利益为重，以团队的整体表现为约束力，而不会抱怨在工作过程中自己需要付出多少，又能获得多少。

能够维护公司利益的员工都具有强烈的荣誉感。员工是企业的代言人，员工的形象在某种程度上代表了企业的形象。员工在任何时候都不能做有损企业形象的事情，这也是一个员工最基本的职业准则。就像你不愿意让别人伤害你的形象一样，你也不能容许别人伤害你所在企业的形象。

有荣誉感的员工，他们会顾全大局，以公司利益为重，绝不会为个人的私利而损害公司的整体利益，甚至不惜牺牲自己的利益。他们知道，只有公司强大了，自己才能有更大的发展。事实上，有这种想法的员工才能被公司真正地委以重任。只有那些有集体荣誉感的员工，才知道自己真正需要什么，企业需要什么。具有集体荣誉感的人，在任何一个团队中都会受到欢迎。

同舟共济，摒弃个人主义

一个企业的成功不是靠一个人或几个人能完成的，必须通过全体员工的努力。团队效应既可以发挥每个人的最佳效能，又能产生最佳的群体效应。个体永远存在缺陷，而团队则可以创造完美。放眼一流的工作团队，他们之所以会出类拔萃，无非是他们的成员能抛开自我，彼此高度信赖，一致为整体的目标奉献心力的结果。

下文中的"法国队"便是"完美团队"的杰出代表。

在一次世界杯赛场上，巴西队成为夺冠热门，被寄予厚望，因为巴西队的队伍中拥有大小罗、卡卡、阿德里亚诺、罗比尼奥等明星球员，堪称"五星级"阵容，被媒体称为"史上最强巴西"的球队。

在夺冠的路途中，巴西队遭遇了法国队，令人始料不及的是，最终的结果是法国队以一颗点球让巴西队止步八强，巴西夺冠的梦想破灭。

为什么拥有明星阵容的巴西队会失败呢？在赛前，球王贝利就曾经表示，他对巴西和法国的相遇有不祥的预感。罗西迪对这两队的评论可以为贝利这种不祥预感加上注脚，罗西迪说："这次他们怎么看都不像一支强队，更像一群没有凝聚在一起的天才球员。"

因为，足球从来不是单打独斗的项目，集体协作，发挥团队的效能，才有可能在风云变幻的世界杯赛场上占据优势。球星们在比赛中并没能显示出"五星级"的实力，核心球员状态低迷，球员之间各自为战，整体配合生涩，最终令实力最强、光芒四射的巴西队与冠军擦肩而过。而法国队却能发挥团结协作的优势，聚集团队成员的所有力量，最终获得了胜利。

全队拧成一根绳子，发挥团队的最大力量，这就是法国队获胜的秘诀！美国国务活动家韦伯斯特有一句名言："人们在一起可以做出单独一个人所不能做出的事业；智慧、双手、力量结合在一起几乎是万能的。"一个人的力量是有限的，但是由很多人组成的群体却可以移山填海，这并不是什么奇迹，而是团结的力量。

有句俗话说得好："众人拾柴火焰高。"个体的力量是有限的，发动团队的力量则可以实现个人难以达到的目标，所以说，作为公司里的一名员工，我们应从公司的整体利益出发，从团队的角度出发，培养团队协作意识，树立对团队工作认真负责的信念。同时，要不断培养作为企业员工的自豪感，让我们深刻体会到在这个集体中凭借着共同的努力可以战胜所有的困难，实现我们自己的人生价值。

我们每一个人都很棒，如果加入团队会更加成功。我们要记住：没有完美的个人，只有完美的团队。所以，每一位员工都必须放弃个人主义，主动加强与同事之间的合作，提高自己的团队合作精神。

自动自发地为团队服务

在商店工作的史密斯一直认为自己是一个非常优秀的工人，完成了自己应该做的事——记录顾客的购物款。于是，史密斯向经理提出了升职的要求，没想到经理竟拒绝了他，理由是他做得还不够好。史密斯非常生气。一天，史密斯像往常一样，做完了工作，和同事站在一边闲聊。正在这时，经理走了过来，他环顾了一下四周，示意史密斯跟着他。史密斯很纳闷，不知道经理葫芦里卖的什么药。只见经理一句话也没有说，就开始动手整理那些订出去的商品，然后他又走到食品区，清理柜台，将购物车清空。

史密斯惊讶地看着经理，过了很久才明白经理的用意：如果你想获得加薪和升迁的机会，你就得永远保持自动自发做事的精神。哪怕你面对的是一份最平凡的工作，"自动自发做事"的精神也会让你获得更高的成就。

成功的机会总是留给那些自动自发工作的人，只有当你主动、真诚地去做事时，成功才会相伴而来。

彼得和查理一起进入一家快餐店，当上了服务员。他俩的年龄一样大，拿着同样的薪水，可是工作时间不长，彼得就得到了老板的褒奖，很快被加薪，而查理仍然在原地踏步。查理与其他人十分不解。面对查理和周围人士的牢骚与不解，老板让他们站在一旁，看看彼得是如何完成服务工作的。

在冷饮柜台前，顾客走过来要一杯麦乳混合饮料。

彼得微笑着对顾客说："先生，你愿意在饮料中加入一个鸡蛋还是两个鸡蛋呢？"顾客说："哦，一个就够了。"这样快餐店就多卖出一个鸡蛋，在麦乳饮料中加鸡蛋是要额外收钱的。

看完彼得的工作后，经理说道："据我观察，我们大多数服务员是这样提问的：'先生，你愿意在你的饮料中加一个鸡蛋吗？'而这时顾客的回答通常是：'哦，不，谢谢。'对于一个能够在工作中主动完善、提高的员工，我没有理由不给他加薪。"

许多公司都努力把自己的员工培养成对待工作自动自发的人。自动自发工作的员工，会勇于负责，有独立思考的能力。他们不会像机器一样，别人吩咐什么他就做什么。他们往往会发挥创意，出色地完成任务，而不能自动自发工作的员工，则墨守成规，害怕犯错误，凡事只求忠诚于公司的规则。他们会告诉自己，老板没有让我做的事，我又何必插手呢？又没有额外的奖励！这两种不同的想法会产生不同的工作表现。

博德鲁公司是一家行业信息和图书出版公司，总部位于康涅狄格州格林尼治镇。公司的一名运务员建议说，公司在下一次重印一种图书时，应当考虑适当缩减成品纸张的尺寸，那样在交付海运时，就可以将运费费率降低一个档次。

公司采纳了他的建议，结果仅仅在第一年度，就节省了50万美元的运费！公司主席马丁·埃德斯顿感慨地说："我在图书邮购业已经干了两三年，却压根儿不知道还有个第四类邮件运费费率。但是，每天负责运送图书的人对这个再清楚不过了！"

确实，那些自动自发工作的人，总是能为公司着想，忠心耿耿为老板考虑，主动想办法为公司节省费用，提出好的建议，而且他们也往往知道公司如何才能在其他方面省钱，或者整个公司的业务如何才能更高效地完成，他们也因此会得到提升和赏识。比别人多努力一些，就会拥有更多的机会。

用沟通击破合作的"壁垒"

有效沟通是建立高效团队的前提。一个优秀的团队肯定是一个沟通良好、协调一致的团队，因为团队如果没有交流沟通，就不可能达成共识；没有共识，就不可能协调一致，就不可能有默契；没有默契，就不能发挥团队绩效，也就失去了建立团队的基础。如果没有共识，团队成员就会站在不同的立场、为着不同的目的行动，这样的话，这个"团队"就很可能会分崩离析，失去存在的基础。

传说，人类的祖先最初讲的是同一种语言。他们在底格里斯河和幼发拉底河之间发现了一块非常肥沃的土地，于是就在那里定居下来，修建城池，建造起繁华的巴比伦城。后来，他们的日子越过越好，人们为自己创造的业绩感到自豪，决定在巴比伦修一座通天的高塔，来传颂自己的赫赫威名，并作为集合全天下弟兄的标记，以免分散。因为大家语言相通，同心协力，阶梯式的通天塔修建得非常顺利，很快就高耸入云。上帝得知此事，立即从天国下凡视察。上帝一看，又惊又怒，因为上帝是不允许凡人达到自己的高度的。他看到人们这样统一、强大，心想，人们讲同样的语言，就能建起这样的巨塔，日后还有什么办不成的事情呢？于是，上帝决定让人世间的语言发生混乱，使人们互相言语不通。

人们各自讲起不同的语言，感情无法交流，思想很难统一，就难免互相猜疑，各执己见，争吵斗殴。这就是人类之间误解的开始。

修造工程因语言纷争而停止，人类合作的力量消失了，通天塔最终半途而废。

虽然这只是一个很简单的故事，但是从这个故事中我们可以看出，沟通在团队合作中扮演着极其重要的角色。事实上，人与人之间的理解与支持的关键在于沟通，沟通带来理解，理解才能促进合作。如果不能有效地沟通，就无法理解对方的意图，而不理解对方的意图，就不可能进行亲密无间的合作，更不用说创造最佳效益了。

美国前总统里根被尊称为"伟大的沟通者"绝非浪得虚名。在他漫长的政治生涯中，他已深切体会到与服务对象沟通的重要性。即使身在总统任内，他还保持阅读选民来信的习惯。他请白宫秘书每天下午交给他一些信件，然后，利用晚上的时间在家里亲自回复。

154

克林顿基于同样的理由常常利用电讯与人民面对面交谈，目的也无非是希望了解民众的想法，并表示对他们的关怀。就算他无法解决所有人提出的问题，但是克林顿总统亲自现身，聆听、抒发他自己的想法，本身就具有沟通的意义。

这已不是什么创新之举，林肯在一百多年前就采用了类似的做法。当时，任何美国公民都可以直接向总统请愿。偶尔，林肯会请助理回复，但他大部分都是亲自回复请愿者。

因为这件事，林肯还招致一些批评。当时正值国家内战、联邦待援的非常时期，为什么要浪费时间去处理这些小事情？只因为林肯深深地明白，了解民意乃是身为总统的首要职责，而他很愿意亲自接触民情。

沟通是每个人都要面临的问题，也是每个人都应该学习的课程，应该把提高自己的沟通技能提升到战略高度——从团队协作的角度来对待沟通。只有这样，才能真正创建一个沟通良好、理解互信、高效运作的团队。人在职场，难免会被同事误解。有的是他人造成的，有的则是自己不经意间造成的，对此绝不能采取消极的、听之任之的态度，更不要采取对抗的方式，而是要通过沟通来解决。

对团队负责，才能对自己负责

一位英国科学家把一盘点燃的蚊香放进了蚁巢里。开始，巢中的蚂蚁惊惶失措，过了十几分钟后，便有许多蚂蚁纷纷向火中冲去，对着点燃的蚊香，喷射出自己的蚁酸。一只蚂蚁能射出的蚁酸量十分有限，因而导致一些蚁群中的"勇士"葬身火海。但是，它们前仆后继，过了几分钟，便将火扑灭了。活下来的蚂蚁将战友们的尸体移送到附近的一块墓地，盖上薄土，安葬了。

又过了一段时间，这位科学家又将一根点燃了的蚊香放到了那个蚁巢里，并细细观察。虽然这一次的"火灾"更大，但是这群蚂蚁已经有了上一次的经验。它们用很短的时间，便协同在一起，有条不紊地作战，不到一分钟，火便被扑灭了，而蚂蚁无一殉难，这真是个奇迹。

从蚂蚁灭火的现象中我们可以发现，个体的力量是很有限的，而团队的力量可以实现个人难以达成的目标。

所以说，作为公司里的职员，我们要从团队的角度出发，树立起对团队工作认真负责的信念。每一个公司都类似于一个大家庭，每一位成员都仅仅是其中的一份子，只有每一个人都具备了团队工作的精神后，才能对团队的工作认真负责，对自己的人生和事业负责。

"就招聘员工而言，我们有一套很严格的标准，但重要的是团队精神。"微软中国研究院的张湘辉博士说，"如果一个人是天才，但其团队精神比较差，这样的人我们不要。中国IT业有很多年轻聪明的人才，但团队精神不够，所以每个简单的程序都能编得很好，但编大型程序就不行了。微软开发Windows XP时有500名工程师奋斗了2年，编写了5000万行编码。软件开发需要协调不同类型、不同性格的人员共同奋斗，缺乏领军型的人才，缺乏合作精神是难以成功的。"

一位人力资源专家指出："现在的年轻人在职场中普遍表现出来的自负，使他们在融入工作环境方面显得缓慢和困难，他们缺乏团队合作精神，项目都是自己做，不愿和同事一起想办法，每个人都会做出不同的结果，最后对公司一点儿用也没有。"

一个人是否具有团队合作的精神，也直接关系到他的工作业绩。

从前，有两个饥饿的人得到了上帝的恩赐——一根渔竿和一篓鲜活的鱼。其中一个人要了一篓鱼，另一个人则要了渔竿。带着得到的赐品，他们分开了。

得到鱼的人走了没几步，便用干树枝点起篝火，煮了鱼。他狼吞虎咽，没有好好品尝鲜鱼的香味，就连鱼带汤一扫而光。没过几天，他再也得不到新的食物，终于饿死在空鱼篓的旁边。

另一个选择渔竿的人只能继续忍饥挨饿，他一步步地向海边走去，准备钓鱼充饥。可是，当他看见不远处那蔚蓝的海水时，他最后一点儿力气也使完了，他也只能带着无尽的遗憾撒手人寰。

上帝摇了摇头，决心再发一回慈悲。于是，又有两个饥饿的人得到了上帝恩赐的一根渔竿和一篓鲜活的鱼。这次，两个人并没有各奔东西，而是商定互相协作，一起去寻找有鱼的大海。

一路上，他们每次只煮一条鱼充饥。终于，经过艰苦的跋涉，在吃完了最后一条鱼的时候，他们到达了海边。从此，两人开始了以捕鱼为生的日子，他们有了各自的家庭、子女，有了自己建造的渔船，过上了幸福安康的生活。

几十年过去了，他们居住的海边已经发展成了一个渔村。村里人都继承了两位创业者留下的传统，互相协作，取长补短，共同发展，渔村呈现出一片欣欣向荣的景象。

前面两个人因为不知道合作，所以两人都失败了；而后面两个人因为懂得合作，最终双双取得了成功。

这个小故事告诉我们：要学会与他人合作，取长补短，相携共进，才能实现双赢。毕竟，团队的力量远远大于个人的力量。

第六章

你可以平凡，但不能平庸

第一节　拒绝平庸，走向卓越

责任心是成功的关键

每一个员工都有义务、有责任履行自己的职责和义务。这种履行必须是发自内心的责任感，而不是为了获得奖赏或者别的什么。有责任感的员工，才能够得到老板的信任，才能够获得事业上的成功。

责任心是一个人成功的关键。对自己的行为负责，独自承担这些行为的哪怕是最严重的后果，正是这种素质构成了伟大人格的关键。事实上，当一个人养成了尽职尽责的习惯之后，无论从事任何工作，他都会从中发现工作的乐趣。在这种责任心的驱使下，工作能力和工作效率会得到大幅度提高，当我们把这些运用到实践当中，我们就会发现，成功已掌握在自己的手中。

一位超市的值班经理在超市视察时，看到自己的一名员工对前来购物的顾客态度极其冷淡，偶尔还会向顾客发脾气，令顾客极为不满，而他自己却毫不在意。

这位经理问清原因后，对这位员工说："你的责任就是为顾客服务，令顾客满意，并让顾客下次还到我们超市购物，但是你的所作所为是在赶走我们的顾客。你这样做，不仅没有承担起自己的责任，而且正在使企业的利益受到损害。你懈怠自己的责任，也就失去了企业对你的信任。一个不把自己当成企业一分子的人，就不能让企业把他当成自己人，你可以走了。"

这名员工由于对工作的不负责任，不但危害了企业的利益，还让自己失去了工作。可见，对工作负责就是对自己负责。

对那些刚刚进入职场的大学生来说，对工作负责不但能够使自己养成良好的职业习惯，还能为自己赢得很好的工作机会。但如果缺乏责任感，就只能面临被淘汰的危险。

晓青曾是一家软件公司的程序员。学计算机专业的晓青毕业后非常幸运地进入了这家比较大的软件公司工作。上班的第一个月，由于她刚毕业在学校还有一些事情要处理，所以经常请假，加上她住的地方离公司比较远，经常不能按时上下班。好在她专业技术过硬，和同事一起解决了不少程序上的问题，很明显，公司也很看重她的工作能力。

学校的事情处理完了，晓青上班仍像第一个月那样，有工作就来，没有工作就走，迟到，早退，甚至还在上班时间拉同事去逛街。有一次，公司来了紧急任务，上司安排工作时怎么也找不着她。事后，同事悄悄地提醒她，而她却以一句"没有什么大不了的"，让同事无言以对。她认为自己工作能力够了就行，其他的不必放在心上。结果可想而知：在试用期结束后的考评中，晓青的业务考核通过了，但在公司管理规章和制度的考核上给卡住了，她只能接受被淘汰的命运。

"没有什么大不了的"，绝不是一位初涉职场的新人或是任何一位员工在有工作任务的时候可以说的话。上班时间逛街是绝对不可以的，接到工作任务，也必须马上回公司。晓青的表现可以说是现在很多大学毕业生的通病，在学校养成的散漫、不守纪律、独来独往的习惯，使他们到团队以后，在心理上很难在短时间内改正。把公司的照顾当作福利，缺乏应有的责任感，就是能力再强，公司也只能忍痛割爱了，毕竟公司看重的是员工的团队意识。

对工作负责就是对自己负责。所以，任何一名员工都应尝试着对自己的工作负责，那时你就会发现，自己还有很多的潜能没有发挥出来，你要比自己往常出色很多倍，你会在平凡单调的工作中发现很多的乐趣。最重要的是你的自信心还会得到提升，因为你能做得更好。

当你尝试着对自己的工作负责的时候，你的生活会因此改变很多，你的工作也会因此而改变。其实，改变的不是生活和工作，而是一个人的工作态度。正是工作态度，把你和其他人区别开来。这样一种敬业、主动、负责的工作态度和精神让你的思想更开阔，工作起来更积极。尝试着对自己的工作负责，这是一种工作态度的改变，这种改变，会让你重新发现生活的乐趣、工作的美妙。

主动负责，勇于承担责任是成熟的标志。对于责任，人们往往不愿意主动承担，但对那些获益丰厚的好事，邀功请赏者却总是不乏其人。主动承担责任的人是成熟的人，他们善于把握自身的行为，能对自己的言行负责，会做自我的主宰。

李艳在一家大公司办公室从事打字复印工作。一天中午休息时间，同事们出去吃饭了，这时，一个董事经过他们部门时停了下来，想找一些资料。这并不是李艳分内的工作，但是她依然回答道："对这些资料我不太清楚，但是，张总，让我来帮助您处理这件事情吧！我会尽快找到这些资料并将它们放在您的办公室里。"当她将董事所需要的资料放在他面前时，董事显得格外高兴。

故事到这里并没有结束，2个月后李艳被调到了一个更重要的部门工作，并且薪水提高了30%。那是谁推荐她的呢？不用说也知道，就是那位董事。在一次公司管理会上，有一个更高职位的工作空缺，董事推荐了她。

世界上很少有报酬丰厚却不需要承担任何责任的好事。想要一时不负责任当然有可能，但要免除所有责任就得付出巨大的代价。当责任从前门进来，你却从后门溜走，你失去的可能就是伴随责任而来的机会！对大部分的职位而言，报酬和所承担的责任是成正比的。

主动要求承担更多的责任或自动承担责任是成功者必备的素质。有些情况下，即使你没有被正式告知要对某件事负责，你也应该努力做好它。如果你能表现出胜任某种工作，那么责任和报酬就会接踵而至。

职场上有两种人永远无法超越别人：一种是只做别人交代的工作的人，另一种是做不好别人交代的工作的人。哪一种人更令人沮丧，实在很难说。总之，这两种人都会成为首先被淘汰的人，或是在同一个单调卑微的工作岗位上耗费终生的人。

成为上面所说的任何一种人，你或许可以躲过一时的责任，却永无成功之日。在工作中，虽然听命行事的能力相当重要，但个人的主动进取更受重视。决定哪些该做，就应该立刻采取行动，不必等到别人交代。清楚了解公司的发展规划和你的工作职责，你就能预知该做些什么，然后一一着手去做。

很多人认为自己只是公司里的一名普通员工，没有什么责任可言，只有那些管理者才要承担工作上的责任，但是他们没有意识到，每一个普通员工都有义务、有责任履行自己的职责和义务。这种履行必须是发自内心的责任感，而不是为了获得奖赏。工作不单单是谋生的工具，除了得到金钱和地位之外，还要考虑到自己应尽的责任。老板心里最清楚自己需要什么样的员工，没有责任感的员工不可能是一个优秀的员工。就算你是一名最普通的员工，只有你担当起了你的责任，你才会是老板最需要的优秀员工。

绝对执行，不找任何借口

对于在同样的公司、做同样的工作的不同员工来说，为什么有人一路擢升、青云直上？有人却每况愈下、越发窘迫呢？虽然每个人成功的因素各不相同，但大多数成功人士都有一个共同的特点：他们从不为自己的工作寻找借口。

美国人常常讥笑那些随便找借口的人说："狗吃了你的作业。"借口是拖延的温床，习惯找借口的人总会找出一些借口来安慰自己，总想让自己轻松一些、舒服一些。这样的人，不可能成为称职的员工，要知道，老板安排你这个职位，是为了解决问题，而不是听你关于困难的分析。不论是失败了，还是做错了，再好的借口对于事情本身也是没有丝毫用处的。

许多人都可能会有这样的经历，清晨闹钟将你从睡梦中惊醒，你虽然知道该起床了，可就是躺在温暖的被窝里面不想起来——结果上班迟到，你会对上司说你的闹钟坏了。

又一次，你上班迟到，明明是你躺在被窝里面不起来，却说路上塞车。

……

糊弄工作的人是制造借口的专家，他们总能以种种借口来为自己开脱，只要能找借口，就毫不犹豫地去找。这种借口带来的唯一"好处"，就是让你不断地为自己去寻找借口，长此以往，你可能就会形成一种寻找借口的习惯，任由借口牵着你的鼻子走。这种习惯具有很大的破坏性，它使人丧失进取心，让自己松懈、退缩甚至放弃。在这种习惯的作用下，即使是自己做了不好的事，你也会认为是理所当然的。

一旦养成找借口的习惯，你的工作就会拖拖拉拉，没有效率，做起事来就往往不诚实。这样的人不可能是好员工，他们也不可能有完美的人生。

罗斯是公司里的一位老员工了，以前专门负责跑业务，深得上司的器重。只是有一次，他把公司的一笔业务"丢"了，造成了一定的损失。事后，他很合情合理地解释了失去这笔业务的原因。那是因为他的脚伤发作，比竞争对手晚到半个钟头。以后，每当公司要他出去联系有点儿棘手的业务时，他总是以他的脚不行，不能胜任这项工作为借口而推诿。

罗斯的一只脚有点儿轻微的跛，那是一次出差途中出了车祸引起的，留下了一点儿后遗症，根本不影响他的形象，也不影响他的工作，如果不仔细看，是看不出来的。

第一次，上司比较理解他，原谅了他。罗斯很得意，他知道这是一宗比较难办的业务，他庆幸自己的明智，如果没办好，那多丢面子啊！

但如果有比较好揽的业务时，他又跑到上司面前，说脚不行，要求在业务方面有所照顾，比如就易避难、趋近避远，如此种种，他大部分的时间和精力都花在如何寻找更合理的借口上。碰到难办的业务能推的就推，好办的差事能争就争。时间一长，他的业务成绩直线下滑，没有完成任务他就怪他的腿不争气。总之，他现在已习惯因脚的问题在公司里可以迟到，可以早退，甚至工作餐时，他还可以喝酒，因为喝点儿酒可以让他的脚舒服些。

现在的老板都是很精明的，有谁愿意要这样一个时时刻刻找借口的员工呢？罗斯被炒也是在情理之中的事。善于找借口的员工往往就像罗斯一样，因为糊弄自己的工作而"糊弄"了自己。

因此，要成功就不要找借口。不要害怕前进路上的种种困难，不要为自己的平庸寻找种种托词，也不要为自己的失败解释种种原因，抛开借口，勇往直前，你就能激发出巨大潜能，从而在前进的路上，披荆斩棘，直抵成功。

美国海军陆战队要求"毫无保留地服从"，这是一个十分简单的道理。因为没有服从的精神，就没有纪律，没有纪律的军队就没有战斗力，有效地完成任务则更无从谈起。

如果你亲眼看到过美国海军陆战队的训练和生活，让你体会最深的可能莫过于"服从"二字。

长官一声令下，队员立即无条件执行——

滂沱大雨中，士兵照常训练，执行口令不得有丝毫懈怠；

没有长官的命令，行进路上的水洼沟壑好像根本就不复存在；

新兵的第一次跳伞训练，每个人在机舱口都不得有一丝犹豫。

无论前面是生是死、是水是火，只要你是美国海军陆战队员，"毫无保留地服从"就是你的首要职责！

对于任何团体和组织，服从精神的重要性都不言而喻。职场中，我们的团队同样需要无条件地服从。对上级命令的服从，对下达任务的服从，对公司利益的服从。我们的身边常常有这样或那样企图推卸责任或拒绝服从命令的情况发生，是服从还是敷衍，这样的选择经常在一个人心头徘徊：

"这件事我不大清楚，请你问问别人。"

"老板，我星期六有事，您看看还有没有其他人选。"

"对不起，星期五下午我们不处理类似事务。"

"这个我不会。"

"学校里没教过这个。"

……

工作中，服从不仅是对上级命令的贯彻，它更多地表现为对工作积极接受的态度，意味着一个人具有不逃避责任、热情投入以及牺牲的精神。它常常在我们的生活中以另一种姿态出现，那就是"敬业"。

林红是一名保险公司的从业人员，她是大区仅有的6个顶级会员之一。当别人问起她成功的经验时，她说："我曾是一名军人，客户的需求就是命令。对于每一项命令，我都会全力以赴，不计代价地完成，因为服从命令是我的习惯。"

服从命令的习惯不仅能让个人变得敬业，还能强化整个团队的工作能力。试想，如果团队中的每个人都具有完全的服从精神，对每项任务都认认真真去完成，谁又能不兢兢业业、竭尽所能？团队有如一部联动机，当所有的部件都能忠实履行自己的职责时，整个机器才能运转自如，而当各个部件都有超常表现时，整个机器的性能就会成倍地提高。

相反，各自为政不仅会毁掉个人的前途，也会腐蚀掉整个团队的战斗力。对分配的工作百般推脱的员工只会令老板徒增烦恼，更不可能被委以重任。同样，没有服从精神的团队，必定是一盘散沙。

在执行中，对命令的尊重与服从是至关重要的。命令是贯穿整个行动计划的关键，只有每个成员都能坚决服从命令并完成自身的任务，才能保证整体行动的顺利进行。

每一个执行者都应该意识到自己的职责就是服从，并坚定不移、不遗余力地执行好，这样才能确保集体行动和总体任务圆满完成。

放弃忠诚就等于放弃成功

忠诚是一个人在职场中最好的品牌。在这个世界上，并不缺乏有能力的人，只有那种既有能力又忠诚的人才是每一个老板都梦寐以求的理想人才。人们宁愿相信一个虽然能力差一些却足够忠诚、敬业的人，而不愿意重用一个朝三暮四、视忠诚为无物的人，哪怕他能力非凡。

在一项对世界著名企业家的调查中，当被问到"您认为员工最应具备的品质是什么"时，他们无一例外地选择了"忠诚"。

忠诚是一个人在职场中最好的品牌，同时也是最值得重视的职场美德。因为每个公司的发展和壮大都是靠员工的忠诚来维持的，如果所有的员工对公司都不忠诚，那这个公司的结局就是破产，那些不忠诚的员工自然也就会失业。

毫无疑问，大多数年轻人对自己的雇主都有一定程度的忠诚之心，至少对于他们现在所从事的工作是这样的，但这样的忠诚在很多时候都表现得微不足道。

很多人，如果你说他对雇主的忠诚不足，他会这样辩解："忠诚有什么用呢？我又能得到什么好处？"忠诚并不是增加回报的砝码，如果是这样，那就不是忠诚，而是交换。

一家公司的人力资源部经理说："当我看到申请人员的简历上写着一连串的工作经历时，而且是在短短的时间内，我的第一感觉就是他的工作换得太频繁了。频繁地换工作并不能代表一个人工作经验丰富，而是说明了一个人的适应性很差或者工作能力低。如果他能快速适应一份工作，就不会轻易离开，因为换一份工作的成本是很大的。"

没有哪个老板会用一个对自己公司不忠诚的人。"我们需要忠诚的员工。"这是老板们共同的心声，因为老板知道，员工的不忠诚会给公司带来什么。只要自下而上地做到了忠诚，就可以壮大一个公司；相反，就可能毁了一个公司。

在现今越来越激烈的竞争中，人才之间的较量，已经从单纯的能力较量延伸到了品德方面的较量。在所有的品德中，忠诚越来越得到各个公司的重视，从某种意义上说，忠诚更是一种能力，因为只有忠诚的人，才有资格成为优秀团队中的一员，才能更好地发挥自己的能力。

鲍勃是一家网络公司的技术总监。由于公司改变发展方向，他觉得这家公司不再适合自己，决定换一份工作。

以鲍勃的资历和在业界的影响，加上原公司的实力，找份工作并不是件困难的事情。有多家企业早就盯上他了，以前曾试图挖走鲍勃，都没成功。这一次，是鲍勃自己想离开，对这些公司来说，这真是一次绝佳的机会。

很多公司都开出了令人心动的条件，但是在优厚条件的背后总是隐藏着一些东西。鲍勃知道这是为什么，但是他不能因为优厚的条件就背弃自己一贯的原则，于是鲍勃拒绝了很多家公司对他的邀请。

最终，他决定到一家大型企业去应聘技术总监，这家企业在美国乃至世界上都有相当大的影响力，很多业界人士都希望能到这家公司工作。

对鲍勃进行面试的是该企业的人力资源部主管和负责技术方面工作的副总裁。对鲍勃的专业能力他们无可挑剔，但是他们提到了一个使鲍勃很失望的问题。

"我们很欢迎你到我们公司来工作，你的能力和资历都非常不错。我听说你以前所在的公司正在着手开发一个新的适用于大型企业的财务应用软件，据说你提了很多非常有价值的建议。我们公司也在策划这方面的工作，你能否透露一些你原来公司的情况，你知道这对我们很重要，而且这也是我们为什么看中你的一个原因。请原谅我说得这么直白。"副总裁说。

"你们问我的这个问题很令我失望，看来市场竞争的确需要一些非正当的手段。不过，我也要令你们失望了。对不起，我有义务忠诚于我的企业，任何时候我都必须这么做，即使我已经离开。与获得一份工作相比，忠诚对我而言更重要。"鲍勃说完就走了。

鲍勃的朋友都替他感到惋惜，因为能到这家企业工作是很多人的梦想。但鲍勃并没有因此而觉得可惜，他为自己所做的一切感到坦然。

没过几天，鲍勃收到了来自这家公司的一封信，信上写着："你被录用了，不仅仅因为你的专业能力，还因为你拥有忠诚。"

其实，这家公司在选择人才的时候，一直很看重一个人是否忠诚。他们相信，一个能对原来公司忠诚的人也可以对自己的公司忠诚。这次面试，很多人被淘汰了，就是因为他们为了获得这份工作而对原来的公司丧失了最起码的忠诚。这些人中，不乏优秀的专业人才。

由此可见，忠诚不仅不会让人失去机会，还会让人赢得机会。除此之外，他还能赢得别人对他的尊重和敬佩。人们应该意识到，取得成功最重要的因素不是一个人的能力，而是他优秀的道德品质。所以，阿尔伯特·哈伯德说："如果能捏得起来，一盎司忠诚相当于一磅智慧。"

忠诚是员工的立身之本。一个禀赋忠诚的员工，能给他人以信赖感，让老板乐于接纳，在赢得老板信任的同时更能为自己的发展带来莫大的益处；相反，一个人如果失去了忠诚，就等于失去了一切——失去朋友，失去客户，失去工作。从某种意义上讲，一个人放弃了忠诚，就等于放弃了成功。

一个人在任何时候都应该信守忠诚，这不仅是个人品质问题，也会关系到公司的利益。忠诚不仅有道德价值，而且蕴含着巨大的经济价值和社会价值。

尽管现在有一些人无视忠诚，视利益为压倒一切的需求。但是，如果你能仔细地反省一下，你就会发现，为了利益放弃忠诚，将会成为你人生中永远都抹不去的污点，你将背负着这样一个十字架生活一辈子。

李克是一家公司的业务部副经理，刚刚上任不久。他年轻有为，然而半年之后，他却悄悄离开了公司，没有人知道他为什么离开。

李克在离开公司之后，找到了他原来关系不错的同事彼得。在酒吧里，李克喝得烂醉，他对彼得说："知道我为什么离开吗？我非常喜欢这份工作，但是我犯了一个错误，我为了获得一点儿小利，失去了作为公司职员最重要的东西。虽然总经理没有追究我的责任，也没有公开我的事情，算是对我的宽容，但我真的很后悔，你千万别犯我这样的低级错误，不值得啊！"

彼得尽管听得不甚明白，但是他知道这一定和钱有关。后来，彼得知道了，李克在担任业务部副经理时，曾经收过一笔款项，业务部经理说可以不下账的："没事儿，大家都这么干，你还年轻，以后多学着点儿。"李克虽然觉得这么做不妥，但是他也没拒绝，半推半就地拿了5000元钱。当然，业务部经理拿到的更多。没多久，业务部经理就辞职了。后来，总经理发现了这件事，李克就不能在公司待下去了。

事实上，无论什么原因，只要你失去了忠诚，就失去了人们对你的信任。不要为自己所获得的利益沾沾自喜，其实仔细想想，失去的远比获得的多，而且你所获得的东西可能最终还不属于你；相反，如果你在工作中一直坚持忠诚的原则，忠于公司，你必将获得老板的赏识和众人的尊敬。

拒绝平庸，绝不安于现状

在职场中，每个人都应该把自己看成是一名杰出的艺术家，而不是一个平庸的工匠，应该永远带着热情和信心去工作，那样你才能在职场走得更远。

价值是一个变数。今天，你可能是一个价值很高的人，但如果你故步自封，满足于现状，那么明天，你就会贬值，就会被一个又一个智者和勇敢者超越。今天，你可能做着看似卑微的工作，人们对你不屑一顾；而明天，你可能通过知识的不断丰富和能力的不断提高，以及修养的日益升华，让世人刮目相看。

李洋曾经在一家合资企业担任首席财务官。在成为首席财务官之前，他工作非常努力，并取得了出色的成绩。老板非常赏识他，第一年就把他提拔为财务部经理，第二年又提拔他为首席财务官。

当上首席财务官以后，拿着高薪，开着公司配备的专车，住着公司购买的豪宅，李洋的生活品质得到了很大的提升。然而，他的工作热情却一落千丈，他把更多的精力放在了享乐上面。

当朋友问他还有什么追求时，他说："我应该满足了，在这家公司里，我已经到达自己能够到达的顶点了。"李洋认为公司的CEO是董事长的侄子，自己做CEO是不可能的，能够做到首席财务官就到达顶点了。

他在首席财务官的位置上坐了差不多一年的时间，却没有干出值得一提的业绩。朋友善意地提醒他："应该上进一点了，没有业绩是危险的。"

没想到，李洋竟然说："我是公司的功臣，而且这家公司离不了我李洋，老板不会把我怎么样的！"

他甚至在心里对自己说："高薪永远属于我，车子永远属于我，房子永远属于我，没有人可以夺去，因为没有人可以替代我。"

的确，公司很多工作都离不开李洋。然而，他的糟糕表现，还是让老板动了换人的念头。终于，在一个清晨，李洋开着车，和往日一样来到公司，优越感十足地迈着方步蹓进办公室里，第一眼看到的却是一份辞退通知书。

他被辞退了，高薪没了，车子不得不还给公司。而且，他还从舒适的房子里搬了出来，不得不去租一间小得可怜、上厕所都不方便的小套间。

李洋以为自己不可替代，事实上，现在这个社会最不缺的就是人才。就在他被辞退的当天，公司就又招聘了一位首席财务官。

"功臣"依然失业了。李洋不思进取而失去优越的"现状"，是不值得同情的。这个故事告诉我们，安于现状的人最终会被淘汰。无论是什么职位，如果你安于现状、不思进取的话，都逃脱不了职位被人抢走或者"铁饭碗、金饭碗"被打破的可能。

事实上，在很多企业里，"功臣"都因为安于现状而失败。这些"功臣"们在失败到来时，常常埋怨老板"不念旧情、忘记过去"，却没有想过，自己虽然昨天是"功臣"，可今天已经成了浪费企业资源的罪人了。

要避免类似于李洋那样的遭遇，有两点是必须记住的：

第一，努力奋斗，不断改变自己的"现状"。

第二，过去的成绩只能属于过去。不管你是如何功勋卓著，在你不能为企业创造新价值的时候，你就是一文不值的。老板不可能因为你昨天干得好，就把你一直养下去。

只有不断超越平庸，永远不安于现状，你才能在职场上永远处于不败之地。

不安于现状，是优秀经理人的基本素质，也是优秀员工的立身之本。任何企业所需要的，都是不断创新的人。那种必须推着才肯前进的人，肯定会被社会所淘汰。

职业人士欲想在职业领域中大显身手、功成名就，就需要坚持不懈地追求卓越！

推销员乔晓做了一年半的业务，看到许多比他后进公司的人都晋升了职位，而且薪水也比他高许多，他百思不得其解，想想自己来了这么长时间了，客户也没少联系，薪水也还够自己开支，可就是没有大的订单让他在业务上有所起色。

有一天，乔晓像往常一样下班就打开电视若无其事地看起来，突然发现有一个频道是专题采访专家的栏目："如何使生命增值？"引起了他的关注。

心理学专家回答记者说："我们无法控制生命的长度，但我们完全可以把握生命的深度！其实每个人都拥有超出自己想象10倍以上的力量。要使生命增值的唯一方法就是在职业领域中努力地追求卓越！"

乔晓听完这段话后，信心大增，他立即关掉电视，拿出纸和笔，严格地制订了半年内的工作计划，并落实到每一天的工作中……

两个月后，乔晓的业绩明显大增，9个月后，他已为公司赚取了2500万元的利润，年底他当上了公司的销售总监。

乔晓现已拥有了自己的公司。他每次培训员工时，都不忘记说："我相信你们会一天比一天更优秀，因为你们拥有这样的能力！"于是员工们信心倍增，公司的利润也飞速递增。

市场是无情的，只有最优秀的企业，才能够在市场上生存下来。老板要让企业优秀起来，就必须挑选最优秀的员工，那些只求合格的人，必然要被淘汰。有很多人，包括职员、公务员，甚至大学教授，都因为"只求合格"而丢了工作。

要成为最优秀的职员，要想从合格迈向卓越，就必须养成事事追求卓越的习惯。一位作家这样说过："无论做什么事情，都应该尽心尽力，一丝不苟，因为究竟什么才是真正的大局，什么才是最重要的，这一点其实我们并不清楚。也许，在我们眼里微不足道的细节，实际上却可能生死攸关。"

要成为最优秀的职员，要想从合格迈向卓越，还必须把工作的磨炼视为一种锻炼。工作总有不称心的时候，没有丝毫困难就完成的工作几乎不存在，如果你视困难为磨难，你就会失去斗志，而如果你视其为一种锻炼的机会，你的心态就会平和下来，甚至能从中找到无穷的乐趣。

有什么样的目标，就有什么样的人生色彩；有什么样的追求，就能达到什么样的人生高度。在公司里，如果员工勤勤恳恳地工作，超越平庸，主动进取，就能取得职场上的成功，就会拥有精彩的人生。

在公司里，有的员工在认真完成工作的同时，主动加强自身素质的提高，比如学习管理，培养专业技能等，充实业余生活；而有的员工勉强完成了任务，就什么事也不管了。甚至有的员工在工作期间偷懒，在操作程序上偷工减料，而且也绝不会多利用一分钟来主动地把工作做好，他们只是敷衍了事、混日子，享受安逸的温室生活，殊不知有一天他们就会接受下岗的命运。

追求卓越、拒绝平庸是职场人士必备的品质。不要满足于一般的工作表现，要做就做最好，要成为老板眼中不可缺少的人物。拿破仑曾鼓励士兵："不想当将军的士兵不是好士兵。"

为什么我们在可以选择更好生活的时候，却总是选择了平庸呢？为什么我们可以在职场中纵横驰骋的时候，却总是原地踏步，徘徊不前呢？因为追求卓越的理念还没有深入我们的脑髓，要知道无论你从事何种职业，追求卓越都是你迈向成功的法宝。

把每一个细节做到完美

古人云："不积跬步无以至千里，不积小流无以成江海。"说的就是要想成大事必须从细节做起的道理。在工作中，关注细节，反映的是一种忠于职业、尽职尽责、一丝不苟、善始善终的职业道德和精神，其中也糅合了一种使命感和道德责任感。把每一件小事、每一个细节做到完美，这样，我们才有机会在工作中铸就自己的辉煌。

俗语说"一滴水可以折射整个太阳"，许多"大事"都是由微不足道的"小事"组成的。日常工作中同样如此，看似烦琐，不足挂齿的事情比比皆是。如果你对工作中的这些小事轻视怠慢，敷衍了事，到最后就会因"一着不慎"而失掉整盘棋。所以，每位员工在处理细节时，都应当引起重视。

工作中无细节，要想把每一件事情做到无懈可击，就必须从小事做起，付出你的热情和努力。士兵每天做的工作就是队列训练、战术操练、巡逻排查、擦拭枪械等小事；饭店服务员每天的工作就是对顾客微笑、回答顾客的提问、整理清扫房间、细心服务等小事；公司中你每天所做的事可能就是接听电话、整理文件、绘制图表之类的小事。但是，我们如果能很好地完成这些小事，没准儿将来你就可能是军队中的将领、饭店的总经理、公司的老总；反之，你如果对此感到乏味、厌倦不已，始终提不起精神，或者因此敷衍应付差事，勉强应对工作，将一切都推到"英雄无用武之地"的借口上，那么你现在的位置也会岌岌可危，在小事上都不能胜任，何谈在大事上"大显身手"呢？没有做好"小事"的态度和能力，做"大事"只会成为"无本之木，无源之水"，根本成不了气候。可以这样说，平时的每一件"小事"其实就是一个房子的地基，如果没有这些材料，想象中美丽的房子，只会是"空中楼阁"，根本无法变为"实物"。在职场中，每一个细节的积累，就是今后事业稳步上升的基础。

有一位老教授说起过他的经历："在我多年来的教学实践中，发觉有许多在校时资质平凡的学生，他们的成绩大多是中等或中等偏下，没有特殊的天分，有的只是安分守己的诚实性格。这些孩子走上社会参加工作，不爱出风头，默默地奉献。他们平凡无奇，毕业之后，老师、同学都不太记得他们的名字和长相。但毕业几年、十几年后，他们却带着成功的事业回来看老师，而那些原本看起来有美好前程的孩子，却一事无成。这是怎么回事？"

"我常与同事一起琢磨，认为成功与在校成绩并没有什么必然的联系，但和踏实的性格密切相关。平凡的人比较务实，比较能自律，所以许多机会落在这种人身上。平凡的人如果加上勤能补拙的特质，成功之门必定会向他大方地敞开。"

人们都想做大事，而不愿意或者不屑于做小事，中国人想做大事的人太多，而愿意把小事做好的人太少。事实上，随着经济的发展，专业化程度越来越高，社会分工越来越细，真正所谓的大事实在太少，比如，一台拖拉机，有五六千个零部件，要几十个工厂进行生产协作；一辆福特牌小汽车，有上万个零件，需上百家企业生产协作；一架波音747飞机，共有450万个零部件，涉的企业单位更多。

因此，多数人所做的工作还只是一些具体的事、琐碎的事、单调的事，它们也许过于平淡，也许鸡毛蒜皮，但这就是工作，是生活，是成就大事不可缺少的基础。所以无论做人、做事，都要注重细节，从小事做起。一个不愿做小事的人，是不可能成功的。老子就一直告诫人们："天下难事，必作于易；天下大事，必作于细。"要想比别人更优秀，只有在每一件小事上下功夫。不会做小事的人，也做不出大事来。

只要能一心一意地做事，世间就没有做不好的事。这里所讲的事，有大事，也有小事，所谓大事、小事，只是相对而言的。很多时候，小事不一定就真的小，大事不一定就真的大，关键在于做事者的认知能力。那些一心想做大事的人，常常对小事嗤之以鼻，不屑一顾。"做事要从大处入手，小处着手"。其实连小事都做不好的人，大事是很难成功的。

克里米亚战争造成了巨大的人员伤亡和财产损失。欧洲的四大强国英国、法国、土耳其和俄国都被牵连了进来，而战争最初却是因一把钥匙而起的。

土耳其宣称，耶路撒冷圣墓中的一个神龛归土耳其的基督教会所有，于是就把神龛锁了起来，并且拒绝交出钥匙。这一行为使得希腊的教会很恼火。后来，争端不断升级。于是，俄国作为希腊的保护国，法国作为拉丁教会的代表也参与了进来，形势开始变得复杂起来。俄国要求土耳其对希腊的教会进行补偿，但土耳其拒绝这一要求。由于英国传统上就有保护土耳其人的习惯，在这场纠纷中理所当然地站在土耳其人的一边。英土结成联盟共同反对法国和俄国。就是这样的纠纷，引发了这场巨大的战争。

一个小小的细节，一件再小不过的事情，往往就蕴含着巨大的危机和决定你一生成败的因素。而那些真正伟大的人物非常清楚这个道理，他们从来都不蔑视日常生活中的各种小事情。即使常人认为很卑贱的事情，他们也都满腔热情地去干。

对于每一位职场中人，成功最重要的秘诀之一，就是去做别人不愿意做的小事。

因此，做事不可以被大小限制，被时间限制，被空间限制。人生三不朽，曰立德、立功、立言。因此，需要具有超越自我、超越时空的观念，跳出大大小小的圈子，成就最普通而又最特殊，最平凡而又最高尚，最渺小而又最伟大的事业。

不因小而失大，不因少而失多。抛弃大小的竞争，抛弃高下的念头，抛弃富贵的欲望，而一心一意从小事做起，就是洗厕所、扫大街，也会比别人打扫得更干净。

越是那种埋怨自己工作价值渺小的人，真正给他们一份棘手的工作时，他们越是退缩而不敢接受。具有十成力量的人，去做仅仅需要一成力量的工作，其中有生命的意义和悠闲的心情。在我们漫长的人生旅程中，这种生命的意义和悠闲的心情对于人格的形成与扩展，有决定性的帮助作用。认真观察你就会发现，那些成功者及伟人都是注重小事的人，因此不要看轻任何一个细小的历练，没有人可以一步登天。认真对待每一件事，你会发现自己的人生之路越来越广，成功的机遇也会接踵而来。

树立及时充电的理念

杰菲逊说："一个人拥有了别人不可替代的能力，就会使自己立于不败之地。"是的，一个能在短时间内主动学习更多的有关工作范围的知识，不单纯依赖公司培训，主动提高自身技能的人，就是公司不可替代的优秀员工。

当今社会是信息饱和与知识爆炸的时代，这使得我们除不断学习以适应这种社会环境之外，别无选择。现代科学技术发展的速度越来越快，新的科技知识和信息迅猛增加。有一些人在本科毕业、硕士毕业、博士毕业以后就以为自己的知识储备已经完成，足够去应付新时代的风风雨雨，但是事实往往并非如此。在现实社会中，只有那些不断更新自己知识，不断改进自身知识结构的人，才能真正在市场上站住脚。

人与机器的区别就在于人有自我更新的能力。如果你不能睁大双眼，以积极的心态去关注、学习新的知识与技能，那么你很快就会发现，你的价值被打了8折、7折、6折、5折甚至一文不值。这一切也许在你茫然不觉的时刻突然来临，因为不可能有一位会计会时刻为你做"折旧"财务报表提醒你，只有靠你自己主动给自己做账。

在这个知识与科技发展一日千里的时代，必须不断地学习，不断地充实自己，不断地追求成长，才能使自己在职场上始终立于不败之地。用知识及时给自己"充电"，是时下流行的新名词，也是成大事的基本要求。

在当今时代，你如果不每天学习，不断充电，那么很快就会被发展的社会所淘汰。因此，无论何时何地，每一个现代人都不要忘记给自己充电。只有那些随时充实自己、为自己奠定雄厚基础的人，才能在竞争激烈的环境中生存下去。只有严格要求自己、不断进取的人，才有资格与人一较高下。

一个颇有魄力的老总在公司的总结会上说了这样一段话：

"美国的大公司，在开办新的分公司或增设分厂时，20世纪50年代出生的人，往往就任主管职位。如果现在公司任命你担任技术部长、厂长或分公司经理的话，你们会怎样回答？你会以'尽力回报公司对我的重用，作为一个厂长，我会生产优良产品，并好好训练员工'回答我，还是以'我能胜任厂长的职务，请安心地指派我吧'来马上回答呢？

一直在公司工作，任职10年以上，有了10年以上工作经验的你们，平时不断地锻炼自己、不断地进修了吗？一旦被派往主管职位的时候，有跟外国任何公司一较高下、把工作做好的胆量吗？如果谁有把握，那么请举手。"

这位老总环顾了一下四周，发现没有人举手，他继续说："各位可能是由于谦虚，所以没有举手。目前，很多深受公司、同行和社会称赞的主管，都是因为在委以重任时，表现优异。正是由于他们的领导，公司才有现在的发展，他们都是从年轻的时候起，就在自己的工作岗位上不断进修，不断磨炼自己，认真学习工作要领的人。当他们被委以重任时，能够充分发挥自己的力量，带来良好的成果。"

从这个例子中也可以看出，只有时常激励自己，不断努力，保持不断进取的精神，才能够在工作中更上一层楼。不断进步，不断学习，这一点无论何时何地都不能改变。

在一定程度上，你的学习能力决定了你能在公司爬多高，因为任何工作都是需要学习才可以改进或者创新的。当一个人没有从外界学习新东西的能力或者兴趣时，当一个人不愿意或者没时间思考时，当一个人排斥创新时，他的进步与成长之路也就停止了。

在公司中，员工要想不断取得进步，就要不忘初衷，虚心学习。所谓初衷，就是公司的经营理念。只有始终不忘公司经营理念的员工，才可能谦虚地学习，才可能与同事齐心协力，也只有这样，才能实现公司的目标。不忘公司初衷，又能谦虚学习的人，才是公司最需要的员工。

当然，在职场上奋斗的人在学习上有别于在校学生的学习，因为他们缺少充裕的时间和心无杂念的专注，所以积极主动地学习尤为重要。下面是几种适用于职场的学习方法。

1.在工作中学习

工作是任何职业从业人员的第一课堂，要想在当今竞争激烈的职场中胜出，就必须学习从工作中吸取经验，探寻智慧的启发，获取有助于提升效率的资讯。

2.努力争取培训的机会

多数公司都有自己的员工培训计划，培训的费用一般列入公司人力资源开发的成本开支。而且公司培训的内容与工作紧密相关，所以争取成为公司的培训对象是十分必要的。为此你要详细了解公司的培训计划，如培训周期、人员数量、时间的长短，还要了解公司的培训对象有什么条件，是注重资历还是潜力，是关注现在还是关注将来。如果你觉得自己完全符合条件，就应该主动向老板提出申请，表达渴望学习、积极进取的意愿。老板对于这样的员工是非常欢迎的，同时技能的增长也是你晋升加薪的能力保障。

3.自费进修

在公司不能满足你的培训要求时，也不要松懈下来，可以自费进修一些课程。当然首选应是与工作密切相关的科目，其他还可以考虑一些热门的或自己感兴趣的科目。这类培训更多意义上被当作一种"补品"，在以后的职场中会增加你的"分量"。

随着知识、技能的更新越来越快，不通过学习、培训进行更新，适应性自然会越来越差。而老板又时刻把目光盯向那些掌握新技能、能为公司提高竞争力的员工身上。

未来的职场竞争将不再是知识与专业技能的竞争，而是学习能力的竞争，一个人如果善于学习，他的前途必将一片光明。

把工作当成最大的乐趣

思科公司的总裁约翰·钱伯斯曾说过："我们不能把工作看作为了五斗米折腰的事情，我们必须从工作中获得更多的意义才行。"我们得从工作当中找到乐趣、尊严、成就感以及和谐的人际关系，这是我们作为职场人士所必须承担的责任。

人生最大的价值，就是对工作有兴趣。爱迪生说："在我的一生中，从未感觉到自己是在工作，一切都是对我的安慰……"然而，在职场中，对自己所从事的工作充满热情的人并不是太多，他们不是把工作当作乐趣，而是视工作为苦役。早上一醒来，头脑里想的第一件事就是：痛苦的一天又开始了……磨磨蹭蹭地到达公司后，无精打采地开始一天的工作，好不容易熬到下班，立刻就高兴起来，和朋友花天酒地之时总不忘诉说自己的工作有多乏味、有多无聊。如此周而复始。

工作是一个人价值的体现，应该是一种幸福的差事，我们有什么理由把它当作苦役呢？有些人抱怨工作本身太枯燥，然而，问题往往不是出在工作上，而是出在我们自己身上。如果你本身不能热情地对待自己的工作的话，那么即使让你做你喜欢的工作，一个月后你依然会觉得它乏味至极。

如果你始终以最佳的精神状态出现在办公室，工作有效率而且有成就，那么你周围的人一定会因此受到感染和鼓舞，工作的热情会像野火般蔓延开来。

有一个在麦当劳工作的人，他的工作是烤汉堡。他每天都很快乐地工作，尤其在烤汉堡的时候，他更是专心致志。许多顾客对他工作如此开心感到不可思议，十分好奇，纷纷问他："烤汉堡的工作环境不好，又是件单调乏味的事，为什么你可以如此愉快地工作并充满热情呢？"

这个烤汉堡的人说："在我每次烤汉堡时，我便会想到，如果点汉堡的人可以吃到一个精心制作的汉堡，他就会很高兴。所以我要好好地烤汉堡，使吃汉堡的人能感受到我带给他们的快乐。看到顾客吃了之后十分满足，神情愉快地离开时，我便感到十分高兴，仿佛又完成了一件重大的工作。因此，我把烤好汉堡当作我每天工作的一项使命，尽全力去做好它。"

顾客听了他的回答之后，对他能用这样的工作态度来烤汉堡，都感到非常钦佩。他们回去之后，就把这样的事情告诉周围的同事、朋友或亲人，一传十、十传百，于是很多人都喜欢来这家麦当劳店吃他烤的汉堡，同时看看"快乐烤汉堡的人"。

顾客纷纷把他们看到的这个人的认真、热情的表现，反映给公司。公司主管在收到许多顾客的反映后，也去了解情况。公司有感于他这种热情积极的工作态度，认为他值得奖励和栽培。没几年，他便升为分区经理了。

这个烤汉堡的人把每烤好一个汉堡并让顾客吃得开心，当作自己工作的使命。对他而言，这是一件有意义的工作，所以他充满责任感，热情地去做工作。

如果我们也能像他一样，把工作当作人生的使命，把它做得完美，我们的成就感和信心就会越来越强，工作也会越来越顺畅。当别人看到我们热情地、全力以赴地把工作做好时，自然会受到感染。

工作并不只是谋生的手段，当我们把它看作人生的一种快乐使命并投入自己的热情时，上班就不再是一件苦差事，工作就会变成一种乐趣，就会有许多人愿意聘请你米做你所喜欢的事。工作是为了使自己更快乐！做快乐而又成功的工作，是一个多么合算的事啊！

积极的态度会得到积极的结果，这是因为态度有感染力，这种态度就是热情与兴趣。阿尔伯特·巴德曾说："没有一件伟大的事情不是由热情促成的。"这里的热情就来源于对所从事职业的兴趣。好的传教士与伟大的传教士、好的母亲与伟大的母亲、好的演说家与伟大的演说家、好的推销员与伟大的推销员之间的最大差别，就在于热情与兴趣。

露茜女士在为美国一家电视台主持一个节目的过程中，介绍了50种帮助人们体会工作乐趣、提高工作效率的方法。下面是她最看重的几条原则。

1.真诚的善意之举

如果你在下班后主动留下来帮助他人完成某项工作，那么即使今后你得罪了他，心存感激的他也不会嫉恨你。帮助别人一次，也许你就会赢得一个一辈子的朋友。

2.利用"情感之墙"

一位家庭护士抱怨说她受不了这份工作了，想转行。但问题是，在她每周看护的30位病人里，其实只有3位真正给她的工作带来了压力。露茜建议她每次去这3位病人的家里之前，都下意识地为自己竖起一堵"情感之墙"，对自己说："我没必要把太多的感情投入这个病人身上，因为这对谁都没什么帮助，还是保持一段距离吧。"她照着去做了，几天后她告诉露茜她觉得没必要转行了。

3.激发创意

有一次，一个朋友邀请露茜去她的新家玩，在那里露茜看到一面墙上挂满了她在工作中获得的各种奖励，便随口问："你成功的秘密是什么？"其实当时露茜并不是真的期待什么答案。没想到她真的给了一个很好的答案："每次我得到一个新工作时，我都会要求做一个自己感兴趣的项目。我第一次做销售的时候，我问老板我是否能采访一下其他的销售人员，把他们的销售技巧整理成小册子发给大家。结果我的这本小册子使我在老板眼里，不再仅仅是一个普通的销售员。"

4.学会放弃

困难是我们工作中最常见的一种现象。例如，当我们最初接到一个项目时，通常只是其中的几个部分比较具有挑战性。当碰到难题时，你应该咬紧牙关与之斗争。不过，如果经过努力还没有取得任何进展，那么也许再多的努力也是白搭。在这种时候，你就该寻求他人的帮助，或者寻求绕过这个难题也能完成项目的办法。

工作中的乐趣需要我们去发现，除非你喜欢痛苦的工作。一个高效能人士应当时刻为寻找工作乐趣做好准备，考虑清楚有关自己理想职业的每一件事——从工作形式到工作环境，然后确定自己所追求的职业的标准或目的。例如，我们可以观察一下自己是否能调到另一个部门，或者先谋个较低的职务，然后找机会进修，最低限度也要找出妨碍你日后发展的不利因素。当然，循序渐进是获得工作乐趣的最好方法。

规划自己的职业生涯

欲想成就一番不平凡的事业，拥有一个成功的人生，必须对自己的职业生涯有个合理规划。因为，只有这样你才会有一个坚定的目标，并且能够扬长避短，朝着这个目标持续前进。

社会的不断开放与发展，决定了我们的一生当中很有可能会从事多份不同的工作。也许每过几年就会换一次工作，或者是公司内部调动，或者跳槽到其他公司，或者干脆转行，这些情况都有可能发生。面对这么多的变化，你现在的知识和技能最终都会被时间所淘汰。为了使自己不被淘汰，你必须不断学习新的知识和技能。

为了防患于未然，你应该经常问自己这样一个问题："我的下一份工作会是什么？"然后根据周围情况的变化和你现在工作的新需要，还有未来的潮流来决定你一年以后将从事什么工作，5年以后将从事什么工作。

然后你可以这么问自己："我的下一份事业会是什么？"由于你所在的行业处于不断的变化之中，为了能够拥有成功而幸福的生活，你是否必须进入一个全新的领域？哪个领域最吸引你？如果你能在任何一个行业就业，你会选择哪个行业？

在这些问题里面，也许最重要的一个问题是：为了能够在以后的日子里拥有高质量的生活，我必须在哪些方面非常优秀？

只有对自己的未来有计划性，你才会有一个美好的未来，而预测未来的最好的方法就是自己创建未来。

职业生涯设计的目的绝不只是协助个人达到和实现个人目标，更重要的是帮助个人真正了解自己，并进一步评估内外环境的优势、限制，在"衡外情，量己力"的情形下，设计出合理且可行的职业生涯发展方向。

作家贾平凹的职业生涯的最终定位就充分说明了这一点。他在上大学的时候，因为在校刊上发表了一首顺口溜，于是便开始努力写诗。两年之中写了上千首诗，却反应平平；接着，他写起古诗来，也不怎么样；后来，学写评论、散文、随笔，同样没有突出的成绩；当他的第一个短篇小说发表之后，他才意识到，这种文学形式才是最适合自己的，于是便一发而不可收，写了大批短篇小说，从而开始在中国文坛上崭露头角。

贾平凹的经历说明，每一个人不见得都能完全认识自己的才能。"知己"如同"知彼"一样，绝非易事。正因为这样，每个人根据自身的特点，选择适合成才的目标，是要经过一番摸索、实践的。人无全才，各有所长，亦有所短。所谓发现自己，就是充分认识自己所长，扬长避短。如果你有自知之明，善于找到自己最擅长的工作，你就会获得成功。

在人生的各个阶段，每位当事人多少得掂掂自己的分量，并分析所追求的目标及价值。我们大多数人都认为对自己已有足够的了解，但其实不然，许多错误的人生抉择即发生在对自己的认识不清上。

正确的自我认识，越来越受到各界的关注。哈佛大学的入学申请要求必须剖析自己的优缺点，列举个人兴趣爱好，还要列出3项成就并做出说明，自我认识的重要性从中可见一斑。通过对自己以往的经历及经验的分析，找出自己的专业特长与兴趣点，这是职业设计的第一步。在第一步的基础上，再对环境、人际关系等方面进行分析，就可以完成自己的职业设计。

我们找到一份工作，虽然意味着求职历程的结束，但却只是一个人职业生涯的开始。工作的目的并不仅仅是混口饭吃，因此求职者要坚决摒弃那种"有奶便是娘"的想法，必须在求职之初就为自己的职业生涯做好规划，这样才可能使你的人生更精彩。事实上，求职绝不是一个孤立的环节，它与你的整个人生密切相关。对每一个人来说，职业生涯都有着不同的阶段，不同的阶段都会遇到不同的问题，这些问题就是职业生涯为了考验你而赋予你的任务。如何完成这些任务将关系到你职业生涯的发展方向，你未来的前途也将在不断的提出问题和解决问题的过程中，逐渐露出它清晰的面目。

在开始设计职业规划的周期性任务之前，每个人都必须对职场生命有一个清晰的认识，只有这样你才不至于在工作中感到无所适从。因此在这里我们引入了"职业周期阶段"这一概念，从而把每个人的职业生涯分成不同的周期和阶段。也就是说，你在实现职业生涯宏伟目标的过程中，将会经历不同的阶段。在这些周期阶段中，你将会面对一些清晰可见的任务，这些不同的阶段任务组成了你向职业生涯顶峰攀登的一条崎岖之路，它们也将决定你未来职业生涯的方向。

那么，如何规划你的职业蓝图呢？

1.20岁至30岁，走好第一步

这一阶段的主要特征，是从学校走上工作岗位，是人生事业发展的起点。如何起步，直接关系到今后的成败。这一阶段的主要任务之一，就是选择职业。在充分做好自我分析和内外环境分析的基础上，选择适合自己的职业，设定人生目标，制定人生规划。

2.30岁至40岁，不可忽视修订目标

这个时期是一个人风华正茂之时，是充分展现自己的才能、获得晋升、事业得到迅速发展之时。此时的任务，除发愤图强、展示才能、拓展事业以外，对很多人来说，还有一个调整职业、修订目标的任务。人到30多岁时，应当对自己、对环境有更清楚的了解。看一看自己所选择的职业、所选择的人生路线、所确定的人生目标是否符合现实，如有出入，应尽快调整。

3.40岁至50岁，及时充电

这一阶段，是人生的收获季节，也是事业上获得成功的人大显身手的时期。到了这个年龄仍一无所得、事业无成的人应深刻反省一下原因何在？重点在自己身上找原因，对环境因素也要做客观分析，切勿将一切原因都归咎于外界因素、他人之过。只有正确认识自己，找出客观原因，才能解决问题，把握今后的努力方向。此阶段的另一个任务是继续"充电"。

很多人在此阶段都会遇到知识更新问题，特别是近年来科学技术高速发展，知识更新的周期日趋缩短，如不及时充电，将难以满足工作需要，甚至影响事业的发展。

4.50岁至60岁，做好晚年生涯规划

此阶段是人生的转折期，无论是在事业上继续发展，还是准备退休，都面临转折问题。由于医学的进步，生活水平的提高，很多人此时乃至以后的十几年，身体都能健康，照样工作，所以做好晚年生涯规划十分重要。主要内容应包括：一是确定退休后的二三十年内，你准备做点什么事情，然后根据目标，制订行动方案；二是学习退休后的工作技能，最好是在退休前3年开始着手学习；三是了解退休后再就业的有关政策；四是寻找退休后再就业的工作机会。

正如前面列出的职业生涯中的周期阶段、问题和任务中所见，职业生涯周期中每一个阶段的年龄范围都相当宽泛。不同职业的人经历这些阶段的速度不同，个人方面的因素还强烈地影响着职业生涯的运动速度。个人如

何与何时穿越一个组织包含的等级和职能边界，将取决于组织的职业开发程序、个人才干和工作的动机，何时何处需要何种人的情境因素，以及其他难以预料的情况。因此，分析职业生涯的阶段时，最好把它们看作每个人都会以各种不同的方式碰到的一系列范围广泛的共同问题，而不是谋求把它们与特定的年龄或其他生命阶段相符合。

把工作当作自己的事业

工作是一个人的使命所在，要热爱并用心地做好自己的工作。把工作当成自己的事业来看待，你的工作就会变得更有效率，你也更乐于工作，而且更容易取得成功。

几乎所有老板心目中卓越员工的标准都是：热爱自己的工作！当你把自己的职业当成事业看待时，你就会对工作充满激情，工作越做越好，你也会变得越来越卓越。

在一个小镇上有3个石匠正在努力工作，一个过路人问他们在干什么。第一个石匠说："我每天都枯燥地搬石头砌墙。"第二个石匠说："我的工作很重要，我要把墙垒好，这样房子才结实。"第三个石匠则很自豪地说："我的责任十分重大，这是镇上的第一所教堂，我要将它建成小镇的标志！"

同样是砌墙，3个人看待这件事的态度却不一样。第三个石匠心中有百年大教堂，他把自己的工作当作一项伟大的事业来干，因此他不仅不觉得枯燥无味，反而很有自豪感，他一定会为了心中的那个教堂兢兢业业地干活，并且不会有一丝懈怠，因此他必将是那3个石匠中干得最出色的一个。

工作是每一个人的使命所在。正如蜜蜂的天职是采花粉酿蜜一样。人的天职是工作，如果你不一味地把工作当作一种负担，而是把它当成自己的事业来看待时，你就会产生工作的动力和激情，并从中找到乐趣。日本的"经营之神"松下幸之助的经营哲学是：把职业当成自己毕生为之奋斗的事业，日积月累，用心做好每一天的事。松下幸之助常说，自己之所以成功，是因为他从内心里把自己的职业当成事业。他指出："我并没有那么长远的规划。只是珍视每一个日日夜夜，做好每一项工作，这是今日我能辉煌的秘诀。当年，我仿佛并没有什么要建一座大工厂的远大规划。创业初期，一天的营业额仅1日元，后来又期盼一天有2日元，达到2日元又渴望3日元，如此而已，我只不过是努力地做好每一天的工作。"他在一次演讲中还说道："迄今每遇到难题的时候，我都扪心自问：自己是否以生命为赌注全力对待这项工作？当我感到非常烦恼苦闷时，往往是因为没有全身心地投入工作。由此我便洗心革面，全力向困难挑战。有了勇气，困难便不称其为困难了。"松下幸之助就是这样去工作，才取得了事业的成功。然而，职场中很多人都没有意识到这一点，他们都认为成功只属于少数人，是那些大老板、明星、政府官员们的事情，而自己仅仅是一名为了生存而工作的打工仔，自己辛勤劳动、付出时间以及提供相应的能力，就是为了换取一份老板或公司给予的薪水而已。事实上，当你在思想上认为工作只是谋生的一种手段时，你就只能靠那点微薄的工资勉强度日，永远也不能取得事业上的成功。

　　真正聪明的员工会善待自己的工作并把工作当成自己的事业。他会让自己忙起来，在忙碌中体会生命的力量和工作的愉悦。他感到他的工作如此快乐，以至于他没有空闲的时间来诉说自己是怎样劳苦的，我们也就不会听见他有什么抱怨。喜欢发牢骚的总是那些没有做什么工作，而又喜欢干着急的人。他们之所以痛苦并不是因为工作本身，而是由于自己的着急。美国西北大学的校长沃尔特·司科特说："过度工作并不像一般人所想象的那样危险，也不像很多人认为的那样普遍。有许多人把工作过度和实际工作过少而担心工作过多混为一谈。如果一个人一天做完事后很有成就感，那么不管这一天的工作有多么辛苦，他的内心都是舒适和满足的；反之，如果一天下来无所事事，没有成就感，即使这一天过得再清闲，他的内心都是焦灼而失望的。要是一个人对工作怀有浓厚的兴趣，觉得战胜工作的困难就是一种快乐，那么，他不仅不会觉得疲倦，反而会觉得轻松一些。"

然而，大多数人认为工作就是为了赚钱，或者认为自己辛辛苦苦，只是为了老板而工作，自己并没有从工作中获益多少。如果我们被这种心理和观念统治，我们的眼光必然变得短浅，看不清自己的发展道路。

事实上，工作是为老板，更是为自己。若为了工资而工作，不但对老板是一种伤害，长此下去也是一种对自己生命的摧毁，会使事业的生命日渐枯萎，白白断送掉自己的前程。为薪水工作的人，很容易被动地工作，刚刚上班就盼望着下班，工作时不愿意付出自己的全部力量，最终埋没了自己的全部才能，磨灭掉了自己的创造力。

员工为老板工作，老板必须付给员工报酬，这是员工价值的一种体现。但是，除工资之外，任何一家公司和老板其实还给了每一位员工很多很多东西。员工在工作中获得的报酬除了金钱，最大的收获就是经验，还有就是良好的培训、个人职业品质的提高和个人品德的完善。这些东西，如果员工在企业里工作时能够很好地获得，将会使自己一生受益匪浅。这些无形的东西，再多的金钱都买不来。

一个人要把工作作为谋求长远发展的事业，不用过分考虑自己的薪水有多少，而应该关注工作本身带给自己的报酬，应该时常想到"工作是为老板更是为自己"。

以老板的心态对待工作

工作是一个人安身立命的基石，当你是一个职员时，要学会以老板的心态对待工作，时刻想着公司的利益，这样的话你就可以获得老板的器重，成为老板的得力助手。时机成熟时，你还可以拥有自己的事业，自己成为老板。

每个人都在从事两种不同的工作：一种是你正在做的工作，另一种则是你真正想做的工作。如果把该做的工作和想做的工作结合起来，两者兼顾，那你不想成功都很难。你要明白，你正在为你的未来做准备，你正在学习的东西将使你可以超越自我，甚至超越老板。

如果你以老板的心态来工作，那么，你就不会拒绝上司安排给你的工作。你会认为这是表现自己工作能力、锻炼自己技能和毅力的一次机会。有了这样的心态，你就会因工作做得出色而使薪水得到提升，即便没有，你综观全局的领导能力也会得到培养、锻炼和提升，从而为你将来自己创业准备条件。

世界著名的成功学专家拿破仑·希尔曾经聘用了一位年轻的小姐当助手，替他拆阅、分类及回复他的大部分私人信件。当时，她的工作是听拿破仑·希尔口述，记录信的内容，她的薪水和其他从事类似工作的人大致相同。有一天，拿破仑·希尔口述了下面这句格言，并要求她用打字机打印出来："记住，你唯一的限制就是你自己脑海中所设立的那个限制。"

她把打好的纸张交还给拿破仑·希尔时说："你的格言使我有了一个想法，这对你我都很有价值。"

这件事并未在拿破仑·希尔脑中留下特别深刻的印象，但从那天起，拿破仑·希尔可以看得出来，这件事在她脑中留下了极为深刻的印象。她开始在用完晚餐后回到办公室，从事不是她分内且没有报酬的工作。她开始把写好的回信送到拿破仑·希尔的办公桌上。

她已经研究过拿破仑·希尔的风格，因此，这些信回复得跟拿破仑·希尔自己所写的一样好，有时甚至更好。她一直保持着这个习惯，直到拿破仑·希尔的私人秘书辞职为止。当拿破仑·希尔开始找人来补这位秘书的空缺时，他很自然地想到这位小姐。在拿破仑·希尔还未正式给她这项职位之前，她已经主动地接收了它。由于她在下班之后，在没有支领加班费的情况下，对自己加以训练，终于使自己有资格出任拿破仑·希尔的秘书。

以老板的心态工作，既是为了得到那份薪水，也是为自己独立创业准备条件。作为一名渴望在事业上有所发展的年轻人，应该时刻提醒自己以老板的心态来工作，这样，不仅能把自己分内的工作干好，而且对自己的综合能力也是一个很好的提升。

以老板的心态对待公司，这样，你就会成为老板的得力助手，老板也会因为你的忠诚而器重你。以这样的心态工作，就可以坦然地面对老板，因为你对公司尽了自己最大的努力。

我们时刻要以老板的标准要求自己，将它看成是对自己能力的一个更高层次的要求。我们不妨对照一下自己，看看自己与老板的差距在哪里。学习别人的优点，改正自己的缺点，自己才会变得更强大。所以，除非老板有着他人所不能容忍的道德品质问题，否则我们最好还是接受他并向他学点什么，这对我们有好处。如果我们想取得像老板今天这样的成就，办法只有一个，那就是比老板更积极主动地工作。不管我们在哪里工作，都不要把自己当成员工——应该把公司看作自己的一样。

我们每天都必须和好多同行竞争，只不过竞争是无声的，但可以在市场竞争战中感觉到这种力量的存在。因此，不断提升自己的价值，建立自己的竞争优势，就要学会虚心求教于身边每一位同事，还有向老板学习。

比如，为了提高工作效率，每当我们在接受一份新工作时，不妨问一问老板，以他的标准，做到你这个职位的雇员应该有怎样的表现才算理想，作为员工应该怎样做才算最好？该向老板请教哪些工作，哪些方面是自己首先应该改进和注意的，其次是什么，再次是什么？当工作中又出现新任务时，同样要这么做。我们要随时了解上司的想法和对我们的期望，这样我们就可以有的放矢地把精力集中在这些事上，而不是在其他事上白费时间。"公司是老板的，我只是替别人工作。工作得再多、再出色，得好处的还是老板，于我何益？"这样的想法是要不得的。

以老板的标准来要求自己，可以让一个人在职场中取得更大的进步，这其中包括：具有更强的责任心；努力争取更上一层楼；更加重视对顾客的服务；心智得到更大的提高；赢得更加广泛的尊重；取得更多的合作机会等。

科比就是一位用老板的眼光来看待自己的工作的人，他相信机会来自努力工作，要有更大的发展空间，必须从现在就开始做起。

科比曾是一家贸易公司的部门经理，虽然他完全可以安排其他人去完成所有的工作，但他对进货出货的细节全部都要把关，在与客户的沟通中他也始终保持良好的服务态度。在内部问题的管理上，他也做得井井有条、有声有色，办公室的人际氛围十分和谐，员工在工作中都能抱成团。几年后，因为科比的优异表现，他被调到了总公司工作，职位也得到了相应的提升。

那么在工作中，我们如何才能做到以老板的标准要求自己呢？这需要我们对自己的行为准则有更深刻的认识。你可以在工作中尝试问自己下列问题：

如果我是老板，会怎样对待态度恶劣、无理取闹的客户？

如果我是老板，目前这个项目是不是需要先优化一下，再做是否投资的决定？

如果我是老板，面对公司中无谓的浪费，是不是应该立即采取必要的措施加以制止？

如果我是老板，是不是应当保证自己的言行举止符合公司要求，代表公司的利益，以免对公司产生不良的影响？

……

我们无法在此一一列举出老板应该思考的所有问题，但是毫无疑问的是，当你以老板的角度思考问题时，应该对你的工作态度、工作方式以及工作成果，提出更高的要求。只要你深入思考，积极行动，那么你所获得的评价一定也会提高，你很快就会脱颖而出。

自动自发地工作

优秀员工与普通员工的区别就在于，当别人都在静待老板的指令和吩咐时，他们已经发挥了自己的主观能动性，出色地完成了任务。任何时候，他们永远比别人更自觉。

在西方国家，有句谚语说："你看见主动自觉的人了吗？他必定站在君王的身边。"的确，主动的人才可能得到赏识，自觉是他通向成功的通行证。当主动成为一种习惯时，我们就能从中学到更多的知识，积累更多的经验，就能从全身心投入工作的过程中找到快乐。让主动成为习惯，你将因此受益无穷。

如果你想登上成功之梯的最高阶，就要永远保持主动。即使你面对的是毫无挑战和毫无生趣的工作，如果你能够做到自动自发，最后一定能获得回报。

美国标准石油公司有一位被大家称为"每桶4美元"的员工。他只是一个小职员，之所以得到这样的称号，是因为这位员工在出差住旅馆的时候，或在写信和签收据的时候——在一切需要签名的时候，总会在自己名字的下方加注"标准石油每桶4美元"的字样。久而久之，大家都知道了他的这个习惯，于是戏称他为"每桶4美元"，他的真名反而没人叫了。这个名字传到了公司董事长洛克菲勒的耳朵里，他说："想不到竟然有员工这样不遗余力地为公司进行宣传，我要见见他。"于是，洛克菲勒邀请那位员工共进晚餐。

后来，洛克菲勒从标准石油公司卸任，他的继任者就是那个被称为"每桶4美元"的人，他的名字叫阿基伯特。

在阿基伯特的心中，身为标准石油公司的员工，自己有义务这样宣传自己公司的产品。尽管老板并没有分配他在签名时署上"标准石油每桶4美元"的任务，但是他自动自觉地去做了，而机会也自然而然地到来了。他不但吸引了老板的注意，还成为老板的继任者。成功的机会不会白白降临，只有积极主动工作的员工才有获得更多更好机会的可能。如果你总是只在老板注意时才有好的表现，那么你永远也无法取得你想要的成功。如果你能够做到比老板期望的还要多，那么你就永远不用担心会没有机会。在任何一个公司里，那些不必老板交代就自己找事做的员工；那些接到任务时不会找借口的员工；那些永远也不问"怎么办"而是自己动手去克服困难的员工，那些主动请命为公司工作的员工就是老板心目中最优秀的员工，在有升职机会时，老板第一个想到的就是这些人。

每个老板都喜欢积极主动、善解人意的员工，每个人也都愿意和这种人共事；如果你总能保持主动率先的工作精神，比自己分内的工作多做一点，比别人期待的多服务一点，你就可以吸引老板的注意，得到加薪和升迁的机会。

著名企业家奥·丹尼尔在他那篇著名的《员工的终极期望》一文中这样写道："亲爱的员工，我们之所以聘用你，是因为你能满足我们一些紧迫的需求。如果没有你也能顺利满足要求，我们就不必费这个劲了。但是，我们深信需要有一个拥有你那样的技能和经验的人，并且认为你正是帮助我们实现目标的最佳人选。于是，我们给了你这个职位，而你欣然接受了。谢谢！

在你任职期间，你会被要求做许多事情：一般性的职责，特别的任务，团队和个人项目。你会有很多机会超越他人，显示你的优秀，并向我们证明当初聘用你的决定是多么明智。

然而，有一项最重要的职责，或许你的上司永远都会对你秘而不宣，但你自己要始终牢牢地记在心里。那就是企业对你的终极期望——永远做非常需要做的事，而不必等待别人要求你去做。"

这个被丹尼尔称为终极期望的理念蕴含着这样一个重要的道理：企业中每个人都很重要。作为企业的一分子，你绝对不需要任何人的许可，就可以把工作做得漂亮出色。无论你在哪里工作，无论你的老板是谁，管理阶层都期望你始终运用个人的最佳判断和努力，为了公司的成功而把需要做的事情做好。

尽管这听起来或许有点儿奇怪，但事实是，今天每一位老板要找的人，基本上是同一种类型的，即那些能够不等老板吩咐就可以主动地出色完成任务的人。当然，不同老板的需求因人而异，正如他们所招聘的员工的技能各不相同，但是，从根本上说，他们要找的是同一种人。那些能沉浸在工作状态中、独立自主地把事情做好的员工——无论他们的背景、训练或技能如何——将会成为老板最需要的人，获得更多的奖赏。有这样一个故事：

有一个偏远山区的小姑娘到城市打工，由于没有什么特殊技能，于是选择了餐馆服务员这个职业。在常人看来，这是一个不需要什么技能的职业，只要招待好客人就可以了。许多人已经从事这个职业很多年了，但很少有人会真正认真地投入这份工作中，因为这份工作看起来实在没有什么需要投入的。

这个小姑娘恰恰相反，她一开始就表现出了极大的耐心，并且彻底将自己投入工作之中。一段时间以后，她不但能熟悉常来的客人，而且掌握了他们的口味，只要客人光顾，她总是千方百计地使他们高兴而来，满意而去。不但赢得顾客的满口称赞，也为饭店增加了收益——她总是能够使顾客多点一两道菜，并且在别的服务员只照顾一桌客人的时候，她却能够独自招待几桌的客人。

就在老板逐渐认识到其才能，准备提拔她做店内主管的时候，她却婉言谢绝了这个任命。原来，一位投资餐饮业的顾客看中了她的才干，准备投资与她合作，资金完全由对方投入，她负责管理和员工培训，并且郑重承诺：她将获得新店25%的股份。

现在，她已经成为一家大型餐饮企业的老板。

一个普通的餐馆服务员之所以能够脱颖而出，关键在于她充分发挥了自己的积极性与主动性。在本职工作之外，她思考更多的是如何完善服务和实现服务的突破，而不是只做一些老板交代的事。相比那些只知道招呼客人的服务员而言，其完成工作的效率与质量是不同的。这是因为，她在做好自己工作的同时，收集了大量顾客的信息，并且利用这些信息改善服务质量，使服务更加人性化、亲情化和个性化，通过一次或数次服务，为饭店创造了更大的价值——赢得顾客的忠诚，这才是最重要的。

如果公司的员工只做老板吩咐的事，老板没交代就被动敷衍，糊弄自己的工作，那么这样的员工就不可能有大的发展。今天，对于许多领域的市场来说，激烈的竞争环境、越来越多的变数和紧张的商业节奏都要求员工不能事事等待老板的吩咐。那些员工仅把老板交代的事做好的公司，就好像站在危险的流沙上，早晚会被淘汰、淹没。上天赋予人们掌握思想的权利，同时也赋予了人们自觉自发的意识。有成功潜质的人，总是能够不只做老板交代的事。他们能够比别人多付出一些，自觉自发地为自己和公司争取更大的进步与利益。

像老板一样思考

像老板一样思考是一种重要的工作态度。每一位老板都希望自己的员工可以像自己一样，随时随地都能够站在公司发展的角度来看问题。像老板一样思考不仅是员工个人能力提升的一条重要准则，同时也是提高工作绩效的关键。

像老板一样思考是对员工能力的一个较高层次的要求，它要求员工站在老板的立场和角度上思考、行动，把公司的问题当成自己的问题来思考。

它不仅是员工个人能力提升的重要准则，也是提高工作绩效的关键。

在IBM公司，每一个员工都有一种意识——我就是公司的主人，并且对同事的工作和目标有所了解。员工主动接触高级管理人员，与上司保持有效沟通，对所从事的工作更是积极主动，并能保持高度的工作热情。

每一位老板都希望自己的员工可以像自己一样，随时随地都站在公司发展的角度来考虑问题。然而由于角色、地位和对公司所有权的不同，员工的心态很难与管理者完全一致。在许多员工的思想中，"公司的发展是由员工决定的"之类的话只不过是一句空话，这是他们拒绝从老板的角度思考问题的主要理由。

彼得是一位颇有才华的年轻人，但是对待工作总是显得漫不经心。为此，他的老师汤姆专门找他交流，他的回答是："这又不是我的公司，我没有必要为老板拼命。如果是我自己的公司，我相信自己一定会比他更努力，做得更好。"

一年以后，彼得写信告诉汤姆他离开了原来的公司，自己独立创业，开办了一家小公司。"我会很用心地做好它，因为它是我自己的。"在信的末尾他这样写道。汤姆回信对他表示祝贺，同时也提醒他注意，对未来可能遭遇的挫折一定要有足够的思想准备。

半年以后，汤姆又一次得到了彼得的消息，彼得告诉汤姆自己一个月前关闭了公司，重新回到了打工族群体，理由是："我发现原来有那么多的事要我去做，我实在是应付不了。"

许多员工的态度十分明确："我是不可能永远打工的，打工只是过程，当老板才是目的。我每干一份工作都在为自己挣经验和关系，等到机会成熟，我会毫不犹豫地自己干。"这是一种值得敬佩的创业激情，但是如果抱着"如果自己当老板，我会更努力"的想法则可能适得其反。很多情况下，我们需要和老板进行"换位思考"，试着站在老板的角度去考虑问题。这样我们每做一件事都会成为日后创业的宝贵经验，等到时机成熟后，我们就可以拥有自己的事业。

我们经常听到公司员工有这样的说法：

"我这么辛苦，但收入却和我的付出不成比例，我努力工作还有必要吗？"

"这又不是我的公司，我这么辛苦是为了什么？"

"公司推行各式各样管理我们的政策，这表明公司根本就不信任我们。"

公司与员工经常会有冲突，员工常常感到公司没有给予自己公正的待遇，其实，产生这样的想法是因为你和公司所处的角度不同。公司的老板希望你比现在更努力地工作，更加为公司着想，甚至把公司当成自己的事业来奉献。而你站在员工个人的角度来考虑问题，你自认为已经很努力了，工作占用了你大部分的精力和时间，但公司只给了你不相称的待遇。

你可能感慨自己的付出和受到的肯定与获得的报酬并不成正比，在这里，我们提出的理念是希望员工学习站在公司的角度思考问题，换个角度，你得出的结论就会不同。如果你是老板，一定会希望员工能和自己一样，将公司当成自己的事业，更加努力、更加勤奋、更加积极主动。现在，当你的老板向你提出这样或那样的要求时，你还会抱怨吗？还会产生刚才的想法吗？

我们没有必要把自己的想法强加给别人，但是却必须学会从别人的立场来看待问题，这样可以避免很多不必要的冲突。

从公司的角度出发，将公司视为己有并尽职尽责完成工作的人，才是老板真正器重的人，是终将会获得成功的人。

很多情况下，你的老板就代表了公司，你不要抱怨公司对你的不公，抱怨上司不给你机会，而要积极主动地寻求改变。从自身出发，尽职尽责完成工作，并站在公司的角度，发现公司需要怎样的员工，进而使自己变得对于公司、上司不可或缺，无可替代。这样，你不仅对于公司更有价值，而且会实现公司和个人的双赢，这才是优秀员工应有的表现。因此，站在公司的角度，我们要经常地问自己下列问题：

（1）如果我是老板，我对自己今天所做的工作完全满意吗？

（2）回顾一天的工作，我是否付出了全部的精力和智慧？

（3）我是否完成了企业给自己、自己给自己所设定的目标？

（4）我的言行举止是否代表了企业的利益，是否符合老板的立场？

站在公司的角度看问题要求我们能够坦率沟通并解决问题。很多时候，沟通的不顺畅为我们带来了许多不必要的麻烦。你不知道你的老板希望你做什么，不知道公司需要你成为怎样的员工。沉默不能带来顺畅的沟通，更无法让别人知道你或为你带来机会。

老板的立场代表着公司的利益，你要学着从公司的角度看问题，就要主动找你的上司或老板，了解他们需要怎样的员工，他们最希望你做些什么。积极主动地改进你的工作，你会发现不仅是你的工作改变了，同事、上司、老板对你的看法也改变了，你离成功更近了，你对于老板而言变得不可替代了。

有时，无须老板一而再、再而三地告诉你要做些什么，你可以主动调整你的工作，在完成本职工作的基础上，向更高的工作目标挑战，熟悉更多其他的工作。当你完全能够胜任更好的工作时，你就获得了成功。当你的工作态度改变，你对于老板的重要性改变时，你的人生也将随之改变。

不要把问题留给老板

英国有一句谚语是这样说的："如果你不能成为解决问题的一部分，那么你就是问题的一部分。"我们要做到像老板一样思考，必须有较强的任务意识。当工作中出现问题时，要挺身而出，尽快将其妥善处理，而不是把问题留给别人。

那些具有任务意识，积极主动，从不把问题留给老板的员工是最受老板器重的。因为他们不会只看到自己的工作，还有着一种超前的眼光，把目光盯向目标。他们非常看重自己应该承担的责任，常常会反躬自问："我是否对企业做出了积极的贡献，这种贡献是否对企业的业绩和成果产生了深远的影响？"

有一天，通用汽车公司客服部收到一封顾客的投诉信，上面是这样写的：

"我们家有一个传统的习惯，就是我们每天在吃完晚餐后，都会以冰激凌来当我们的饭后甜点。但自从我最近买了一部你们的庞帝雅克汽车后，在去买冰激凌的这段路程上，问题就发生了。每当我买的冰激凌是香草口味时，从店里出来车子就发动不了。但如果我买的是其他的口味，车子发动就顺利得很。为什么？为什么……"

很快，客服部派出工程师汤姆森去查看究竟。当汤姆森去找写信的人时，对方刚好用完晚餐，准备去买今天的冰激凌。于是，汤姆森和客户一起上车。结果，买好香草冰激凌回到车上后，车子果然又不能发动了。

随后，汤姆森又依约来了3个晚上。

第一晚，巧克力冰激凌，车子没事。

第二晚，草莓冰激凌，车子也没事。

第三晚，香草冰激凌，车子发动不了。

……

这到底是怎么回事？汤姆森忙了好多天，依然没有找到解决的办法。他有点儿气馁，不知是不是该放弃，转而接受退车的现实。

神圣的职业使命感使他安静下来，他开始研究从问题开始到现在的种种详细资料，如时间、车子使用油的种类、车子开出及开回的时间。不久，汤姆森发现，买香草冰激凌所花的时间比买其他口味的要少。因为，香草冰激凌是所有冰激凌口味中最畅销的口味，店家为了让顾客每次都能很快地拿取，将香草口味特别分开陈列在单独的冰柜里，并将冰柜放置在店的前端。

现在，汤姆森所要知道的问题是，为什么这部车会因为从熄火到重新激活的时间较短就不能发动？原因很清楚，绝对不是因为香草冰激凌的关系，汤姆森很快地在心中浮现出答案："蒸汽锁"。买其他口味的冰激凌由于花费时间较多，引擎有足够的时间散热，重新发动时就没有太大的问题。但是买香草口味时，由于时间较短，引擎太热以至于"蒸汽锁"没有足够的散热时间。于是，汤姆森改进了设备，这样便解决了这一棘手问题，他的职位也因此得到了提升。

这个事件给我们的启发是：一名员工要提升解决问题的能力，不要总把自己当成公司的局外人，不要总想着把重大的问题留给老板去解决。而应站在公司的立场行事，使承担责任成为自己的习惯，并在这份责任和使命感的驱动下，积极思考，主动寻找解决问题的办法。

第二节 行动起来，一切皆有可能

行动永远是第一位的

一个人的行为影响他的态度，行动能带来回馈和成就感，也能带来喜悦，通过潜心的工作得到自我满足和快乐，这是其他方法不可取代的。这么说来，如果你想寻找快乐，如果你想发挥潜能，如果你想获得成功，就必须积极行动，全力以赴。

英国前首相本杰明·迪斯雷利曾指出，虽然行动不一定能带来令人满意的结果，但不采取行动就绝无满意的结果可言。

因此，如果你想取得成功，就必须先从行动开始。

每天不知会有多少人把自己辛苦得来的新构想取消，因为他们不敢执行。过了一段时间以后，这些构想又会回来折磨他们。

天下最可悲的一句话就是："我当时真应该那么做，但我却没有那么做。"经常会听到有人说："如果我当年就开始那笔生意，早就发财了！"一个好创意胎死腹中，真的会叫人叹息不已，永远不能忘怀。一个人被生活的困苦折磨久了，如果有了一个想要改变的梦想，那他已经走出了第一步，但是若想看见成功的大海，只走一步又有什么用呢？

因此，你有了梦想，只有行动起来，最终才能摆脱受折磨的命运。

连绵秋雨已经下了几天，在一个大院子里，有一个年轻人浑身淋得透湿，但他似乎毫无察觉，满天怒气地指着天空，高声大骂着：

"你这该千刀万剐的老天呀，我要让你下十八层地狱！你已经连续下了几天雨了，弄得我屋也漏了，粮食也霉了，柴火也湿了，衣服也没得换了，你让我怎么活呀？我要骂你、咒你，让你不得好死……"

年轻人骂得越来越起劲，火气越来越大，但雨依旧淅淅沥沥，毫不停歇。

这时，一位智者对年轻人说："你湿淋淋地站在雨中骂天，过两天，下雨的龙王一定会被你气死，再也不敢下雨了。"

"哼！它才不会生气呢，它根本听不见我在骂它，我骂它其实也没什么用！"年轻人气呼呼地说。

"既然明知没有用，为什么还在这里做蠢事呢？"

"……"年轻人无言以对。

"与其浪费力气在这里骂天，不如为自己撑起一把雨伞。自己动手去把屋顶修好，去邻家借些干柴，把衣服和粮食烘干，好好吃上一顿饭。"智者说。

"与其浪费力气在这里骂天，不如为自己撑起一把雨伞。"智者的话对于我们来说，不失为一句"醒世恒言"。与其在困境中哀叹命运不公，为什么不把这些精力用在改变困境的行动上呢？

坐着不动是永远也改变不了现状的，同样，坐着不动也是永远做不成事业的。只有傻瓜才寄希望于天上掉馅饼。俗话说："一分耕耘，一分收获。"没有耕耘，就是没有行动，那就自然不会有收获。不论你是运用大脑，还是运用体力，你一定要"动"起来才行。

一位哲人曾这样说过："我们生活在行动中，而不是生活在岁月里。"要改变你的生活，你首先要行动起来，只有行动才是改变你现状的捷径。

曾亲眼目睹两位老友因车祸去世而患上抑郁症的美国男子沃特，在无休止的暴饮暴食后，体重迅速膨胀到了无法自抑的地步，直线逼近200公斤。当逛一次超市就足以让沃特气喘吁吁缓不过气儿时，沃特意识到自己已经到了绝境。绝望之中的沃特再也无法平静，他决定做点什么。

打开年轻时的相册，里面的自己是一个多么英俊的小伙子啊！深受刺激的沃特决定开始徒步全美国的减肥之旅，他迅速收拾好行囊，带着接近200公斤的庞大身躯出发了。穿越了加利福尼亚的山脉，行走了新墨西哥的沙漠，踏过了都市乡村、旷野郊外……整整一年时间，沃特都在路上。他住廉价旅馆，或者就在路边野营。他曾数次遇到危险，一次在新墨西哥州，他险些被一条剧毒的眼镜蛇咬伤，幸亏他及时开枪将之打死。至于小的伤痛简直就是家常便饭，但是他坚持走过了这一年，一年后，他步行到了纽约。

他的事情被媒体曝光后，深深触动了美国人的神经。这个徒步行走立志减肥的中年男子，被《华盛顿邮报》《纽约时报》等媒体誉为"美国英雄"，他的故事感动了美国。不计其数的美国人成为沃特的支持者，他们从四面八方赶来，为的就是能和这个胖男人一起走上一段路。每到一个地方，就会有沃特的支持者们在那里迎接他。

当他被美国一个知名电视节目请到现场时，全场掌声雷动，为这个执着的男人欢呼。出版商邀请他写自传，电视台找他拍摄专辑……更不可思议的是，他的体重成功减掉50公斤，这是一个多么惊人的数字！

许多美国人称：沃特的故事使他们深受激励，原来只要行动，生活就可以过得如此潇洒。沃特说这一切让他感到意外："人们都把我看作一个美国英雄式的人物，但我只是一个普通人，现在我意识到，这是一次精神的旅行，而不仅仅是肉体上的。"他的个人网站"行走中的胖子"，吸引了无数访问者，很多慵懒的胖子开始质问自己："沃特可以，为什么我不可以？"

徒步行走这一年，沃特的生活发生了巨变。从一个行动迟缓的胖子到一个堪比"现代阿甘"的传奇式人物，沃特用了一年的时间，他的收获绝不仅仅是减肥成功这么简单。放弃舒适的固有生活，做一种人生的改变，人人都可以做到，但未必人人愿意行动。所以，沃特成功了。

你也是，只要付诸行动，没有什么不可以。勇敢行动起来，创造自己生命的奇迹吧！

业精于勤荒于嬉

懒惰是人的一种劣根性，为了做成某件事，必须与它抗争，超越这种劣性的钳制。但是这种抗衡和超越一开始总要由一些外力来强制，进而才能逐渐内化为恒定的精神和行为习惯。

对很多人来说，懒惰是生活的常态。懒惰的人总是寄希望于明天，在幻想中沉迷于未来的美好；还有的人，虽然极力想克服这种状态，但往往不知道如何做起，因而日复一日，得过且过。

"业精于勤荒于嬉"出自韩愈的《劝学解》，意思是说学业由于勤奋而精通，但它却荒废在嬉笑声中。古往今来，多少人都是依靠勤奋成就了事业。有个很好的典故说的也是这个道理。战国时期的苏秦，虽然很有雄心壮志，但由于学识浅薄，找了许多地方都无法得到重用。后来他下决心发奋读书，有时读书读到深夜，困得坚持不下去的时候，苏秦就用锥子刺自己的大腿。他就是用这种办法，驱逐睡意，振作精神，后来终于成了著名的政治家。

懒惰，从某种意义上讲就是一种堕落、一种具有毁灭性的东西，它就像一种精神腐蚀剂一样，慢慢地侵蚀着你。一旦背上了懒惰的包袱，生活将是为你掘下的坟墓。马歇尔·霍尔博士认为："没有什么比无所事事、懒惰、空虚无聊更为有害的了。"

一位母亲在出门前，怕自己的儿子饿着，给他烙了几张足以吃半个月的大饼；又怕儿子懒得动手，就给他套在了脖子上。然而当她一周后回家时，看到儿子已经饿死了，大饼却剩下一大半。原来儿子只将脖前的饼啃掉，啃完后又懒得用自己的手去转一下，以便吃到另一面。结果就被饿死了。

这个故事虽然有些夸张，却说明了懒惰的恶劣本质。一个连自己的手都懒得抬起，害怕或不愿意付出相应劳动的人，还能奢望拥有什么呢？

懒惰者是不能成大事的，因为懒惰的人总是贪图安逸，遇到一点儿风险就吓破了胆。另外，这些人还缺乏吃苦实干的精神，总存有侥幸心理。而成大事之人，他们更相信"勤奋是金"。不经历风雨怎么见彩虹，一个人怎能随随便便成功？所以在被懒惰摧毁之前，你要先学会摧毁懒惰。从现在开始，摆脱懒惰的纠缠，不能有片刻的松懈。

业精于勤荒于"懒"。懒惰是学习的大敌，是工作的大敌，是生活的大敌。一个人的懒惰只是个人的不幸，一个民族的懒惰，则是整个民族的悲哀！我们肩负着中华民族伟大复兴的历史使命，全面建设小康社会，需要我们每个人打起十二分的精神，艰苦创业，勤奋工作。

"懒惰"是个很有诱惑力的怪物，一生中谁都会与这个怪物相遇。比如，早上躺在床上不想起来，起床后什么事也不想干，能拖到明天的事今天不做，能推给别人的事自己不做，不懂的事自己不想懂，不会做的事自己不想做……"懒惰"是人类最难克服的一个敌人，许多本来可以做到的事，都因为一次又一次的懒惰拖延而错过了成功的机会。所以，要想改变懒惰的现状，一定要走上勤奋的道路。

一位哲人曾经说过："世界上能登上金字塔顶的生物只有两种，一种是鹰，另一种是蜗牛。不管是天资奇佳的鹰，还是资质平庸的蜗牛，能登上塔尖，极目四望，俯视万里，都离不开两个字——勤奋。"

一个人的成长与发展，天赋、环境、机遇、学识等因素固然重要，但更重要的是自身的勤奋与努力。没有自身的勤奋，就算是天资奇佳的雄鹰也只能空振双翅；有了勤奋的精神，就算是行动迟缓的蜗牛也能雄踞塔顶，观千山暮雪，渺万里层云。成功不单纯依靠能力和智慧，更要依靠每一个人自身孜孜不倦的勤奋工作。

"勤奋是通往荣誉圣殿的必经之路！"

这是古罗马皇帝临终前留下的遗言。古罗马人有两座圣殿，一座是勤奋的圣殿，另一座是荣誉的圣殿。他们在安排座位时有一个顺序，必须经过前者的座位，才能到达后者的——勤奋是通往荣誉圣殿的必经之路。

人生路上，要想到达成功的圣殿，唯一的一条道路也是勤奋。

艾伦是一个公司的速记员。一个星期六下午，同事们约好了去看球赛，这时一位律师走进来问艾伦，去哪儿能找到一位速记员来帮忙。艾伦告诉他，公司所有的速记员都去看球赛了，如果晚来5分钟，自己也会走。艾伦又说："球赛随时都可以看，工作第一，让我来帮你吧。"

律师问应该付多少钱给艾伦，艾伦开玩笑地回答："哦，既然是你的工作，大约1000元吧。换了别人，我就免费帮忙。"律师笑了笑，向艾伦表示谢意。

艾伦确实是在开玩笑，他早把1000元的事忘得一干二净。但在6个月后，律师却支付他1000元，还邀请艾伦到自己的公司工作，薪水比现在的高一倍。

艾伦只是在不经意间多做了一点点事情，结果却得到如此巨大的回报。这样看来，比别人勤奋一点点，你将会受益匪浅。

很多人认为，只要完成分配的任务就可以了，其实只想这些还远远不够，你还需要多做一些事情，多承担些责任。也许你的付出无法立刻得到相应的回报，但不要灰心失望，只要你一如既往地投入，回报可能会在不经意间，以出人意料的方式出现。你付出的努力如同存在银行里的钱，当你需要的时候，它随时都会为你服务；当你不需要时，它也会为你储蓄升值。所以拒绝懒惰，走向勤奋吧，只有这样，你才能拥有一个美好的明天。

避免好高骛远

人往往很容易把自己看得很高，因而也容易好高骛远，贪多求大，总想在事业起步时就能站在高起点上。可这样做的结果，往往是适得其反，大多时候难以如愿以偿。由于对未来的期望值过高、要求太多，反而容易急功近利、心浮气躁，这样做的结果当然是攀不上成功的巅峰。

有一个年轻人，给自己定下的目标是做一个伟大的政治家。

在这样一个和平的时代，要做一个伟大的政治家，他就应该先读大学的政治专业，或者别的文科专业，然后在分配的时候努力进入一个能够得到晋升的政府机关，然后在单位进行各个方面的努力。

而这个年轻人，在定下这个目标之后，他竟然什么都没有去做。

这时他还在读高中，成绩平平。家里人督促他学习的时候，他是这么说的："我的目标是做一个伟大的政治家，做一个伟大人物，读书做什么？"

哦，他的这个目标看来是来自那些伟大人物的激发。奇怪的是，他到底是怎么想的呢？怎么才能达到目标呢？

高三时，他已不专心学习，似乎也不想去考大学了，只是看课外书，他看的课外书当然都是一些政治人物传记，像《林肯传》《丘吉尔传》等。除了看伟人传记，他所做的就是玩了。

他想，很多取得大成就的人也没有读多少书呀？

在生活中，他也开始用大人物的眼光来看待人和事物。比如，他的妹妹和小姐妹闹矛盾了，他以领导者的口气说："你们两个，吵什么嘛！要团结，要和平，不要闹矛盾！"

当老师批评他学习不用功的时候，他也总是"据理力争"。

而他，由于沉浸在伟人梦中，不好好读书，结果当然没考上大学。一个没受过高等教育的青年，在现在的和平年代里，有可能成为一个伟大的政治人物吗？

也许有可能。但即使有，也是对那些肯上进、求进取的青年来说的，却不是他这样的青年。那么，他是个什么样的青年呢？

从他的表现来看，毫无疑问，他是个典型的好高骛远的人。所谓好高骛远，就是不切实际地追求过高的目标。每个人都有自己的极限，超过自己极限的事，当然是不可能做到的。叫一个从来没有念过书的人去做爱因斯坦，这可能吗？

很多人都想在生活中寻找一条成功的捷径，其实成功的捷径很简单，那就是勤于积累，脚踏实地。

很多身陷贫穷，没有取得成功的人常常都想通过买彩票、买股票等投机方法获得成功。但往往通过这种方式成功的人却没有几个。

这些人的想法和做法其实离获取成功的方法很远。那成功的捷径到底是什么呢？答案其实很简单，那就是一步一个脚印地前进。

事情往往是这样的，那些心存侥幸、渴望点石成金的人往往会一无所获、两手空空；而那些看似没有多少进步的人，积累一段时间以后，就会获得成功。因此，生活中的有心人必须记住：踏实跨出你的每一步，你就能积少成多，获得成功。

消除犹豫不决的行动障碍

行动能使人走向成功，这似乎是人尽皆知的道理，但当人们面临行动时，往往就会犹豫不决，畏葸不前。"语言的巨人，行动的矮子"不在少数。你总是在无意识地寻找各种维持现状的理由，其实是因为你没有决心，没有勇气。你根本不需要考虑这么多，只要付诸行动，一切的犹豫就会自行消散。

世界上有许多人没能意识到自己的潜力，过分的谨慎阻碍了他们前进的脚步。他们知道自己能干得更好，但他们从没有向前进取过。同那些比他们成功的人相比，他们有同样的能力取得事业上的成功，但他们自觉不如，总是找很多的理由说服自己。他们看见了机遇，但不去抓住它们。他们看到老朋友成功了，就纳闷自己为什么不行。他们想拥有万贯家财，但就是不采取行动。

从很大程度上，他们的惰性和忧虑是直接的。惰性指的是物体保持自身原有的运动状态的性质，不受外力作用就不会变化。惰性的原理也适用于人，也许就适用于你。要想在工作中取得很大的变化，也许得下大决心、花大力气。

在面对是否采取行动的问题上，特别是当这种行动涉及冒险时，我们会发现自己容易犹豫不决、错失良机。在这种情况中，是传统的观点在作怪：不要轻易去尝试，不要轻易鲁莽行动，这里很可能有危险。

缺乏信心是人们常常犹豫不决的原因。我们能完全意识到我们的弱点，而怀疑就经常从这里产生。我们对一切了解得太多，所以我们生性谨慎，宁愿推迟重大的决定，有时甚至无动于衷。

怎样才能知道别人比你决心更大呢？如果你既了解自己，也了解他人，你可能不会对他们的恶习和弱点感到吃惊，他们完全有可能比你更加踌躇。问题是，你对你的一切知道得又具体又透彻，而对他人的一切却了解甚微。其实，你与"那人"可能十分相同，只要你有相同的成功机遇，你完全可以同他一决高下。

大自然中没有任何一种事情可以自己行动，即使我们天天要用的几十种机械设备也离不开这个原理。因此，每一个行动前面都有另一个行动。

如果你想调节家里的室温，你必须选择行动；如果你想让你的汽车变速，那么你必须换挡才可以。这个原理同样也适用于我们的心理，先使心理平静，才能理顺思路，发挥作用。

有一位幽默大师曾说："每天最大的困难是离开温暖的被窝走到冰冷的房间。"他说得不错，当你躺在床上认为起床是件不愉快的事时，它就真的变成一件困难的事了。就是这么简单的起床动作，即把棉被掀开，同时把脚伸到地上的自动反应，都足以击退你的恐惧。

凡成功者都不会等到精神好时才去做事，而是推动自己的精神去做事。

为了养成行动的好习惯，你可以遵照以下两点去做。

第一，用自动反应去完成简单、烦人的杂务。

不要想它烦人的一面，什么都不想就直接投入，一眨眼就完成了。

大部分的家庭主妇都不喜欢洗碗，拿破仑·希尔的母亲也不例外。但她自己发明了一套做法来解决这个问题，以便有时间做她喜欢做的事。

她离开饭桌时，便带着空盘子，在她根本没想到洗碗这个工作时，就已经开始洗碗了，几分钟就可以洗好。这种做法不是比清洗一大堆堆了很久的脏盘子更好吗？

现在就开始练习，先做一件你不喜欢的工作，在还没想到它讨厌之前就赶快做，这是处理杂务最有效的方法。

第二，将这种方法推而广之。

把这种方法应用到"设计新构想""拟订新计划""解决新问题"，以至于应用到需要仔细推敲的工作上。不能等精神来推动你去做，要推动你的精神去做。

这里有个技巧保证有效，用一支铅笔和白纸去计划。铅笔是使你"全神贯注"的最好工具。潜能激励大师安东尼·罗宾认为，如果要从"布置豪华、设备完善的办公室"跟"铅笔与纸"中任选一项来提高工作效率的话，他宁肯选择铅笔与纸，因为用铅笔与纸可以把心思牢牢专注在一个问题上。

当你把你的想法写在纸上时，你的注意力就会集中在上面，你的潜能也会因此而被发掘出来。因为我们无法一心二用，何况你在纸上写东西时，也会同时将它写在心里。如果把相关的想法同时写出来，就可以记得更久、记得更准确，这是许多实验已经证实并得出的结论。

一旦养成这个习惯，你的思想就会促使你行动，你的行动就会引发新的行动。

克服拖延的毛病

人生总有许多理想和憧憬，假使你能够将一切憧憬都抓住，将一切理想都实现，将一切计划都执行，那你事业上的成就，真不知要怎样的宏大；你的生命，真不知要怎样的伟大！然而，总是有很多人有憧憬而不去抓住，有理想而不去实现，有计划而不去执行，最终使各种憧憬、理想、计划破灭掉。

《明日歌》曾经写道："明日复明日，明日何其多！我生待明日，万事成蹉跎。"这里就在说明拖延给我们的生活带来的影响。生活中拖延的现象屡见不鲜，但拖延久了，事事拖延，就养成了一种习惯，这种习惯势必让你产生病态的拖延心理。拖延心理会让人一事无成，甚至毁掉你的前程。所以生活中一定要克制拖延，克制拖延你才能获得成功。

每个人的生命都是有限的，当拖延成为你的习惯时，死神也就在不知不觉中来临了。你可以给自己时间，但生命却不会给你时间，正如中国古代诗人李商隐所吟诵的"人间桑海朝朝变，莫遣佳期更后期"。

人为什么会被"拖延"的恶魔所纠缠，很大的原因在于当认识到目标的艰巨时所采取的一种逃避心理——能以后再面对的就以后再面对，只要今天舒服就行。拖延就这样成了"逃避今天的法宝"，而逃避是弱者最明显的特征。

有些事情你的确想做，绝非别人要求你做，尽管你想，但却总是在拖延。你不去做现在可以做的事情，却想着将来某个时间再做。这样你就可以避免马上采取行动，同时你安慰自己并没有真正放弃决心。你会跟自己说："我知道我要做这件事，可是我也许会做不好或不愿意现在就做。应该准备好再做，于是，我当然可以心安理得了。"每当你需要完成某个艰苦的工作时，你都可以求助于这种所谓的"拖延法宝"，这个法宝成了你最容易也是最好的逃避方式。

人的本质都是懦弱的，从这一点上说，拖延和犹豫是人类最合乎人性的弱点，但是正因为它合乎人性，没有明显的危害，所以无形中耽误了许多事情，因此而引起的烦恼，其实比明显的罪恶还要厉害。你拖延得了一时，却拖延不过一世，今天你利用拖延这张证件避免了危险和失败，但这样做又能达到怎样的目的呢？在你避免可能遭到失败的同时，你也失去了取得成功的机会。

不要逃避今天的责任而等到明天去做，因为，明天是永远不会来临的。现在就采取行动吧，即使你的行动不会使你马上成功，但是总比坐以待毙要好。即使成功可能不是行动所摘下来的那个果子，但是，没有行动，任何果子都会在枝上烂掉。

现在必须采取行动。你要一遍又一遍，每一小时、每一天，重复这句话，一直等到这句话像你的呼吸一样融入你的生命。而跟在它后面的行动，要像你眨眼睛那种本能一样迅速。任何时刻，当你感到推脱苟且的恶习正悄悄地向你靠近，或者此恶习已迅速缠上你，使你动弹不得之际，你都需要用这句话提醒自己。

总有很多事需要完成，如果你正受到怠惰的钳制，那么不妨从碰见的任何一件事开始着手。这是件什么事并不重要，重要的是，你要突破无所事事的恶习。从另一个角度来说，如果你想规避某项杂务，那么你就应该从这项杂务着手，立即进行。否则，事情还是会不断地困扰你，使你觉得烦琐无趣而不愿动手。

当你养成"现在就动手做"的习惯，那么你就将掌握个人主动进取的精髓。

生命中真正的财富往往属于那些能以行动积极寻求的人。成功不会由挂着皇家徽章的管弦乐队伴随着而来，它往往属于长期艰苦努力工作的人。

采取主动，就能创造属于自己的机会。缜密思虑下策划的行动，是没有任何东西可以取代的。

你可以用尽各种方法，告诉全世界，你有多么优秀，但是你必须通过行动。要让别人知道你的成就，你应该先付诸行动，让人从行动中看到你的成就。

不要等待"时来运转"，也不要由于等不到而觉得恼火和委屈，要从小事做起，要用行动争取胜利。

记住，立即行动！

用目标为你的行动导航

目标对于事业来说，具有举足轻重的作用。目标是成功人生的起点，是一个人奋斗的阶梯。忽视目标定位的人，或是始终确定不了目标的人，他的努力就会事倍功半，绝难达到理想的彼岸。确立目标，是人生设计的第一乐章。

每一个走向成功的人，无疑都会面临一个选择方向、确定目标的问题。正如空气、阳光之于生命那样，人生须臾不能离开目标的引导。

有了目标，人们才会下定决心攻占事业高地；有了目标，深藏在内心的力量才会找到"用武之地"。若没有目标，你绝不会采取真正的实际行动，自然与成功无缘。

早在40多年前，生活在洛杉矶的15岁的少年约翰·戈达德对自己一生中计划要做的事列了一张清单，上面有127个要实现的目标，他将此清单称为"我的生命清单"。59岁时戈达德已实现了106个目标。他说："我在少年时开列的生命清单，反映了一个少年人的兴趣。尽管有些事情我是永远也无法做到的，如登上珠穆朗玛峰和访问月球。然而，确定的目标往往是这样的，有些事情可能超出你的能力。但那并不意味着你得放弃整个梦想。"现在，他仍然不放弃确定的目标，努力实现目标，包括参观中国的万里长城和访问月球。

可见，是目标所蕴含的神奇推力使戈达德勇往直前，虽然他已不再年轻，但却仍然能够信心十足。

只要你选准了目标，选对了适合自己的道路，并不顾一切地走下去，终能走向成功。确立了目标并坚定地"咬住"目标的人，才是最有力量的人。目标，是一切行动的前提。事业有成，是目标的赠予。确立了有价值的目标，才能较好地分配自己有限的时间和精力，较准确地寻觅突破口，找到聚光的"焦点"，专心致志地向既定方向猛打猛冲。那些目标如一的人，能抛除一切杂念，聚积起自己的所有力量，全力以赴地向目标高地挺进。

一个人只要不丧失使命感，或者说还保持着较为清醒的头脑，就决然不会把人生之船长期停泊在某个温暖的港湾，而是重新扬起风帆，驶向生活的惊涛骇浪，领略其间的无限风光。人，不仅要战胜失败，而且要超越胜利。只有目标始终如一，才能焕发出极大的活力；只有超越生命本身，人生才可以不朽。

有目标的人，就会产生一股巨大的、无形的力量，将自身与事业有机地"融合"为一体。

目标，能唤醒人、能调动人、能塑造人，目标的伟大力量是难以估计的。有明确目标的人，生活必然充实有劲，绝不会因无所事事而无聊。目标能使人不沉湎于现状，能激励人不断进取，能引导人不断开发自身的潜能，去摘取成功的桂冠。

一个人要成功就要设定目标，没有目标是不会成功的。目标就是方向，就是成功的彼岸，就是生命的价值和使命。

而目标的设定也是需要技巧的，当你确立了自己人生的终极目标之后，你就应该为了你的终极目标制定多个向总目标一步步接近的具体目标，然后慢慢执行，最后达到终极目标。

你的计划应根据不同时间长度而有所分别，如1小时、1星期、1年、10年。显然，考虑明年1年的计划与考虑今后10年的计划，是有很大不同的。你能够而且应该超前计划10年，但是你不能想得很精细，因为不确定的因素太多了。温斯顿·丘吉尔在谈到筹划国家事务时曾经说："人总是要向前看的，但是要预见眼前看不见的东西又总是困难的。"你能够而且应该计划1个小时内要做的事，你也能够很精确地制订这个计划，但是，1个小时对你当然不会有太大的影响。

你可以将自己的目标大致做如下分类：

1.长期目标

长期目标仍然与所追求的整个生活方式密切相关——你想从事的职业类型，你是否想结婚，你向往的家庭类型，你追求的生活境况。设计将来应当有一些总体性的考虑，在考虑长远计划时，不必拘泥于细节，因为以后的变化太多。应该有一个全局性的计划，但又要具有一定的灵活性。

2.中期目标

中期目标是5年左右的目标，它包括你正渴望得到的那种专门的训练和教育，你生活历程中的经验。你要能够较好地把握住这些目标，并且在实施中预见你能否达到目标，并按照情况的变化不断调整努力的方向。

3.短期目标

短期目标指的是1个月至1年的目标。你要很现实地确定这些目标，并且能够迅速明晰地说出你是否正在实现它们。不要为自己设立不可能实现的目标。人总是希望自己有所进步，但也不能要求过高，以免达不到而挫伤信心。目标要实际，但更要不惜一切去实现。

4.小目标

小目标指的是1天到1个月的目标。控制这些目标比控制较长远的目标容易得多。你能列出下一个星期或一个月要做的事，并且你完成计划也是大有可能的（假如你的计划是合理的话）。假如你发现你的计划过大，以后要修改它。考虑到的整块时间越小，你就越能控制每一块的时间。

制订切实可行的计划

现代社会，人类生活工作的节奏越来越快，要做的事越来越多，如何从纷繁复杂的大小事中确定你真正要做的事，冲破迷雾明确人生目标呢？这时你需要的是计划，短至日常工作计划，长至人生计划，由它们指引你在人生路上取得节节胜利。

法国作家雨果说过："有些人每天早上计划好一天的工作，然后照此实行。他们是有效利用时间的人。而那些平时毫无计划，靠遇到事现打主意过日子的人，只有'混乱'二字。"

在明确工作目的和任务后，能不能实现它就在于能否进行合理的组织工作。

美国生物学家沃森在回顾自己的职业生涯时说："我的助手有一个非常好的习惯，这也是我一直没有替换他的主要原因。他有一本形影不离的工作日记，每天早晨，他都会把前一天写好的工作计划再翻看一遍，而在一天的工作结束后，他要对这一天的工作进行总结，同时把下一天的计划再做出来。"

制订计划是一种很好的行为，它能有效地引导我们的行动，使我们的生活变得井井有条起来。那么，我们又该如何制订切实可行的计划呢？

史蒂芬·柯维说："我赞美彻底和有条理的工作方式。一旦在某些事情上投下了心血，就可以减少重复，开启更大和更佳的工作任务之门。"

培根也说过："选择时间就等于节省时间，而不合乎时宜的举动则等于乱打空气。"

没有一个明确可行的工作计划，必然会浪费时间，要高效率地工作就更不可能了。试想，如果一个搞文字工作的人把资料乱放，就是找个材料都会花半天工夫，那么他的工作是没有效率可言的。工作的有序性，体现在对时间的支配上，首先要有明确的目的性，很多成功人士就指出：如果能把自己的工作任务清楚地写下来，便是很好地进行了自我管理，就会使得工作条理化，因而使得个人的能力得到很大的提高。

只有明确自己的工作是什么，才能认识自己工作的全貌，从全局着眼观察整个工作，防止每天陷于杂乱的事务之中。明确的办事目的将使你正确地掂量各个工作之间的不同侧重，弄清工作的主要目标在哪里，防止不分轻重缓急，耗费时间又办不好事情。

在制订工作计划的过程中，我们不仅要明确自己的工作是什么，还要明确每年、每季度、每月、每周、每日的工作及工作进程，并通过有条理的连续工作，来保证以正常速度执行任务。在这里，要为日常工作和下一步进行的项目编出目录，这不但是一种不可低估的时间节约措施，也是一种提醒我们记住某些事情的方法，可见，制定一个合理的工作日程是多么重要。

工作日程与计划不同，计划在于对工作的长期计算，而工作日程表是指怎样处理现在的问题。比如今天还有明天的工作，就是逐日推进的计划。有许多人抱怨工作太多又太杂乱，实际是由于他们不善于制定日程表，无法安排好日常工作，有时候反而抓住没有意义的事情不放，不得不被工作压得喘不过气来。

菲尔德爵士指出："制订计划是为了达成计划，计划制订好之后，就要付诸行动去实现它。如果不化计划为行动，那么所制订的计划就失去了意义。"

实际上，制订计划相对容易，难的是付诸行动。制订计划可以坐下来用脑子去想、用笔去写，实施计划却需要扎扎实实的行动，只有行动才能化计划为现实。

很多人都制订了自己的人生计划，但制订了计划之后，便把计划束之高阁，并没有投入实际行动中去，到头来仍然是一事无成。

在这个世界上，想成功没有别的途径，只有行动才是达成计划的唯一途径。

计划制订好后，就不能有一丝一毫的犹豫，而要坚决地投入行动。观望、徘徊或者畏缩都会使你延误时间，以致使计划化为泡影。

不论做什么事情，都必须拼命去做，如果半途而废，还不如不做。最重要的是把全部精神集中在自己的计划上。当你决定是否去做某一件事情时，它要么一定有去做的价值，要么就是没有去做的价值。所以，一旦决定了去做之后，就要集中精神去做。例如，当你在阅读《荷马史诗》时，应将全部精神集中于这部作品上，一边想着它所写的是否正确，一边学习其优美的措辞和诗句，绝对不可以将心神转移到别的作品上。

很多人都有过这样的经验，刚订好计划时颇有磨刀霍霍的干劲，可是过了3个星期后就没劲了，更别提实现计划的自信了。当你拟妥一项计划后，首要的步骤就是把它写在纸上，当你把计划写下来之后，随之而来最重要的一步就是立即让自己行动起来，向着实现计划的方向拿出具体的行动，可别一拖再拖。一个真正的决定必然是有行动的，并且是立即的行动，此时你就要针对自己的计划采取积极的行动。你先别管要行动到什么程度，最重要的是要行动起来，打一个电话或拟一份行动方案都是可行的，只要在接下去的10天内每天都有持续的行动。当你能这么做时，这10天的行动必然会形成习惯，最终把你带向成功。

把计划转化为行动，可尝试按以下步骤进行：

1.将没有开始行动的若干原因写下来

为什么我当时没有行动？是不是当时有什么困难？回答这些问题有助于你认识未付诸行动的原因，乃是跟去做的痛苦有关，因此宁可拖延。如果你认为这跟痛苦无关的话，那么不妨再多想一想，或许是这个痛苦在你眼里微不足道，以至于你并不认为那是痛苦。

2.写出如果你不马上改变所造成的后果

如果你再不停止吃那么多的糖分和脂肪，那么会怎么样？如果你不停止抽烟，后果会如何？如果你不打通认为应该打的电话会怎样？如果你不每天运动的话，对健康会有什么影响？2年、3年、4年及5年后会生出什么样的毛病？如果你不改变的话，在人际关系上得付出什么样的代价？在自我形象上会付出什么样的代价？在钱财上会付出什么样的代价？对这些问题你要怎么回答呢？找出能使你感到痛苦的答案，那么痛苦便会成为你的朋友，帮助你改掉不能马上改变的坏习惯，以实现人生计划。

第七章

灵活应变，才能路路畅通

第一节　以变应变，上乘变术

根据事情的变化采取不同的行动

相同的事情，别人做得很顺利，到你做的时候一定不要照搬，因为可能事情已经发生了变化。

事物都是处在不断地变化和发展之中，如果凡事都照搬教条，而不知随机应变，具体情况具体分析，那就难免失策。形势瞬息万变，波谲云诡，所以必须从实际出发，见机行事，照搬教条只能使人自食恶果。在付诸实践时也应灵活机动，切忌僵化不变，形而上学。

有这样一个历史故事：

战国时代，有施氏和孟氏两家邻居。

施家有两个儿子，一个儿子学文，另一个儿子学武。学文的儿子去游说鲁国的国君，阐明了以仁道治国的道理，鲁国国君重用了他。那个学武的儿子去了楚国，那时楚国正好与邻邦作战，楚王见他武艺高强，有勇有谋，就提升他为军官。施家因两个儿子显贵，满门荣耀。

　　施氏的邻居孟氏也有两个儿子长大成人了。这两个儿子也是一个学文，另一个学武。孟氏看见施氏的两个儿子都成才，就向施氏讨教，施氏向他说明了两个儿子的经历。孟氏记在心里。

　　孟氏回家以后，也向两个儿子传授机宜。于是，他那个学文的儿子就去了秦国，秦王当时正准备吞并各诸侯，对文道一点儿也听不进去，认为这是阻碍他的大业，就将这人砍掉了一只脚，逐出了秦国。他学武的儿子到了赵国，赵国早已因为连年征战，民困国乏，厌烦了战争，这个儿子的尚武精神引起了赵王的厌烦，砍掉了他的一只胳膊，逐出了赵国。

　　孟氏之子与邻居的儿子条件一样，却得到两种结果，这是为什么呢？

　　施氏后来听说了之后，说道："大凡能把握时机的就能昌盛，而断送时机的就会灭亡。你的儿子们跟我的儿子们学问一样，但建立的功业却大不相同。原因是他们错过了时机，并非他们在方法上有何错误。况且天下的道理并非永远是对的，天下的事情也非永远是错的。以前所用，今天或许就会被抛弃；今天被抛弃的，也许以后还会派上用场，这种用与不用，并无绝对的客观标准。一个人必须能够见机行事，懂得权衡变化，因为处世并无固定法则，这些都取决于智慧。假如智慧不足，即使拥有孔丘那么渊博的学问、拥有姜尚那么精湛的战术，也难免会遭遇挫折。"而孟氏两个儿子正是不懂变化之道而遭此惨事的。

　　现实生活中，也有这样因时过境迁，自己却不能适应变化，重走老路，而导致自己生活不幸的情况发生。

　　曾经有这么一位妇女，20世纪50年代在大学读书时和一位男同学热恋了，但是后来这位男同学被划为右派，遣送到边疆劳动改造，他们的恋爱关系不得不中断了。20多年后他们又见面了，这位妇女也早已有了丈夫和孩子，家庭生活是愉快和睦的。但是当她看到这位昔日恋人至今还是孑然一身时，她被同情、追悔的心情支配着，和丈夫离了婚，和这位已经平反了的昔日恋人结了婚。

但是，这种结合并没有给她带来什么幸福，她反而更加痛苦了——一方面，她背上了对不起原来的丈夫和孩子的"十字架"，这个"十字架"比她过去对昔日恋人的思念和负疚之情还要重上许多倍；另一方面，她在重新结婚以后，发现这位昔日恋人的性格、脾气等许多方面和青年时代相比，已经有了很大变化，他们已经合不来了，但是这时，她已经是进退两难了。

职场也是如此，都要从变化的角度来考虑，如果依然按照过去的眼光、想法和办法来处理，就可能四处碰壁。所以，一定要面对现实，从变化的角度想问题，办事情。

办事不要走极端

商朝时期，伯夷、叔齐是孤竹君的两个儿子。父亲想要立叔齐为国君，等到父亲死了，叔齐要把君位让给伯夷。伯夷说："这是父亲的遗命啊！"于是逃走了。叔齐也不肯继承君位逃走了。国人只好拥立孤竹君的次子。这时，伯夷、叔齐听说西伯昌能够很好地赡养老人，就想何不去投奔他呢！可是到了那里，西伯昌已经死了，他的儿子武王追尊西伯昌为文王，并把他的木制灵牌载在兵车上，向东方进兵去讨伐殷纣。伯夷、叔齐勒住武王的马缰谏诤说："父亲死了不葬，就发动战争，能说是孝顺吗？作为臣子去杀害君主，能说是仁义吗？"武王身边的随从们要杀掉他们。太公吕尚说："这是有节义的人啊。"于是搀扶着他们离去。等到武王平定了商纣的暴乱，天下都归顺了周朝，可是伯夷、叔齐却认为这是耻辱的事情，他们坚持仁义，不吃周朝的粮食，隐居在首阳山上，靠采摘野菜充饥。到了快要饿死的时候，作了一首歌，那歌词是："登上那西山啊，采摘那里的薇菜。以暴臣换暴君啊，竟认识不到那是错误。神农、虞、夏的太平盛世转眼消失了，哪里才是我们的归宿？唉呀，只有死啊，命运是这样的不济！"于是饿死在首阳山上。

追求仁德是圣贤所为，但凡事都不应钻牛角尖，伯夷、叔齐就是因为太强调仁德不会变通，才饿死在首阳山上。

出牌就要出奇牌

商界有句名言："谁聪明谁才能赚，谁独特谁才能赢。"成功者之所以在众多的竞争者中一枝独秀，就是因为他们跳脱常理，不按牌理出牌，找到自己的"聪明"和"独特"之处。

智利有一家独特的餐厅，除收款人与厨师外，一律使用动物服务员，顾客刚进餐厅，门前就有两只鹦鹉分别用英语、法语、西班牙语向顾客问好。然后，一只金丝猴殷勤地上前，为顾客脱下外套并挂在衣帽钩上。顾客落座之后，一只温顺的长耳犬立刻嘴叼菜单迎上前来，恭请顾客点菜。紧接着，两只身材高大、腰系围裙的长毛猴就会把美味的饮料与食品依次送上。等到顾客用餐完毕，金丝猴还会把客人的衣帽送还，并递上一个银盘，礼貌地索取餐费。

显然，这是一种十分独特的服务，由于只此一家别无分号，慕名者接踵而至，饭店效益极佳。

在印度的一些旅游区，经营者也有绝招，就是设法利用聪明的猴子招徕游客。

其特点是，在峰回路转的旅途中，每当旅游者迷失了方向，就会有身穿西装背心的猴子走来为你指引方向，充当导游；当旅游者饿了，只要用手拍拍肚子，猴子就会带你直奔餐厅；如果游客将手放在脑后做出睡觉的样子，猴子就会领你去找旅店；如果游客做出一个举杯畅饮的姿势，猴就会立刻为你指点酒吧的方向。

那么，这些猴子为何如此聪明？原来它们毕业于"猴子旅游专科学校"。在学校受过长达三年的"专业训练"。当游客留意这些猴子时，会发现它们皆持有真正的"合格证"，所穿背心的正面写有它们的名字，贴有照片，照片背后记录着它们的"毕业成绩"，而且，背心上还有一个专门用来收费的口袋。

如此奇猴，天下少见。自然就冲着这一点，旅游者纷纷而来并赞不绝口。

日常生活中，我们往往见于平常，行于平常，在平常中"泯然众人矣"，平平常常、普普通通只能让你沦为平庸之列，因此想要获取成功，就要不按牌理出牌，走一条与众不同的道路，这样才能"万绿丛中一点红"，增强自身吸引力。

可是，在生活和工作中，多数人习惯了常规的做事方式，甚至抱残守缺，不进行变通，这样他们永远不会有新的突破，只能是逐渐"泯然于众"。其实，做到不按牌理出牌并不难，只要我们不墨守成规，敢于变通，就会找到一条属于自己的独特道路。

此路不通，另寻他路

前进的道路上总会遇到一只又一只的"拦路虎"，按照正常思路，我们往往不得其法。既然无法冲过去，何不另外找寻一条路呢？解决问题并非无路可走，只是在有些时候，那条道路还尚未被发现。现实生活中，高智商的人做事未必高效，不懂变通也会让他们的高智商无用武之地。所以面对此路不通的情况，我们可以另寻他路，也许会找到一个合适的方法。

一个犹太人走进纽约的一家银行，来到贷款部。

"请问先生，我可以为你做点儿什么？"经理一边问，一边打量着这个西装革履满身名牌的来者。

"我想借些钱。"

"好啊，你要借多少？"

"1美元。"

"只需要1美元？"

"不错，只借1美元，不可以吗？"

"噢，当然，不过您需要有担保。"经理虽然有些惊奇，但是根据银行规定，犹太人的要求他无法拒绝。

"好吧，这些做担保可以吗？"

犹太人接着从豪华的皮包里取出一堆股票、国债等，放在经理的写字台上。

"总共50万美元，够了吧？"

"当然，当然！不过，你真的只借1美元吗？"经理疑惑地看着眼前的怪人。

"是的。"说着，犹太人接过了1美元。

"年息为6%，只要您付出6%的利息，一年后归还，我们就可以把这些股票退还给您。"

"谢谢。"

犹太人说完准备离开银行。

但是经理越想越不明白，拥有50万美元的人，怎么会来银行借1美元，于是他慌慌张张地追上前去，对犹太人说：

"啊，这位先生……"

"有什么事吗？"

"我实在弄不清楚，你拥有50万美元，为什么只借1美元呢？你不认为这样做你很吃亏吗？要是你想借30万、40万美元的话，我们也会很乐意……"

犹太人笑了："我来纽约办些事情，可是这么多东西带在身上很不方便，但是保险箱的租金都很昂贵。所以，我就准备在贵行寄存这些东西，一年只需要花6美分，租金简直是太便宜了。"

对于这位犹太人来说，他的目的是让那些股票、债券安全，而存放到保险箱无疑是个最"正常"的方法，但是对这个犹太人来说代价却太过昂贵，令他无法接受。于是他另辟蹊径，通过贷款1美元的新奇方法，让自己的巨额财富安全地存放在银行。目的地一样，走的路却不同，而且是更便捷、代价更小的那条路。

换个思路，垃圾变美金

同样的事情，用一种思路来看，可能只是平常；但若换个思路，结果往往截然不同！懂得变通的人，常常善于转换思路可以从看似平淡的事情中，找到巨大的商机！

在平常人看来，不过是一钱不值的一堆垃圾，可是对于懂得变通的人来说，稍微换个思路，垃圾也能卖出美金的价钱。

1946年，休斯敦有一对做铜器生意的父子俩。一天，父亲问儿子："一磅铜的价格是多少？"儿子答："35美分。"父亲说："对，整个得克萨斯州都知道每磅铜的价格是35美分，但你应该说3.5美元。你试着把一磅铜做成门把看看。"

20年后，父亲死了，儿子独自经营铜器店。他做过铜鼓、做过瑞士钟表上的簧片、做过奥运会的奖牌。他曾把一磅铜卖到3500美元，这时他已是麦考尔公司的董事长了。

然而，真正使他扬名的，是纽约州的一堆垃圾。

1974年，美国政府为清理那些给自由女神像翻新扔下的废料，向社会广泛招标。但好几个月过去了，没人应标。正在法国旅行的儿子听说后，立即飞往纽约，看到自由女神像下堆积如山的铜块、螺丝和木料后，未提任何条件，立即就签了字。

当时不少人对他的这一举动暗自发笑。因为在纽约州处理垃圾有严格的规定，弄不好会受到环保组织的起诉。

就在一群人等着看他的笑话时，他开始组织工人对废料进行分类。他让人把废铜熔化，铸成小自由女神像；再把木头加工成木座；废铅、废铝做成纽约广场的钥匙。最后他甚至把从自由女神像身上扫下的灰尘都包装起来，出售给花店。

不到3个月时间，他将这堆废料变成了350万美元，每磅铜的价格整整翻了1万倍。

揭开"垃圾变黄金"的奥秘，背后往往是一些简单而实用的方法。一堆垃圾，经过简单的处理，身价倍增。

"除了妻儿，一切都要变"

生活是无情的，它不允许任何人停止前进的步伐，否则就会被它抛弃。这种情况下，唯一的应变之道就是快速适应变化。随着情况的变化而变化，甚至在情况变化之前改变，这样才能制胜、无敌。

IT业界流传着韩国三星集团总裁李健熙的一句名言："除了妻儿，一切都要变。"这句话，也正是当年李健熙下定决心带领三星集团励精图治、发奋改革的真实写照。

1987年，李健熙从父亲李秉喆手中接过三星集团这个大摊子，1993年开始重塑三星，并且提出了这个"除了妻儿，一切都要变"的口号。

当时，李健熙决心"给沉睡中的三星一剂猛药，一个改革的信号弹"。于是，变革就从改变上下班工作时间开始，将原来的"朝九晚五"变成

"朝七晚四"，20万名员工都将提前两小时上班。进行这种大规模的变革会遇到很多方面的阻力，但是李健熙相信，如果下不了这个决心，振兴三星的日子就会遥不可及。

三星人从此意识到"改革开始了"，很多人从以前的闲散的心态中恢复过来，开始利用早下班的时间学习外语、培训进修，这些努力为日后三星集团扩展海外市场打下了坚实的基础。

1997年，韩国受到东南亚金融危机的强烈影响，很多韩国大企业纷纷破产倒闭，举国上下损失严重，三星集团也难免受到影响。危机重重下，李健熙决心再次重整三星，他对员工说："为了公司，生命、财产，甚至名誉都可以抛弃。"

李健熙拥有如此强烈的危机感与决心，在他的带领下，三星集团制定了明确的战略方向，坚定不移地执行战略，变革在不断推进，影响深远。

2002年底，三星集团已经跻身全球IT行业前20名，连一向骄傲的索尼都为之汗颜。

"除了妻儿，一切都要变"是一种变化的决心，也是一种应对市场变化的信念和心态。失去了"变化"的心态，无论曾经有多么辉煌，也无法抵挡竞争的浪潮，终将被湮灭。

计划赶不上变化

要获得成功，就要顺势而变、顺时而变。抱着老条框走路，是断然不会成功的。

一位作家曾这样谈起他的创作："一旦在我的头脑（计划）中有了些什么，那么要释放它们，顺其自然，这可能很难做到。我所受的教育是成功，成功地完成一项计划需要坚持不懈。然而，随之而来的不变通会制造出大量的内部压力，常常会惹恼他人或感觉迟钝。"

"我喜欢将我写作的大部分工作放在凌晨去做。我可能是怀着这样一个目的，而现实情况如何呢？以这本书为例，我在别人还在睡梦中的时候完成一两章的写作。但是如果我的四岁女儿提早醒来，跑上楼看我，那会怎么样？我的计划确实改动了，但是我如何来反映呢？或者，我可能会有在上班前出去跑一会儿步的想法。若是从办公室来个紧急电话，必须略过跑步，那么又会怎样呢？"

工作中没有一成不变的计划，生活也是一样。让这些计划变得更加灵活些吧，然后一些美妙的事情就开始发生——你会觉得轻松许多。

1919年，希尔顿来到了当时因发现石油而兴盛的得克萨斯州，那里云集着大批来发石油财的冒险家们。得州似乎遍地都是黄金。希尔顿迫不及待地想以买进卖出银行而致富，他连续跑了两个城镇，问了十几家银行，回答都是不卖。他碰了一鼻子灰，却并未因此而气馁，他又来到第三个城镇——锡斯科。

锡斯科这片热情的土地拥抱了希尔顿。他刚下火车，走进当地第一家银行询问，就被告知它正待出售。卖主不住这儿，要价是7.5万美元。希尔顿知道这价格一点儿也不高。他立即给卖主发了份电报，愿按其要价买这家银行。

然而，没过多久，卖主在回电中却将售价涨至8万美元。希尔顿气得火冒三丈，当即决定彻底放弃当银行家的念头。他后来回忆道："就这样，那封回电改变了我一生的命运。"

在碰壁之后，希尔顿余怒未消地来到马路对面的一家名为"莫布利"的旅馆准备投宿，谁知客已经满了。

看到一个先生在清理、驱赶人群，他忽然灵机一动地问："你是这家旅馆的老板吗？"对方却诉起苦来："是的。我赚不到什么钱，不如抽资金到油田去赚更多的钱。""你的意思是，"希尔顿心中猛地一喜，压抑住自己的兴奋，故意慢条斯理地问："这家旅馆准备出售？""任何人出5万美元，今晚就可以拥有这儿的一切。"

3个小时后，希尔顿在仔细查阅了莫布利旅馆账簿的基础上，经过一番讨价还价，卖主最后同意以4万美元出售。这以后，希尔顿立即四处筹借现金，终于在期限截止前几分钟将钱全部送到。莫布利旅馆易了主，希尔顿干起了旅馆业。他随即给母亲打电报报喜："新世界已经找到，锡斯科可谓水深港阔，第一艘大船已在此下水。"

当天晚上，莫布利旅馆全部客满，连希尔顿的床也让给客人住下了。他只好睡在办公室里。就这样，希尔顿开始了他旅馆大王的第一页。看起来好似阴差阳错，实则凸显出希尔顿灵活机变的头脑。

人生的旅程是一个不断变幻的景观，向前跨进，就会看到不同的风景，因此，我们要顺利达到自己的目的，就必须随时随地检视自己的选择是否有偏差，合理调整目标，放弃无谓的固执，轻松抵达目的地。

以己变应万变

世界上的任何事情都不会完全按照我们的主观意志发展变化。我们要获得成功，就要首先认识事情的性质和特点，然后根据实际情况调整自己的思路和行为方式。只有如此，我们才能在顺应事物变化的同时，驾驭变化。

动物学家们在做青蛙与蜥蜴的比较实验时发现：青蛙在捕食时，四平八稳、目不斜视、呆若木鸡，直到有小虫子自动飞到它的嘴边时，才猛地伸出舌头，黏住飞虫吃下去。之后，它又开始那目不斜视的等待，看得出来，青蛙是在"等饭吃"。而蜥蜴则完全不同，它们整天奔忙在私人住宅区、老式办公楼、蓄水池边等地方，四处游荡搜寻猎物。一旦发现目标，它们就会狂奔猛追，直到吃到嘴里为止。吃完后，它们在略做休息、喝口水后，就整装待发，又去"找饭吃"了。

我们不妨将青蛙与蜥蜴的捕食方法当作两种不同的处世风格。青蛙的捕食方法也有可能会吃饱，但它对环境的依赖性过高，不能对随时变化的环境做出迅速的反应，池塘一旦干涸，青蛙也就消失了；而蜥蜴的方法却很灵活，它们能够快速适应变化的环境，所以，即使这一片池塘干涸了，蜥蜴仍能够活跃在另一个池塘边。

我们生活的社会瞬息万变，别人在变，自己不变，自己就会成为别人的垫脚石；环境改变，自己不变，最后只能惨遭淘汰。

改变自己，然后才能改变命运。有时候，迫切应该改变的或许不是环境，而是我们自己。不学会去变，或者没有能力去变，终将被社会淘汰。

第二节　面对危机，应变有道

缜密推理，摆脱困境

想了解或者想告诉别人事情的真相，口说无凭，在找不着证据的情况下，就按照事情发展变化的逻辑，层层推理，同样能让人心服口服。

晋文公在位的时候，曾遇到过一起发生在自己身边的陷害案。

一天，一个侍从在御膳间端了一盘烤肉，恭恭敬敬送到晋文公面前请其就餐。晋文公拿起餐刀正准备切肉，忽然发现肉上沾着不少头发。他立即放下手中的小刀，命人去找膳吏。

那个膳吏看到传召的侍从脸色不好，一路上不停地琢磨这次晋王召见的原因。究竟是刚送去的烤肉火功不够，还是烧烤时用料不当、口味欠佳呢？

他哪知道一见晋文公就遭到一阵责骂。晋文公气势汹汹地说道："你是

230

存心想噎死我吗？为什么在烤肉上有这么多头发？"

膳吏一听，原来发生了一件自己没有料到的祸事。虽然他明知道这件事里面有鬼，但在君王的气头上是不能辩白的，否则如果把握不好，很容易招致横祸。因此，膳吏急忙跪拜叩头，口中却似是而非、旁敲侧击地说道："请君王息怒，奴才真是该死。烤肉上缠着头发，我有三条罪责。我用最好的磨石把刀磨得比利剑还快，它切肉如泥，可就是切不断毛发，这是我的第一大罪过。我在用木棍去穿肉块的时候，竟然没有发现肉上有一根毛发，这是我的第二大罪过。我守着炭火通红、烈焰炙人的炉子把肉烤得油光可鉴、吱吱有声、香味扑鼻，然而就是烤不焦、烧不掉肉上的毛发，这是我的第三大罪过。不过我还想补充一句，您是一位明察秋毫的贤明君主，您能不能把堂下的臣仆观察一遍，看看其中是否有恨我的人呢？"

晋文公觉得膳吏所言话外有音，所以对案情产生了怀疑。他立即召集属下进行追问，不出膳吏所料，果然找出了那个想陷害膳吏的侍从。晋文公下令杀了那个人。

这个聪明的膳吏在危机面前，正是由于推理缜密，向晋文公证明了自己绝无可能是放头发的那个人，若他一味申辩，晋文公则会恼羞成怒，膳吏怕是小命也难保了。

三国时期，吴国的国君孙亮的思维判断能力也非常令人折服。孙亮非常聪明，观察和分析事物都非常深入细致，常常能使疑难事物得出正确的结论，为一般人所不及。

一次，孙亮想要吃生梅子，吩咐黄门官去库房把浸着蜂蜜的蜜汁梅取来。这个黄门官心术不正而且心胸狭窄，是个喜欢记仇的小人。他和掌管库房的库吏素有嫌隙，平时两人见面经常发生口角。他怀恨在心，一直伺机报复。这次可让他逮到机会了，他从库吏那里取了蜜汁梅后，悄悄找了几颗老鼠屎放了进去，然后才拿去给孙亮。

不出他所料，孙亮没吃几口就发现蜂蜜里面有老鼠屎，果然勃然大怒："是谁这么大胆，竟敢欺负到我的头上，简直反了！"

心怀鬼胎的黄门官忙跪下奏道："库吏一向不忠于职责，常常游手好闲，四处闲逛，一定是他的渎职才使老鼠屎掉进了蜂蜜里，既败坏主公的雅兴又有损您的健康，实在是罪不容恕，请您治他的罪，好好教训教训他！"

孙亮马上将库吏召来审问老鼠屎的情况，问他道："刚才黄门官是不是从你那里取的蜜呢？"

库吏早就吓得脸色惨白，他磕头如捣蒜，结结巴巴地回答说："是……是的，但是我给他……的时候，里面……里面肯定没有老鼠屎。"

黄门官抢着说："不对！库吏是在撒谎，老鼠屎早就在蜜中了！"

两人争执不下，都说自己说的是真话。

侍中官习玄和张邠出主意说："既然黄门官和库吏争不出个结果，分不清到底是谁的罪责，不如把他们俩都关押起来，一起治罪。"

孙亮略一沉思，微笑着说："其实，要弄清楚老鼠屎是谁放的这件事很简单，只要把老鼠屎剖开就可以了。"

他叫人当着大家的面把老鼠屎切开，大家仔细一看，只见老鼠屎外面沾着一层蜂蜜，是湿润的，里面却是干燥的。

孙亮笑着解释说："如果老鼠屎早就掉在蜜中，浸的时间长了，一定早湿透了。现在它却是内干外湿，很明显是黄门官刚放进去的，这样陷害，实在是太不像话了！"

这时的黄门官早吓昏了头，跪在地上如实交代了陷害库吏、欺君罔上的罪行。

每种事物都有其发展、变化的内在逻辑性，将之逐一展示，环环相扣的事实能揭示真相，令人信服，使无辜者摆脱困境。

隐藏自我，无为之治

庄子说："直木先伐，甘井先竭。"意思是人们伐木时多半选挺直的树木，因而使之遭到破坏；吃水也会选择甘甜的井水，因而使之干涸。因此，做人一定要会隐藏自我，即使必须抛头露面，也可奉行无为之治。这样或许会无功，但绝对不会有过，也就绝对不会惹来麻烦。

三国有一个又瘦又黑的司马懿，当曹爽掌权时，就伪装成重病在身，耳聋目呆的样子，曹爽看他有病将亡，就不把他放在心上。当曹爽外出时，司马懿就发动政变，杀了曹爽，夺得军政大权。

人都有一颗不安分的心，时间一长，不免不愿受人控制，总想自己干一番事业，因此，要在高位上做到无所作为真是一件很不容易的事。

汉景帝时，郎中令中，有个叫周文的。最初，他是文帝的御医，后来被任命为太子的医生。太子即位，成了景帝，他就被升为郎中令。周文言谈十分谨慎，他总是穿着补丁衣服，故意弄得很邋遢。这样，景帝很放心，连寝室都让他随便出入，做房事时也让他在旁边侍候。景帝每问他对于臣儒们的意见时，他就说："请您自己判断吧"，从不说牵扯大臣们命运的话，为此景帝两次专程去访问，表示敬意。

武帝即位后，他作为先帝的宠臣仍很受器重。像周文这样能被三个皇帝器重的"不倒翁"，靠的是什么？当然是隐藏自己，不露声色。试想，换了别人，他看了皇帝的房事出门来会对另外的人说吗？一说，就要被杀头。再者，他与皇帝那样亲近，官居郎中令，却一点儿也不过问朝政，这不是无为又是什么呢？

但无所作为这种做法，若用之不当，也不能起到应有的效果。

张作霖当了大帅后，要论功行赏，大封部下，但手下的一个秘书长，却被撤了职。几个朋友替秘书长去说情："大帅待人一向厚道，秘书长撤职后，未派其他差使，生活都成问题。"张作霖说："我对他并没有什么，不过他做了8年的秘书长，没有同我抬过一回杠，难道我8年之中，就没有做错一件事吗？这样的秘书长，又有何益？"

周文与这个秘书长，采用了相同的方法，两者结果却大不相同。看来，应用应变学也要从实际出发，不可死搬硬套啊！

随机转变，化险为夷

"人有失足，马有失蹄。"但有时错失会给人带来杀身之祸。只有及时而巧妙地挽回错失，才能处于安全境地。

据说，司马昭与阮籍有一次同上早朝，忽然有侍者前来报告："有人杀死了母亲！"

放荡不羁的阮籍不假思索便说："杀父亲也就罢了，怎么能杀母亲呢？"

此言一出，满朝文武大哗，认为他"有悖孝道"。阮籍也意识到自己言语的失误，忙解释说："我的意思是说，禽兽只知其母而不知其父。杀父就如同禽兽一般，杀死母亲呢，就连禽兽也不如了。"

一席话，竟使众人无可辩驳，阮籍也因此避免了杀身之祸。

当然，有时候仅靠口舌解释难以挽回失误，这时就要动脑筋采取适当的行动了。

郭德成是元末明初人，他性格豁达，十分机敏，特别喜爱喝酒。在元末动乱的年代里，他和哥哥郭兴一起随朱元璋转战沙场，立了不少战功。

朱元璋做了明朝开国皇帝后，原先的将领纷纷加官晋爵，待遇优厚，成为朝中达官贵人。郭德成仅仅做了戏骑舍人这样一个普通的官员。

一次，朱元璋召见郭德成，说道："德成啊，你的功劳不小，我让你做个大官吧。"

郭德成连忙推辞说："感谢皇上对我的厚爱，但是我脑袋瓜不灵，整天不问政事，只知道喝酒，一旦做大官，那不是害了国家又害了自己嘛！"

朱元璋见他辞官坚决，内心赞叹，于是将大量好酒和钱财赏给郭德成，还经常邀请郭德成到皇家后花园喝酒。

一次，郭德成兴冲冲赶到皇家后花园陪朱元璋喝酒。眼见花园内景色优美，桌上美酒香味四溢，他忍不住酒性大发，连声说道："好酒，好酒！"随即陪朱元璋喝起酒来。

杯来盏去，渐渐地，郭德成脸色发红，醉眼蒙眬，但他依然一杯接一杯喝个不停。眼看时间不早，郭德成烂醉如泥，踉踉跄跄地走到朱元璋面前，弯下身子，低头辞谢，结结巴巴地说道："谢谢皇上赏酒！"

朱元璋见他醉态十足，衣冠不整，头发纷乱，笑道："看你头发披散，语无伦次，真是个醉鬼疯汉。"

郭德成摸了摸散乱的头发，脱口而出："皇上，我最恨这乱糟糟的头发，要是剃成光头，那才痛快呢。"

朱元璋一听此话，脸涨得通红，心想，这小子怎么敢这样大胆地侮辱自己。他正想发怒，看见郭德成仍然傻乎乎地说着，便沉默下来，转而一想：也许是郭德成酒后失言，不妨冷静观察，以后再整治他不迟。想到这里，朱元璋虽然闷闷不乐，还是高抬贵手，让郭德成回了家。

郭德成酒醉醒来，一想到自己在皇上面前失言，恐惧万分，冷汗直流。原来，朱元璋少时在皇觉寺做和尚，最忌讳的就是"光""僧"等字眼。郭德成怎么也想不到，今天这样糊涂、这样大胆，竟然戳了皇上的痛处。

郭德成知道朱元璋对这件事不会轻易放过，自己以后难免有杀身之祸，怎么办呢？他深深地思考着：向皇上解释，不行，更会增加皇上的嫉恨；不解释，自己已经铸成大错。难道真的要为这事赔上身家性命不成？郭德成左右为难，苦苦地为保全自身寻找妙计。

过了几天，郭德成继续喝酒，狂放不羁，和过去一样，只是进寺庙剃光了头，真的做了和尚，整日身披袈裟，念着佛经。

朱元璋看见郭德成真做了和尚，心中的疑虑、嫉恨全消，还向自己的妃子赞叹说："德成真是个奇男子，原先我以为他讨厌头发是假，想不到真是个醉鬼和尚。"说完，哈哈大笑。

后来，朱元璋猜忌有功之臣，原来的许多大将们纷纷被他找借口杀掉了，而郭德成竟保全了性命。这是由于他能够从小的祸事看到以后事态的发展，提前避祸，才不至于招来杀身之祸。

加之不怒，宠辱不惊

生活中每个人都有被陷害、被冤枉或被误解的时候，当发现有人攻击和诬陷我们的时候，不要惊慌，要冷静地进行解释和辩解，尽快消除一切误会，这样才能保护自己的利益。

战国时候，张仪和陈轸都投靠到秦惠王门下，受到重用。

不久，张仪便产生了嫉妒心，因为他发现陈轸很有才干，甚至比自己还要强，他担心日子一长，秦王会冷落自己，喜欢陈轸。

于是，他便找机会在秦王面前说陈轸的坏话，进谗言。

一天，张仪对秦惠王说："大王经常让陈轸往来于秦国和楚国之间，可现在楚国对秦国并不比以前友好，但对陈轸却特别好。可见陈轸的所作所为全是为了他自己，并不是诚心诚意为我们秦国做事。听说陈轸还常常把秦国的机密泄露给楚国。作为您的臣子，怎么能这样做呢？我不愿再同这样的人在一起做事。最近我又听说他打算离开秦国到楚国去。要是这样，大王还不如杀掉他。"

听了张仪的这番话，秦王自然很生气，马上传令召见陈轸。一见面，秦王就对陈轸说："听说你想离开我这儿，准备上哪儿去呢？告诉我吧，我好为你准备车马呀！"

陈轸一听莫名其妙，两眼直盯着秦王。但他很快明白了，这里面话中有话，于是镇定地回答："我准备到楚国去。"

果然如此！秦王对张仪的话更加相信了。于是慢条斯理地说："那张仪的话是真的。"

原来是张仪在捣鬼！陈轸心里完全清楚了。他没有马上回答秦王的话，而是定了定神，然后不慌不忙地解释说："这事不单是张仪知道，连过路的人都知道。我如果不忠于大王您，楚王又怎么会要我做他的臣子呢？我一片忠心，却被怀疑，我不去楚国又到哪里去呢？"

秦王听了，觉得有理，点头称是，但又想起张仪讲的泄密的事，便又问："既然这样，那你为什么将我秦国的机密泄露给楚国呢？"

陈轸坦然一笑，对秦王说："大王，我这样做，正是为了顺从张仪的计谋，用来证明我是不是楚国的同党呀！"

秦王一听，却糊涂了，望着陈轸发愣。

陈轸还是不紧不慢地说："据说楚国有个人有两个妾。有人勾引那个年纪大一些的妾，却被那个妾大骂了一顿。他又去勾引那个年纪轻一点的妾，年轻的对他很友好。后来，楚国那个人死了。有人就问那个勾引两个妾的：'如果你要娶她们做妻子的话，是娶那个年纪大的呢，还是娶那个年纪轻的呢？'他回答说：'娶那个年纪大些的。'这个人又问他：'年纪大的骂你，年纪轻的喜欢你，你为什么要娶那个年纪大的呢？'他说：'处在她那时的地位，我当然希望她答应我。她骂我，说明她对丈夫很忠诚。现在要做我的妻子了，我当然也希望她对我忠贞不贰，而对那些勾引她的人破口大骂。'大王您想想看，我身为楚国的臣子，如果我常把秦国的机密泄露给楚国，楚国会信任我、重用我吗？楚国会收留我吗？我是不是楚国的同党，大王您该明白了吧？"

秦惠王听陈轸这么一说，不仅消除了疑虑，而且更加信任陈轸，给了他更优厚的待遇。陈轸巧妙的一席话，既击破了谗言，又保全了自己。

临危不乱，以智取胜

在危及自己生命的紧要关头，力争机智自保。

朱元璋打败陈友谅、张士诚，定鼎南京，建号称帝，由刘伯温亲自选定风水宝地，开工兴建宫殿。朱元璋住进建好的皇宫后，没事便到处走走，熟悉一下环境。

一天他走到一间刚完工的大殿里，看着雕梁画栋、金碧辉煌，回想自己当年当和尚的情景，不禁感慨丛生，四下顾望无人，便信口把心中所想说了出来："唉，我当年不过为饥寒所迫，想当个盗贼，沿江抢掠些金银财物而已，哪曾想能有今日这番气象。"

说完后，仰面观看棚壁，却吓了一跳。原来有一个漆匠正在一个大梁上做最后的油漆工作，由于梁木宽大，朱元璋先前竟没发现他。

朱元璋马上意识到自己一时冲动失言，一番只能藏在心底，不能让任何人知道的真实想法可能都已经落入这名漆匠耳中了。如果不杀人灭口，势必会传扬得四海皆知，那可是丢人丢脸又不利于自己以天命愚弄百姓的大事。

他开口让那名漆匠下来，连喊了几遍，漆匠充耳不闻，继续慢条斯理地做着手中的活。朱元璋大怒，加大了音量喊，那名漆匠仿佛才听到声音，忙下来跪在朱元璋面前，叩头说："小人不知陛下驾到，没有及时避开，冒犯了陛下，请陛下恕罪。"

朱元璋怒声道："你耳聋了怎的？我叫了你几遍你都不下来？"

漆匠叩头说："陛下真是英明皇帝，连小人耳朵有点儿聋都知道。陛下圣明，这是小人和万民的莫大福分。"

朱元璋生性多疑，但看漆匠脸上神色并无太大变化，心想他骤然听到这样大的秘密，自然知道厉害，不吓得掉下来，也会面无人色，不会如此平静，看来他真是耳朵有些不灵敏的人呢。

也是朱元璋心情好，见漆匠把自己的宫殿活做得也不错，又很会说话，便摆摆手让他继续干活。

这名漆匠当晚找个借口逃出皇宫，连夜逃回家中，携带妻小远避他乡。而朱元璋后来因为国事繁忙，根本记不得这件事了。

那名漆匠骤然听到天大的秘密却不惊不慌的态度，真有"泰山崩于前而色不变"的大将风度，马上又想到用耳聋来保护自己。这份机智也是人所难及的。

善意谎言，化险为夷

有些时候，面对极其不利的事情，危难压境，群心恻然，这时不如来点善意的谎言，重新点燃大家的希望，反而比道出实情更能使事情往积极的方向发展。

北宋年间，朝廷遣能征惯战的将军狄青领兵南征。当时朝廷中主和、妥协派势力颇强，狄青所部亦有些将领怯战，有的甚至散播谣言，说"梦见神人指示，宋兵南征必败"。军中不少有迷信思想的官兵尽皆惶然，笃信此次南征"凶多吉少，难操胜券"，一时军心涣散。狄青一再训说："我军乃正义之师，战必胜，攻必克。"无奈官兵迷信思想极重，收效甚微。

为此，狄青和几员心腹大将十分忧虑。大军途经桂林，恰逢大雨滂沱，一连数天，乌云蔽日，无法行军。此时军中谣言更甚，都说出师不利，天降凶雨，旨在回师……

这天黄昏，狄青带领几员偏将冒雨巡视，路经一座古庙，见冒雨进香占卜者不少，便进庙询问。庙中和尚说，都说这座庙神佛灵验，有求必应，所以终年拜佛占卜者络绎不绝。

狄青听罢，心中顿生妙计。次日清晨，他全身披挂，领将士入庙拜佛，虔诚地供香跪拜后，便对将士们说："本帅当众占卜一卦，欲知南征凶吉。"说毕，他请庙祝捧出百枚铜钱，说明一面涂红，一面涂黑，然后当众合掌祈祷："狄青此次出兵南征，如能大获全胜，百枚铜钱当红面向上！"只见他将铜钱一掷，落地有声，果然全都是红色。将士们惊异万分，兴高采烈，奔走相告，一时士气大振。

狄青当即下令不准再动铜钱，以免冒犯神灵，同时令心腹将士取来百枚长钉，把铜钱牢钉在地，然后对全军说道："此战必胜，这是上天助我！等到班师之日，再来感谢神灵取钱吧！"

第二天雨过天晴，宋军士气高昂，直压边境。两军对阵，宋军将士无不奋勇当先，所向披靡，直把入侵者杀得丢盔弃甲，溃不成军，乖乖地立下降书，自称永不敢再犯大宋边境。

宋军班师回朝，狄青高兴地带领一班将校到古庙谢神还愿，拔钉取钱时，一位偏将忽然惊呼："奇怪，奇怪！这百枚铜钱怎么两面都是红色？"

狄青哈哈大笑道："此举绝非神灵，其实是本将军借神佛之灵，鼓舞士气罢了！"此时大家才恍然大悟，原来狄将军私下和几位心腹将士暗将铜钱两面都涂成红色，故弄玄虚，利用将士们的迷信心理，化厌战情绪为勇战情绪，一鼓作气战胜侵略军。

以上故事深有启发，只要我们开动智慧的头脑，抓住人们的心理，利用契机进行正面的暗示，就一定能唤起大家的力量，让我们无往不利。

第八章

做人宜持守，做事当善变

第一节　识时务者为俊杰，通机变者为英豪

静观全局

把自己藏在别人注意不到的地方，别人在明我在暗，不仅能看清局势，且不易受人干扰。被人忽视的最大好处就是可以积累自己的实力。

"一鸣惊人"的故事，就是一个很好的例子。

春秋战国时期的楚庄王即位后，不理国政，每日不是在宫中奏乐饮酒，与妃妾们寻欢作乐，便是率领卫士于深山大泽中打猎。

楚国的大臣们纷纷劝谏，楚庄王置之不理，我行我素。

国王不理朝政，下面自然乱作一团：权臣们借机树党争权，小人们则逢迎拍马，捞取官职，贪官们更是浑水摸鱼、中饱私囊。楚国的政治陷入了混乱无序的状态。

楚国的大夫伍举实在忍不住了，决定入宫进谏。他入宫见到楚王时，楚庄王正一边喝着美酒，一边听乐师们奏乐。见到伍举，楚庄王问道："大夫是想喝美酒，还是要听奏乐？"

伍举笑道："臣既不想喝酒，也不想听奏乐，臣听人们说大王智慧过

人，所以想请大王猜个谜语。"

"在楚国的一座高山上，停落一只大鸟，它羽毛五彩缤纷，异常华丽，可是三年来它既不鸣叫，也不飞走，臣实在不明白其中的原因。"

楚庄王沉思片刻，说道："这不是一只平凡的鸟，它三年不鸣，是在积蓄自己的力量；三年不飞，是等待看清方向。这只鸟不鸣则已，一鸣惊人；不飞则已，一飞冲天。你去吧，你的意思我都明白了。"

伍举听完楚庄王的解释后非常高兴，他知道了国王是很有头脑的人，他是在等待时机，而绝不是一个沉溺于酒色的荒淫君主，楚国还是大有希望的。

几个月过去了，楚庄王不但没有丝毫改变，反而更加荒淫无度。伍举的朋友苏从感觉到了欺骗，他全无顾忌，舍身直闯王宫，直言进谏："您身为国王，不理国政，只知道享受声色犬马之乐，却不知道乐在眼前，忧在不远，不久就会民众叛于内、敌国攻于外，楚国离灭亡不远了。"

楚庄王勃然大怒，拔出长剑，指着苏从的鼻尖，厉声叱道："难道你不怕死吗？"

苏从凛然正色道："假如我的死能让君王悔悟，能让楚国富强，我的死就是值得的。"

楚庄王看了苏从半晌，忽然扔下长剑道："我等的就是大夫这样忠于国家、不怕死的栋梁。"他挥手斥退舞女，与苏从谈论起楚国的政务。苏从这才惊异地发现：国王对国家上下的了解比自己还要多。

楚庄王随后发布一系列政令，把那些谄谀小人、贪官和不称职的官员该杀的杀，该罢职的罢职，把那些包括伍举、苏从在内的忠于国家、有才能、刚直不阿的人提拔上来。一番改革后，楚国的政治从贪浊混乱走到清明。

楚国国内基础巩固后，国力日渐强盛，最后楚庄王成为"春秋五霸"之一。

个性不可随意张扬

即使是再"可爱"的个性，随意张扬也会招人厌恶。你的个性到了某些环境里，也许如鱼得水，可以淋漓尽致地发挥，但多数人都是普通人，尤其是在互相不了解的情况下往往为人误解，做人还是平和点好。

若一个人太自负了，就很容易陷入一种莫名其妙的自我陶醉之中，变得自高自大起来，他会无视所有人对他的不满和提醒，终日沉浸在自我满足之中，对一切功名利禄都要捷足先登，这样的人反而永远也得不到人们对他的理解和尊重。

自傲者对自我失去了客观评价，觉得在这个世界上，唯我最大，舍我其谁，一副不知天高地厚的架势，以显示自己伟大的魄力和气度。可是靠说空话解决不了任何问题，反而会因为不自量力，最终害了自己。

一只蝴蝶与一只苍蝇同时落在桌子上一本打开的书上，这是一本哲学书。

蝴蝶指着打开的书说："看看吧，上面是这么写的：一只蝴蝶在大洋的另一边扇动翅膀，可能会引起美国气候的改变。看到没有，可以引起美国气候的改变，以前我不知道自己有这个能力，没想到我是这么的厉害。现在我还怕什么人类，我只消轻轻地扇动一下我的翅膀，哈哈，他们就会被吹到九霄云外……"

"可是，可是，你以前吹走过人吗？"苍蝇打断他的话。

"那是因为我以前不知道，也没有试过，不自信。现在我很有自信，让我们去找个人试试，我要打败人类，我们蝴蝶要统治世界。哈哈……"蝴蝶狂笑着。

这时，一只蜘蛛出现了，苍蝇看到后飞了起来，叫蝴蝶："快逃跑啊，有蜘蛛！"蝴蝶很傲慢地看了蜘蛛一眼："哼！我要打败人类，一只小小的蜘蛛能拿我怎么样？正好拿你做试验，看我不把你扇到世界的尽头去！"

蝴蝶不但不飞走，反而扇动着翅膀非常自信地向蜘蛛走去，结果被黏在蜘蛛网上，看着蜘蛛一步步向它靠近……

苍蝇叹了口气，飞走了。

风轻轻地吹进书房，哲学书翻到了下一页……

自负的蝴蝶终于付出了惨重的代价，原以为自己很渺小的蝴蝶竟然在看了一本哲学书后断送了自己的性命，这不能不说是蝴蝶的咎由自取。试想，若蝴蝶对哲学书断章取义，若蝴蝶能够听得进苍蝇的劝阻，至少，它不会如此轻易地提前结束生命的旅程。

以逸待劳，择时而动

"逸"并非无所事事，而是等待时机时所做的必要的精神准备。以逸待劳是一种高明的韬晦之道，可以最大限度地节省精力和时间，看似消极平静，实则精细机敏。

晋朝时的奇人王猛年轻时，曾经路过后赵的都城，徐统见了他以后，认为他是一个了不起的人物，便召他为功曹，可王猛不仅不应徐统的征召，反而逃到西岳华山隐居起来。因为他认为凭自己的才能不应该仅仅做个功曹。所以他暂时隐居，看看社会风云的变化，等候时机的到来。

公元354年，东晋的大将军桓温带兵北伐，击败了符健的军队，把部队驻扎在灞上，王猛身穿麻短衣，径直到桓温的大营求见。桓温请他谈谈对当时社会局势的看法。王猛在大庭广众之下，一边把手伸到衣襟里去捉虱子，一边纵谈天下大事，滔滔不绝，旁若无人。

桓温见此情景，心中暗暗称奇。他问王猛："我遵照皇帝的命令，率领

10万精兵来讨伐逆贼，为百姓除害，可是关中豪杰却没有人到我这里来效劳，这是什么缘故呢？"王猛回答："您不远千里来讨伐敌寇，长安城近在眼前，您却不渡过灞水把它拿下来，大家摸不透您的心思所以不来。"王猛的话说中了桓温的心思。

桓温更觉得面前这位穷书生非同凡响，就想请王猛辅佐他。王猛却拒绝了桓温的邀请，继续隐居华山。

王猛这次拜见桓温，本来是想出山显露才华，成就一番事业的，但最后还是打消了这个念头。因为他在考察桓温和分析东晋的形势之后，认为桓温不忠于朝廷，怀有篡权野心，未必能够成功，自己在桓温那里很难有所作为。

桓温退走的第二年，前秦的苻健去世。继位的是暴君苻生。他昏庸残暴，杀人如麻。苻健的侄儿苻坚想除掉这个暴君，于是广召贤才，以壮大自己的实力。他听说王猛后，就请王猛出山。苻坚与王猛一见如故，他们谈论天下大事，双方意见不谋而合。苻坚觉得自己遇到王猛好像三国时刘备遇到了诸葛亮；王猛觉得眼前的苻坚才是值得自己一生效力的对象，于是他留在苻坚的身边出谋划策。公元357年，苻坚一举消灭了暴君苻生，自己做了前秦的君主，而王猛成了中书侍郎，掌管国家机密，参与朝廷大事。之后王猛又做了前秦的尚书左仆射辅国将军、司隶校尉，为苻坚治理天下，干出一番轰轰烈烈的大事业，成为中国封建社会杰出的政治家之一。

公元375年，王猛因病去世，苻坚为失去这位得力的助手十分痛心，经常悲伤流泪，连头发都斑白了。

平易近人，积聚人气

平易近人，是与人相处的一种技巧，也是一种修养。骄横狂妄、不可一世的人最容易树敌。一旦有了敌人，你的日子就埋下了隐患，一旦爆发，就不可收拾。

许多大人物深知平易近人的重要性。

林肯刚刚当选总统的时候，有一天接到一个小女孩的来信，信里写着："总统先生，我是葛丽丝，住在纽约州的西费尔德村，我写这封信，是想建议您留胡子。如果您留胡子，相信一定会很英俊。"

林肯给孩子回了信，用语非常恳切："葛丽丝，你好，很高兴收到你的来信。我很希望采纳你的意见，可是这样一来，可能会有许多选民不认识我了。"

过了几天，林肯又接到了小女孩的来信："总统先生，我相信别的女孩和我一样，会害怕一位没有胡子的总统。"

后来林肯搭乘火车到华盛顿就职时，顺便让火车在西费尔德村停下来，林肯站在火车尾端的车台上对蜂拥而至的民众高呼："有叫葛丽丝的女孩，你在吗？请你站出来好吗？"

一位兴奋得满脸通红的小女孩走了出来。"嗨！葛丽丝。"林肯弯下腰，由栏杆间伸出手去握住女孩的小手，并且说："你看，我特别为你留了胡子，是不是比较英俊呢？"

这件事情被人们传为美谈，林肯也从此成了"平民总统"的代表。

里根也是一位平民总统，人缘极好，幽默而且平易近人。

在一次晚宴上，有位记者见到里根总统就随意地夸他的新西服漂亮。里根说："这不是新西服，已经穿了四年了。"回到白宫后，他又打电话给那位记者说："我纠正一下，那件西服不是穿了四年，而应该是五年。"那位记者感到很惊奇，只是一句很随意的话，而作为总统的里根居然这么认真。他立刻就为里根平易近人的态度倾倒了。

很多人都觉得里根为了这样的小事打电话不好，但他自己并不这样认为，正是这些小事让人们觉得他随和、平民化而且容易接近。里根竞选总统能够获胜所依靠的就是在群众面前树立的平民总统形象。

炫耀易遭忌

所谓"花要半开，酒要半醉"，凡是鲜花盛开娇艳的时候，不是立即被人采摘而去，就是衰败的开始。炫耀除了获得一时的自我满足的快感之外，没有任何意义。

年羹尧是清代康熙、雍正年间人，他文才出众，又为朝廷屡立军功，雍正皇帝登基之初，对年羹尧非常宠爱。不但年羹尧的亲属备受恩宠，就连家仆也有通过保荐做了大官的。

年羹尧对此不但不知收敛，反而得意忘形，骄横无比，甚至蒙古王公见到他都要先下跪，因此他渐渐引起了群臣的愤怒和非议，弹劾他的奏章多似雪片。

年羹尧在军中及川陕用人自专，称为"年选"，形成庞大的年羹尧集团。而且，他在皇帝面前"无人臣礼"，藐视并进而威胁皇权，甚至有自立为帝之心。

他还令雍正帝派来的侍卫前引后随，牵马坠镫。按清代制度，凡上谕到达地方，地方大员须迎诏，行三跪九叩全礼，跪请圣安，但雍正帝的恩诏两次到西宁，年羹尧竟"不行宣读晓谕"。他在与督抚、将军往来的咨文中，擅用令谕，语气模仿皇帝。更有甚者，他曾就一些书籍代雍正帝拟就序言，要雍正帝颁布天下。

于是，群臣联合上书弹劾年羹尧，部议尽革他的官职。雍正三年十月，雍正帝命逮年羹尧来京审讯。十二月，案成。议政王大臣等定年羹尧罪共九十二款。

雍正三年十二月，皇帝差步兵统领阿尔图，来到关押年羹尧的囚室传旨说："年羹尧仰仗皇帝宠爱，骄纵炫耀无度，置国法君威于不顾，看在以往的功劳的分上，令其自裁。"

年羹尧接旨后即自杀。此案涉及年家亲属及友人，其父年遐龄、兄年希尧罢官，其子年富立斩，诸子年十五以上者遣戍极边，子孙未满十五者待至时照例发遣，族中文武官员俱革职。

年羹尧的悲惨结局发人深省。他原本有大好前程，军功赫赫，皇上重用有加，再三加官晋爵，年羹尧在此风口浪尖上不但不知收敛，反而任意招摇炫耀，终于惹来杀身之祸，也是自作自受。

厚积才能薄发

成功者都懂得"三年不鸣，一鸣惊人"的道理。知识储备是有限的，释放的能量越多，存留的能量就越少；储存的能量够深厚，释放出来的能量才够强大。

王湛是西晋开国功臣王浑的弟弟，他平时寡言少语，状类痴愚，遂以痴著名。

王湛的父亲死后，王浑不顾忌父亲的面子，一家人更觉得王湛是累赘，最后把王湛赶到父亲坟墓旁的一间小茅草房里居住。

王浑的儿子王济是当时的名士，他也不把王湛放在眼里，更不把王湛当成长辈去探望。后来，王济有一次上坟，忽然心血来潮，便去看望叔叔，在聊天之时，王湛不仅对答如流，而且"词极华美"。

王济大出意外，又和他纵论天下大事。王湛语出惊人，分析事情一针见血。

王济从小就听说叔叔痴愚，而今骤闻其高谈阔论，大为惊骇，当夜便住在叔叔的茅屋里，把酒长谈，越谈越是惊喜，一连住了好几天，自叹不如，慨叹道："家有名士三十年却没人知道。"

他临行时，王湛送到门口。王济带来的马匹中有一匹烈马，很难驾驭。王济随口问道："叔叔也懂得骑马吗？"王湛说："还算懂一些吧！"他接过烈马的缰绳，跃身上马，控御自如，骑术比那些有名的骑士技艺还要高超。王济更是觉得叔叔的才能深不可测。

王济回到家后，王浑奇怪地问："你怎么耽搁了这么多日子？"

王济回答说："儿子今天才得到一个叔叔。"

王浑更是奇怪，问他原因，王济便从头到尾细说一遍，极口夸赞王湛是名士。王浑不服气地问："比得上我吗？"

王济委婉地说："比我强多了。"

晋武帝司马炎也知道王湛的痴名，并且总喜欢拿此事与王济开玩笑。每次见到王济，总是打趣说："你那位痴叔死了没有？"王济总是无言以对。

此番王济进宫，司马炎照例打趣他："你家那位痴叔死了没有？"

王济微微一笑，昂然说道："臣叔不痴，其实是位名士。"便把自己和王湛的交谈略述一遍。

司马炎也颇为意外，问道："你叔叔比得上谁呢？"

王济答道："山涛之下，魏舒以上。"

从此王湛成为名闻天下的名士，后来当了汝南内史。

不露声色，不惹祸端

喜怒形于色，固然可以得到"率性"的美名，但暴露了自己的情绪就等于暴露了自己的心事，实在是有弊无利。

"书圣"王羲之的家族，是东晋有名的望族，他的伯父王敦当时任大将军，掌管东晋的兵马大权。

王敦虽已位极人臣，享尽荣华，但他的野心很大。王敦从未放弃过做皇帝的欲望，而他的谋士钱凤，一直在给王敦鼓动打气。二人气味相投，经常在一起商讨篡权之事。

一天早晨，王敦起床不久，钱凤就急急地来找他。二人关起门来，谈起了"谋反"的机密。

钱凤用极为神秘的口气，对王敦说着一些他刚掌握的动向。二人谈了好一阵子。王敦听了钱凤带来的情报，非常激动，猛地站起身，正要开口说话，突然停了下来。他透过窗子，看到对面房间里垂着的帐子动了一动。这使他想起侄儿王羲之还在床上睡觉。

王羲之这年才十一二岁，平时最受王敦器重。王敦把聪明机灵、悟性极高的王羲之看作王家的接班人。他经常把王羲之带在身边，留在自己府中生活。这一次，王羲之已连续几天吃住在王敦家中了。他的卧室恰好紧挨着客厅。当钱凤到来时，因为双方都紧张，王敦便把王羲之在屋里睡觉的事忘得一干二净，直到这时才想起来。王敦大惊失色，对钱凤说："羲之还在这里睡觉。我们刚才说的话，让他听去了可怎么办？"

经王敦这么一说，钱凤也急了，他说："大将军，计划泄露出去，我们死无葬身之地！量小非君子，无毒不丈夫啊！干脆一不做，二不休……"

听了钱凤的话，王敦想了又想，最后终于心一横说："对，不能儿女情长。"转头向着王羲之睡觉的那个房间点点头。"羲儿呀，你就莫怪我这做伯伯的无情无义了！"王敦说着，拔出了宝剑，提剑直奔王羲之睡觉的床前。

王敦撩起帐子，忽然看见王羲之睡得正香甜。王敦掀起帐子，王羲之也毫无反应。王敦看着十分钟爱的侄儿，庆幸自己的密谋并没有被侄儿听去，于是，打消了杀侄儿的念头。王敦收回宝剑，插入鞘中，走了出去。

其实打钱凤进门时起，王羲之就醒了，无意中偷听到了伯父与钱凤的话。很快，王羲之意识到了自己的处境非常危险，幸亏他及时使自己平静下来，神态自若，完全像睡着一样，一点儿破绽也没有露出来，王敦才没有下手。

让敌人轻看，让自己安全

被领导重视是好事，被敌人重视——小心了，他随时都在虎视眈眈地盯着你，你稍有不慎就会遭到攻击。让敌人轻视自己，则会让敌人对自己放松警惕，自然安全的多。

《三国演义》中有一段"曹操煮酒论英雄"的故事。刘备落难投靠曹操，曹操收留了刘备，却并没有对刘备完全放心。曹操生性多疑，他害怕刘备有朝一日重整旗鼓，会和自己争天下。刘备住在许都，为防曹操猜忌，就在后园种菜，每日亲自浇灌，做出一副躲避世事纷扰的样子来迷惑曹操。

一日，曹操约刘备入府饮酒，以龙喻人，评论谁为当世之英雄。曹操征求刘备的意见，刘备点遍袁术、袁绍、刘表、孙策、刘璋、张绣、张鲁、韩遂，均被曹操一一贬低。曹操指出英雄的标准是："胸怀大志，腹有良谋，有包藏宇宙之机，吞吐天地之志。"刘备问："谁人当之？"曹操意味深长地一笑，说自己与刘备才是英雄。刘备以为曹操看破了自己的心事，吓得把匙箸也丢落到了地下，恰好当时大雨将至，雷声大作。刘备拾起匙箸，战战兢兢地说："一震之威，乃至于此。"曹操哈哈大笑，大大减轻了对刘备的戒意，认定天下再无人能与己争。

在强者面前，尤其是与自己有利益冲突的强者面前，一定要示弱，满足对方的成就感和虚荣心，为自己争得安全。

刘邦入函谷关后，他的手下将官曹无伤想投靠项羽，偷偷地派人到项羽那儿去告密，说："这次沛公进入咸阳，是想在关中做王。"

项羽听了，就下决心要把刘邦的兵力消灭。那时候，项羽的兵马四十万，驻扎在鸿门；刘邦的兵马只有十万，驻扎在灞上。双方相隔只有四十里地，兵力悬殊。刘邦的处境十分危险。

刘邦得知项羽的想法后，带着张良、樊哙和一百多个随从，到了鸿门拜见项羽。刘邦说："我跟将军同心协力攻打秦国，将军在河北，我在河南。我自己也没有想到能够先进了关。今天在这儿和将军相见，真是件令人高兴的事。哪知道有人在您面前挑拨，叫您生了气，这实在太不幸了。"

项羽见刘邦低声下气向他说话，满肚子气都消了。他相信了刘邦的服弱之心，还把曹无伤也供了出来。

当天，项羽就留刘邦在军营喝酒，还请范增、项伯、张良作陪。

酒席上，范增一再向项羽使眼色，并且举起他身上佩戴的玉玦，要项羽下决心，趁机把刘邦杀掉，可是项羽只当没看见。

后来刘邦的车夫樊哙到项羽帐中，说了一番替刘邦示弱、骂项羽欺人太甚的话，直说得项羽无言以对，觉得不该对"弱小"的刘邦下狠手。

经过刘邦这一番自轻自贱，项羽完全不把他视为与自己争天下的敌人了，心一软，把他给放了。

虽然居功，不可自傲

功劳不用自己说，大家心里都明了。居功自傲不仅会在大家心目中留下不好的印象，抵消曾经的功劳，还容易招致反感和忌恨。

明朝的开国功臣徐达就很明白这个道理，他虽功高过人，却仍恭谨谦和，最终得以善终。

徐达出生于濠州（今安徽凤阳）一个农家，儿时曾与后来做了大明皇帝的朱元璋一起放牛。他有勇有谋，为明朝的创建立下赫赫战功，深得朱元璋宠爱。

徐达虽战功累累，却从不居功自傲。他每年春天挂帅出征，暮冬之际还朝。回来后立即将帅印交还，回到家里过着极为俭朴的生活。

朱元璋曾对他说："徐达兄建立了盖世奇功，从未好好休息过，我就把过去的旧宅邸赐给你，让你好好享几年清福吧。"

朱元璋口中的这些旧邸，是其登基前当吴王时居住的府邸，徐达不肯接受。朱元璋请徐达到旧府邸饮酒，将其灌醉。徐达半夜酒醒问周围的人自己住的是什么地方，内侍说："这是旧邸。"

徐达大吃一惊，连忙跳下床，伏在地上自呼死罪。朱元璋见其如此谦恭，心里十分高兴，即命人在此旧邸前修建一所宅第，门前立一牌坊，并亲书"大功"二字。

朱元璋曾赐予徐达一块沙洲，由于正处于农民水路必经之地，徐达的家臣以此擅谋其利。徐达知道后，立即将此地上缴官府。

1385年，徐达病逝于南京。朱元璋为之辍朝，悲恸不已，追封徐达为中山王，并将其肖像陈列于功臣庙第一位，称之为"开国功臣第一"。

朱元璋登基后，从1380年至1390年，因清洗丞相胡惟庸牵连被杀的功臣、官僚共达3万人；1393年，有赫赫战功的将领蓝玉及其有关的人士均被杀，先后牵连被杀的竟有1万~5万多人；洪武十五年的空印案，洪武十八年的郭桓案，被杀者更多达8万之多。

朱元璋为强化其统治用严刑重罚，杀了包括功臣在内的十多万人，从小与朱元璋在一起的徐达，当然十分清楚"伴君如伴虎"的道理。如果居功自傲，无异于引火烧身。

倚仗自己曾有的贡献不知收敛，终会引祸上身。

暂时的隐匿，只为日后的崛起

日本著名科学家系川英夫在他所著的《一位开拓者的思考》一书中，讲了一段极富哲理的话："人生的重挫酷似游客翻船，为使身体不致被水流动所产生的吸力紧紧地吸附于船底，造成窒息性死亡，就要在落水后借助坠落的劲儿蜷缩身体一沉到底，然后再顺着水流浮出水面，以求摆脱葬身鱼腹的命运。"

这里的"蜷缩身体""一沉到底"，看上去好像非常卑微、猥琐，一副无所作为、听天由命的样子，其实是最好的求生之道。如果不顾客观实际，落水之后就拼命地胡乱扑腾，那只能是事与愿违，落得个葬身鱼腹的下场。

同样的道理，当人生处于逆境时，如果硬要违背客观规律，非要蛮干硬顶，结果不仅无助于事情的解决，反而会加剧事态的进一步恶化。按照系川英夫的观点，逆境之中最关键的就是顺应所处的环境并暗中积蓄力量。这一点恰好暗合"韬光养晦"的道理。

韬光养晦，是说隐藏自己的才能，不使其外露。作为一条军事谋略，则是指在对敌斗争中，要通过各种欺骗的手段，表面上收敛锋芒，隐蔽实力和企图，解除对敌方所造成的威胁感，麻痹其意，等待合适的时机，再图大举。

由此可见，韬光养晦并不是一味消极等待，而是通过暂时的隐匿，以图日后的崛起。

1966年1月，印度总理夏斯特里突然去世。消息传出，印度政坛各派便摩拳擦掌，试图在角逐新总理职位中过关斩将，一举成功。

当时，处于争夺总理职位的人是国大党派最有资历的德赛和代总理南达。而英迪拉就其政治实力而言，位居下风。英迪拉向她的幕僚们表示了角逐总理职位的雄心。然而，对手十分强大，如何才能实现政坛登龙的夙愿呢？在冷静的分析之后，英迪拉决定不过早地投入角逐，韬光养晦，等到政敌们两败俱伤时再予以出击。主意已定，她按兵不动，超然自若，好像无意参加角逐，而暗地里她却在养精蓄锐，等待时机到来。

形势的发展果然如英迪拉之所料。德赛骄横固执，以唯一候选人的身份自居，不愿与人分享权力。德赛的表现大伤人心，尤其伤害了党内辛迪加派的感情。辛迪加派在党内和政府中有较大的势力，并且擅长于幕后操纵。辛迪加派对德赛的表现很不满，决定阻止德赛上台，并开始物色新的候选人。

当时的代总理南达也不甘示弱，四处奔走为其升任正式总理摇唇鼓舌，与其政敌斗得你死我活。各派争斗越发激烈，互相攻击各不相让。在一旁静观的英迪拉由于没有过早地出击，政坛各派以为她无意问津，因而无人向她发难。

在公众心目中她仍是一个有谦恭风范的政治家。在局势快要明朗的情况下，英迪拉不失时机地开始行动。她凭借大名鼎鼎的尼赫鲁之女的特殊身份，党内各派及社会舆论对她无恶感等有利条件，施展其卓越的政治才华。她说服了辛迪加派和担心专横的德赛上台的人，并得到了他们的支持。接着，她又利用政治手腕把国大党的多数党员笼络在自己的麾下。经过辛迪加派的疏通，国大党执政的10个邦的首席部长表示愿意支持英迪拉。南达见称雄政坛无望便退出了竞选。唯有德赛欲与英迪拉决一死战。德赛对英迪拉大肆攻击和谩骂，意在抓住英迪拉反击时露出的破绽而大做文章。而英迪拉仍然保持谦和的风度，令公众舆论大加赞赏。

结果英迪拉以压倒性的优势当选为印度总理。

英迪拉的成功之处在于她处于劣弱时善于守拙，深藏不露，静待时机。当政敌互相倾轧而元气大伤时，她果断出击，大做文章，最终顺利地登上了最高权力的宝座。

第二节　善变之中得转机，善变之中得事成

麻痹对手，抢得先机

在竞争对手面前，利用有效的方式麻痹对方，令其放松警惕，常常能抢得制胜的先机。

明武宗因为自己没有儿子，所以在病死前，决定让两个亲王中的一个继位，然而究竟立谁为好呢？他想了一个法子，立下遗诏，同时给两个亲王发出。遗诏中规定：先到京者为君，后到京者为臣。这两个亲王，一个是冀王，冀王府在河北，离北京只有一二百里；另一个是兴王，兴王府在湖广，离北京有一两千里。如此同时下诏，等兴王府接到诏书的时候，冀王早就入京为君了，可见武宗想立的是冀王，而不是兴王。然而结果是，兴王抢先入京做了皇帝。这是何故呢？

事实上，当兴王府接到诏书的时候，冀王已经在入都称帝的途中了。兴王朱厚熜听到这个消息，心灰意冷，打消了当皇帝的念头。

一天，他百无聊赖地在大街转悠，遇到一个摆地摊测字的先生。这测字先生见朱厚熜走来，便迎上前笑着说："看您福人贵相，何不测一字来看看！"

朱厚熜道："再贵相到此时又有什么用呢？"

测字先生道："您测测看看！"朱厚熜盛情难却，便让其测一"问"字。

测字先生看了他写的字后，忽然跪倒在地，向他祝贺道："我看出来了，您一定是千岁，这个'问'（問）字从中间拆开，左看是君，右看还是君，您马上就要当皇帝了。"

朱厚熜道："可惜为时已晚，皇帝已经上路，可能现在已经入京了。"

测字先生说道："有福不忙，无福跑断肠。如果您答应让我当丞相，我就担保让你当上皇帝。"

朱厚熜一听十分高兴，忙问："请问先生大名？"

测字先生说："小民严嵩。"

朱厚熜说道："咱们一言为定，本王如果当了皇帝，一定封你为相。"严嵩当即叩头谢封。

朱厚熜带严嵩来到王府，写好封严嵩为相的"圣旨"，然后就问严嵩如何称帝。严嵩笑着说："臣已知王爷接到诏书，也已探听到冀王已经接诏上路。他虽离京很近，却自以为帝位非自己莫属，便要大张旗鼓地进京，沿途官员自然都要挽留接风，然后送行，如今半个月都过去了，他们才走了不到百里的路程。照此下去，再有半个月，也不一定能到京城。因此，王爷若火速入京，还来得及。为防止途中停留，您可扮成'钦犯'，日夜兼程，马不停蹄，由臣下相陪，最迟不过六七天便可以入京，就一定能出其不意地抢在冀王前面称帝。"朱厚熜听罢，拍案叫绝，当即打点入京。

兴王朱厚熜来到京都，恰遇众大臣出城迎接。他由东安门入居文华殿，由张太后传出懿旨，由众臣簇拥到奉天殿即位，这就是明世宗，改次年为嘉靖元年，大赦天下。而那位测字先生严嵩，也因此被召入朝为相。

历史常有惊人相似的一幕。在此2000年以前的齐国也发生了这样的事情：管仲和鲍叔牙是十分要好的朋友，分别在齐襄公的两个儿子公子纠和公子小白手下做事。公子纠和公子小白是同父异母兄弟。由于襄公昏庸无道，两兄弟和大臣纷纷避走他国。管仲保护公子纠到了鲁国，鲍叔牙则随同公子小白逃亡吕国。公元前686年，齐国爆发内乱，襄公被杀，公子小白和公子纠两人立刻动身，准备回国即位。两路人马途中相遇，管仲眼明手快，对准公子小白当胸就是一箭，小白应声倒下。管仲以为公子小白已死，便护卫公子纠不慌不忙地赶路。等六天路程走完，回到临淄，才知小白竟已先到，并即位为君，称为齐桓公。

公子小白为何没有死呢？原来管仲那支箭恰恰射在小白腰带的铜质带钩上，小白毫发无伤，但小白却借机中箭倒下装死，使得管仲误以为竞争对手已死，便放松了警惕，贻误了时机。等管仲和公子纠一走，公子小白便日夜兼程，赶往临淄，抢在了公子纠前面。

审时度势，把握良机

机遇对每个人来说都是稍纵即逝的，只有善于把握者，才能利用良机成大事。

公元前208年，秦将章邯率军攻打赵国巨鹿。赵王歇向楚国求救。楚怀王任命宋义为上将军，项羽为次将军，率军去营救赵国。楚军到达安阳后，宋义畏缩不前，驻留此地长达46天之久。项羽劝说宋义立即攻秦救赵，被宋义拒绝了。当时天寒多雨，将士挨冻受饿，痛苦不堪。而宋义却亲自跑到无盐大摆宴席，为自己的儿子到齐国做相送行，并借机扩展个人势力。

趁宋义离开之际，项羽鼓动将士们说："我们奉命攻打秦军，救援赵国，现在却留在这里不能前进。这里遇到灾荒，将士只能吃个半饱，军中存粮也不多。上将军对此丝毫不放在心上，只顾饮酒作乐，根本没想到要率军去赵国征粮，并与赵军合力抗秦，反而美其名曰'等待秦军疲惫之机再打'。如果强大的秦国攻击刚刚复国不久的赵国，必然能把赵国灭掉。赵国灭掉之后，秦军只会更加强大，根本无机可乘。况且我军刚刚在定陶吃了大败仗，大王正坐卧不安，国家安危，就在此一举了。将全军交给上将军指挥，不料上将军却如此不爱惜将士，只顾徇私，这样的人怎么能做社稷之臣！"

项羽的话立刻在全军中引起共鸣。当宋义返回安阳时，项羽乘机将其杀死，然后号令全军，说道："宋义与齐国密谋反楚，楚王命令我将其杀死！"将士上下无不服从。消息传回国内，楚怀王只好正式任命项羽为上将军去营救赵国。此后，项羽破釜沉舟，九战九捷，歼灭了秦军主力，解除了巨鹿之围。

楚怀王是秦末农民起义军首领项梁听从谋士范增之计拥立的。楚怀王名为皇帝，实为傀儡。但他趁项梁战死后，在彭城夺取项羽、吕臣的兵权，改用宋义为上将军，项羽当然心怀不满，伺机夺回兵权。而这时的形势，正是动手发动兵变的好时机：一方面，宋义在紧急关头，徇私误国，违背军令，贻误战机，罪该问斩；另一方面，士兵在寒风冷雨中煎熬，而宋义却饮酒作乐，大摆宴席，士兵的反叛心理经项羽一鼓动就旺盛起来了。于是，杀宋义、取兵权的主客观条件一应俱全，项羽审时度势，把握住了时机。项羽既杀了宋义，夺取了兵权，又歼灭了秦军，解除了巨鹿之围，可谓一箭双雕，两全其美。

用机智摆脱困境

人生陷入困境之中时，我们需要尽快做出反应。具有高超机变智慧的人，能同时处理好几方面的关系。

战国时期，除了七雄之外，还存在着几个微不足道的小国，中山国便是其中之一。中山国虽小，却能在强雄的夹缝中生存，原因之一就是中山国拥有超一流的智者，相国司马憙便是其中最杰出的一位。

在司马憙治理国家期间，由于他能应付各种复杂的局势，使弹丸之地得以长期独立，中山国王对他十分信任。但司马憙也遇到了一位十分忌恨自己的人，这人就是最受中山国国王宠爱的姬妾阴简。司马憙无意中得罪了阴简，这位国王的宠姬时时不忘在国君面前进谗言，毁谤司马憙。

有一天，赵国派来了一位使者，司马憙负责陪同。在宴会上，司马憙趁酒酣之际问使者："听说你们赵国擅长歌舞、音乐的美女很多。现在我们中山国，也有一位足可叫贵国大吃一惊的美女。她的相貌之美、人品之好，就是仙女也比不上，可称得上是绝代佳人。她的眉毛、眼睛、鼻子、头形、前额、脸蛋无可挑剔，真是一副王后的福相，绝非诸侯妃姬。这个人叫阴简，她就是当今鄙国国君的宠姬。"

这位使者听了司马熹的话，暗自高兴，心想真是不虚此行。回国后，向赵国国王详细报告，还没等使者汇报完毕，赵王已经动心了。他于是派遣特使到中山国，请求中山国君把阴简送给自己。

中山王听到赵王的要求后，一反过去卑弱的态度，坚决反对这个要求，表示不可能答应赵王的这一请求。如此一来，形势一时变得复杂紧张起来。大臣们都感到惊慌，若得罪了赵国，弄不好，兴兵来伐，中山国就要蒙难了。举国上下都束手无策，群臣只是七嘴八舌，拿不出一个主意。

胸有成竹的司马熹却暗自欣喜，他选定在这个关键时刻向国王进谏，他说："时至如今，请大王把阴简正式封为王后。既封为王后，拒绝赵王的要求绝不会被他们找到借口，赵王不能夺他国的王后，也就死心了。这样回绝赵国才不会惹他们生气，又可以保护我国免遭兵祸。"此言一出，中山王赞不绝口。

次日，中山王便封阴简为王后，并以厚礼打发走赵国使者。使者回禀赵王，赵王除了遗憾外，也不便采取更强硬的措施，中山国得以保全。

从此以后，阴简对司马熹不仅没有再说半句坏话，而且处处流露出她的感恩戴德之情。她心想，这回升到王后，多亏司马熹出了大力。

临危不惧，处之泰然

为人处世最难做到的事情之一就是临危不惧、威武不屈。这不仅需要胆量，更需要智慧。

战国时期，晋楚展开大战，晋军大败，知罃被俘。知罃的父亲荀首为晋军大夫，率兵团战，射死楚大夫连尹襄老，射伤楚公子谷臣，且将二者一并带回去，预备以后用他们换回知罃。于是，荀首成了中军统帅。当时晋军虽败，但势力并不虚弱，楚军惧怕荀首的声威，便答应了晋军换回知罃的要求。

楚王见知罃要回晋国，知道他将来一定能立下大业，在把知罃送出时，他也换了一副面孔满面和气地问知罃："你会怨恨我吧？"

知罃回答道："两国之间作战，是因我没有才能，才沦为俘虏。大王不把我杀死用血涂在鼓上激励将士，使我回晋受罪，这是大王的恩惠，我哪里还敢怨恨你呢？"

楚王听了这话很为得意，进而问道："既然如此，那么你将会感激我的恩德喽？"

知罃正色答道："两国都是为国家利益打算，以使百姓安心度日。现在晋楚二国既已和好，各自后悔当初的怨恨，不应互相为战，那么就应互相宽恕为是。现在我们两国都在力求这样做，双方互释战囚以成其好。两国之间的政事，与我私人无关，我来感激谁呢？"

楚王又问："你这番话我听得有点儿不对了，明明是要换你回去，可你却说与你无关，但这也毕竟是两国之间的大事。那么，你回去之后如何来报答我的恩情呢？"

知罃说："臣无从受怨，也无从受德，无怨无德，不知所报。"

楚王笑着说："这是哪里的话？"

知罃说道："若是我的国君把我杀掉，我就是身死掉，这个大恩是不会腐朽的。假使听从你的好意而免我一死，来赐给我的父亲荀首，若他把我戮于宗庙，我虽死掉，你的恩德也会不朽的。假使轮到我担任国家大事的时候，带领部分军队保卫边疆，如果碰上楚国的将帅，我也是不会逃避而不打的，我会不惜牺牲地去拼杀，没有二心，以此来尽我的为臣之礼，这就是我对大王的回报。"

楚王从知罃口中得不到什么千金许诺，但知罃的话句句入情入理，不好反驳，只好送知罃回去，叹口气说："晋未可与之争。"

不露声色地把危机消弭于无形

生活谋略中占有首要地位的经典信条就是："未雨绸缪，防患于未然。"不管是谁，都要有预见危机的能力，这才是最高明的应付危机的策略。

陈平在当初投奔汉王刘邦的时候，曾发生过一宗很危险的事。

那时正是春夏之交的时节。一天中午，天空灰蒙蒙的，碧绿的田野一片静寂。这时，从楚王项羽的军营里走出一个人，身穿将军服，佩带一把宝剑，警戒地四下看着，顺着田间小路，急匆匆地向黄河岸边赶去，这个人就是陈平。他准备偷渡黄河去投奔汉王刘邦。

陈平赶到河边，轻声叫来一艘渡船。只见船上有四五个人，都是粗蛮大汉，脸上露出凶相。当时陈平早已觉察到，上这条船有些不妙，但又没有别的去路。他担心误了时间，楚兵会很快追赶上来，只好上了船。

船只慢慢离开了岸，陈平总算松了口气，但他敏锐地观察到，船上这几个人窃窃私语，相互递着眼色，流露出不怀好意的神色。

"看来是个大官，偷跑出来的。"

"估计他怀里有不少珍宝和钱，嘿嘿。"

坐在舱内的陈平听到船尾两个人这样低声议论，并发出阴险的笑声时，不禁有些紧张。心想："他们要谋财害命！我虽然身上没有什么财物和珍宝，但我只是独自一人，只有一把剑，肯定敌不过他们。如何安全地摆脱危险的困境呢？"

当船到了河中央时，速度明显减缓了。

"他们要下手了，怎么办？"陈平急中生智，考虑了一个计策。

他从船内站起来，走出船舱说："舱内好闷热啊！热得我都快要出汗了。"

陈平边说边佯作若无其事地摘下宝剑，脱掉大衣，倚放在船舷上，并伸手帮他们摇船。

这一举动，出乎船上壮汉们的预料，使他们一时不知道该怎么办才好。

陈平很用力地摇船。过了一会儿，他又说："天闷热，看来要来一场大雨了。"说着，又脱下一件上衣，放在那件外衣之上。过了一会儿，再脱下一件。最后，他索性脱光了上衣，赤着身子，帮他们摇船。

船上那几个人，见陈平根本没有什么财物可图，就打消了谋害他的念头，很快把船划到了对岸。

纲举目张，执本末从

抓住网纲撒网，网眼自然张开；抓住了树的根，枝叶自然会跟从。

刘邦平定天下以后，开始论功封赏功臣。他向大臣们说："运筹帷幄之中，决胜千里之外，这是张良的功劳，应封三万户。"

张良连忙起身拜谢："臣开始逃亡下邳，有幸与陛下相会，这是上天让臣跟随陛下。陛下用臣的计策，幸而时中。臣愿封留地足矣，不敢当三万户。"

刘邦对张良的辞让很满意，就封他为留侯。接着又封赏了二十多位有功之臣。这时，其他的文臣武将日夜争功不停，弄得刘邦心烦意乱，寝食难安。

一天，刘邦在洛阳南宫，从阁道望见几位将领坐在沙中窃窃私语，觉得奇怪，就问张良："他们说什么？"

张良不安地说："陛下难道不明白？他们在商量谋反的事呀！"

刘邦大惊失色："天下刚刚安定，为什么要谋反？"

张良提醒刘邦道："陛下起于布衣，是依靠这些武将取得天下。现在您是天子，所封的侯爵全是像萧何、曹参那样的同乡、故人和您所喜欢的，而您诛杀的尽是平生所愤恨的仇人。现今军吏计功，有功的不能普遍受封，许多人担心得不到封赏，又害怕您抓住他们的过失而诛杀他们，所以他们才打算铤而走险，聚众谋反呐……"

刘邦愁容满面，如坐针毡："这……如何是好？"

张良深思熟虑地说："陛下不要担心，臣已经有办法了。"

"快说给朕听！"刘邦急不可耐。

"陛下平生最憎恨的，而又是群臣所共知的人是谁？"

"当然是雍齿这个人。雍齿与我有旧仇，又侮辱过我，只是因为他功劳大，才不忍杀他，这事群臣都知道……"刘邦不假思索地告诉张良。

张良霍地站起身，胸有成竹地说："陛下，谋划就在此人身上！立即封赏雍齿，给群臣诸将摆个样子。像雍齿这样的仇人，陛下都能不计前怨，为他封功晋爵，别人还会有什么顾虑呢？他们必会心平气和，解除疑虑！"

刘邦立即下令设置酒宴，召集文武百官，当众宣布命令，封雍齿为什方侯。接着又催促丞相、御史定功行封。

酒宴散后，大臣、将军欢天喜地，奔走相告："雍齿都能封侯，我等还担心什么呢！"

找最佳的角度解决难题

换一种角度去思考问题，我们能看到新的洞天。

相传古时候，有一个国王，长得十分丑陋。他一只眼睛瞎了，一条腿是瘸的。然而，就这样的一个国王，有一天，竟召集全国的画师来为他画像，并且发出话来：画得好的有赏，画得不好的要杀头。

有一个画家想："国王的威严谁敢冒犯！尽管国王长相丑陋，我还是给他画张漂亮的吧。"于是，他画了一张画像呈献给国王。只见画像上的国王不瞎不瘸也不丑，仪态端庄，威严无比。国王一看勃然大怒道："善于弄虚作假、阿谀奉承的人，一定是个有野心的小人，留着有什么用？拉出去斩首！"

第一个画师就这样被杀了。

这时，第二个画师想："既然画虚假的画像国王恼怒，那么我就给他如实画吧。"第二个画师又画了一张画像呈献给国王。只见画像上的国王瞎着一只眼，瘸着一条腿，哪里有一点儿一国之主的威严？国王一看怒火中烧，大喝道："竟敢丑化国王，冒犯天威，此等狂妄之徒，留着有什么用？拉出去斩首！"

第二个画师也被杀了。

画师们见此情景，个个吓得魂不附体，哪个还敢冒险为国王画像？然而不画也不行，违抗圣命，照样会被杀头的呀！正在众画师为难之时，人群中闪出一个人来，他双手呈上一幅画像给国王。

国王一看这幅画像，不禁连连称叹，赞不绝口，并将画像赐给群臣观赏。

这是一幅国王狩猎图。只见国王一条腿站在地上，一条腿蹬着大石，一只眼眯着做瞄准状，刚好掩盖了国王的缺陷，充分展现了国王雄姿英发的一面。结果不言而喻，国王赐给这个画师千两黄金作为奖赏。

第九章

机动处世，随机应变好办事

第一节 以迂为直，变通成事

委婉地向对方求助

委婉地向对方求助就是不直接道出目的，而是绕开对方可能不应允的事情，选一个临时想出的虚假目的做幌子，让对方答应，等对方进入圈套以后，你的目的就达到了。现实生活中这样的例子很多。

美国《纽约日报》总编辑雷特身边缺少一位精明干练的助理，后来他把目光瞄准了年轻的约翰·海。而当时约翰刚从西班牙首都马德里卸除外交官职，正准备回到家乡伊利诺伊州从事律师职业。

打定主意后，雷特就请约翰到联盟俱乐部吃饭。饭后，他提议请约翰·海到报社去玩玩。坐在办公桌前，雷特从许多电讯中间找到了一条重要消息。那时"恰巧"负责国外新闻的编辑不在，于是他对约翰说："请坐下来，为明天的报纸写一段关于这则消息的社论吧。"约翰自然无法拒绝，于是提起笔来就写。社论写得很棒，雷特看后大加赞赏，于是请他再帮忙顶缺一个星期、一个月……渐渐地干脆让他担任了这一职务。约翰就这样在不知不觉中放弃了回家乡做律师的计划，而留在纽约做新闻记者了。

由此可以得出一条求人办事的技巧：委婉地向对方求助。

在运用这一策略的时候，要注意的是：在诱导别人的时候，首先应当引起别人的兴趣。

当你要诱导别人去做一些很容易的事情时，先得给他一点小胜利；当你要诱导别人做一件重大的事情时，你最好给他一个强烈的刺激，使他对做这件事有一个渴望成功的企求。在此情形下，他已经被一种渴望成功的意识刺激了，于是，他就会很主动地为了获取成功而努力。

总之，要引起别人对你的计划的热心参与，必须先诱导他们尝试一下，可能的话，不妨使他们先从做一点容易的事入手，先让他尝到一些成功的喜悦。

假如你一见到对方就贸然地开口求他办事，有可能会遭到断然拒绝，陷入尴尬的境地。有些话不能直言，便得拐弯抹角地去讲；有些人不易接近，就要逢山开道、遇水搭桥；搞不清对方葫芦里卖的是什么药，就要投石问路、摸清底细……总之，不能直接相求的事情就应委婉地提出。

明朝隆庆年间，给事中李乐清正廉洁。有一次他发现科考舞弊，立即写奏章给皇帝，皇帝对此事不予理睬。他又面奏，结果把皇帝惹火了，怪他多嘴，传旨把李乐的嘴巴贴上封条，并规定谁也不准去揭。封了嘴巴，不能进食，就等于给他定了死罪。当时皇帝正在发脾气，两旁的文武官员谁也不敢为李乐求情。这时，旁边站出一个官员，走到李乐面前，不分青红皂白，大声责骂："君前多言，罪有应得！"一边大骂，一边啪啪地打了李乐两记耳光，当即把封条打破了。由于他是帮助皇帝责骂李乐，皇帝当然不好怪罪。

其实此人是李乐的学生，在这关键时刻，他"曲"意逢迎，巧妙地救下了自己的老师。如果他不顾情势，直接求皇帝，结果非但救不了老师，自己怕也难脱连累。

所以，当你直接请求别人不成时，就应该换个思路，委婉地向别人提出请求，否则是很难得到别人帮助的。

迂回说服别人帮自己办事

狐狸是很聪明的动物，由于它没有力气，个子矮小，因此处境不利。在森林中，狐狸得不到尊敬，没人真正把它放在眼里。为了克服这一点，对于狐狸来说，其中的一个办法就是说服老虎与它做朋友。通过与力大无比、令人敬畏的老虎密切交往，狐狸可以伴随老虎左右在丛林中四处行走，而且享受众兽给予老虎的同样提心吊胆的尊敬。即使老虎不在狐狸身边，凭借狐狸与老虎交往甚密，也足以保证狐狸在旷野中得以生存。

假如狐狸不能够与老虎交朋友，那么这只狐狸就应该制造一种跟老虎密切交往的假象，小心翼翼地跟在老虎的后边；与此同时，大吹大擂它们之间有着笃深的友谊，这样做，它便制造出一种假象，即它的安危得到老虎极大的关注。

这就是狐狸的生存法则，但是对于人类来说狐假虎威也是可以利用的。尤其在你求人办事的时候，如果来一招狐假虎威的把戏，借助于大人物的影响力，那么事情就会很容易地办成。

萨洛蒙·安德烈是19世纪末20世纪初瑞典著名探险家，有一次，他为了得到北极圈内有关的科学数据，填补地图上的空白，组织了一次北极探险。

那是1895年，经过周密计算和安排，安德烈在瑞典科学院正式提出乘飞艇到北极探险的计划。在此之前，安德烈曾在美国学习了有关航空学的全部理论，并且制造过由气球而发展起来的飞艇，有关飞行试验在美国和欧洲曾引起轰动。随之而来的便是经费问题，由于人们对此不信任和不关心，因此也就很少有人愿意提供经费。

安德烈整天奔波，挨家挨户去找那些大富豪和大企业家，但有谁愿意投资一项与己毫无关系的事业呢？又有谁愿意投资一项也许没有任何成功机会的冒险事业呢？安德烈每天总是带着失望和疲倦回到家里。

经过很长时间的奔波，总算有一位好心而开明的大企业家表示愿意提供赞助，他甚至表示愿意承担全部费用，同时他还向安德烈提了一个很重要的建议：希望这项冒险计划得到人们的关注，如果就这样悄无声息地进行了，是不是就削弱了这次探险的意义呢？

安德烈听完觉得很有道理，于是两人经过商量，决定让安德烈继续去募捐、扩大影响。但是，尽管安德烈想尽办法、跑遍全城，人们的反应仍然很冷淡，安德烈非常着急，情急生智，他想出了一个大胆的办法，就是把自己的探险计划写成一篇极其详细严谨的论文，用大量证据论证了这项计划的可行性及其意义，然后，他请那位开明的企业家想方设法把这份文章呈献给国王。

经过一番周折，国王终于见到了这篇文章，他对这个大胆的计划感到很新奇，于是召见了安德烈，并询问有关探险的一些具体情况。两个人谈得很投机，最后安德烈要求国王象征性地提供一些小小的赞助，国王慨然应允。

这个消息很快就传开了，新闻界对国王关注此事予以报道。既然国王都对这件事感兴趣，那么许多名流、富豪也都跟着对探险一事纷纷予以关注，捐赠了大笔费用。许多普通民众也因此开始对这项计划有了兴趣，大家都明白了探险的意义。安德烈的事业终于不再是他一个人苦苦奔波的事业，而是变成了一项公众的事业。就这样，安德烈终于成功了！

巧借他人的力量和威名以达到自己的目的，这是一种韬略。安德烈正是借助国王的力量，才使自己的探险事业取得了成功。

所以，当你去求人办事时，不妨试一下狐假虎威的办法去换取别人的帮助。那么，在现实生活中，什么东西是可以"借用"的"老虎"呢？你可以参考下面列举的几个主要类型：

（1）"老虎"可以是一位强大而有权有势者。他与你抱有同样的梦想，而且愿意帮助你的事业。

"老虎"可能是一位有权有势者，为了双方共同的利益，愿意伸出手来，助你一臂之力。与此相似，你是否注意到许许多多的小鸟在大水牛的背上，它们吃掉水牛背上的虱子和蚊子，让水牛免遭虱蚊噬咬之苦，而水牛则为小鸟提供栖身之处和保护。

（2）"老虎"也许是一个组织或者协会。它的梦想和观点与你的一模一样。通过跟别人携手合作，同心协力，你能够制造出这样一种必不可少的形势，即"老虎"就在你后面。

（3）"老虎"或许是你的职位或者工作头衔。孤家寡人常常势单力薄，微不足道。然而，如果你为一位能够呼风唤雨、有权有势的雇主工作，你就不再仅仅是一位无能为力的孤家寡人了。

（4）"老虎"也许是你的才智，或者是你的工作。假使艾萨克·斯特恩从来没有拉过小提琴，那么他永远也不会成为我们今天所认识的艾萨克·斯特恩。通过精通这种乐器的本领，艾萨克·斯特恩成为举世闻名的人物。由于同样的原因，不管你从事哪种专业，你的工作都能成为你的"老虎"。

由此可见，"老虎"并非仅仅指的是达官贵人、社会名流，这是值得给予重视的一点。生活中的"老虎"当然不仅限于以上几种，我们应该时刻注意那些能让我们提高声誉和形象的人及事情。他们都有可能是我们能求助的"老虎"。

婉转地达到自己的目的

求人办事常常会遇到一些令人不满意的情况，此时，如果你学会了委婉的表达方法，旁敲侧击，也许能起到意料不到的效果。

战国时期，各国都修建城墙。韩国也不例外，而且完工的期限规定得很死，不能超过半个月。大臣段乔负责主管此事。结果还算顺利，就是有一个县拖延了两天。于是段乔就逮捕了这个县的主管官员，将其囚禁起来。这个官员的儿子为了解救父亲，就找到管理疆界的官员子高，让子高去替父亲求情。子高答应了这件事。

第二天，子高就去拜见段乔，两人见面后，子高并不直接提及释人的事，而是和段乔共同登上城墙，故意左右张望，然后说："这墙修得太漂亮了，真算得上是一件了不起的功劳。功劳这样大，并且整个工程结束后又未曾处罚过一个人，这确实让人敬佩不已。不过，我听说大人将一个县里主管工程的官员叫来审查，我看大可不必，整个工程修建得这样好，出现一点小小的纰漏是不足为奇的，又何必为一点小事影响您的功劳呢。"

段乔听子高如此评价他的工作，心中甚是高兴，觉得子高的见解也在情理之中，很快便把那个官员放了。

这个故事中，失职官员之所以能够获免，归功于子高的求情。子高为求情先给段乔戴上一顶高帽子，然后就事论事，深得要领，不得不令人拍案叫绝。

其实，一般人都存在顺承心理和斥异心理，对那些合自己心意的就容易接受。因此，在求人办事时，完全可以旁敲侧击，巧言游说，便容易成功。

所以，在办事的时候，不容易采取正面措施直接达到目的，就可以用旁敲侧击的方法，这样就能比较容易地办成事。

声东击西，出对方意料之外

在这个世界上，没有人是不求人的。比如说，小时候对不会做的功课，我们求人讲解；长大后，为成家，我们求人说媒；工作时，我们求人合作，求人推销……我们求人的事太多了。

但求人请托要想获得好的效果也不是件容易的事，所以，要使对方心甘情愿地为你提供帮助，你必须练就一副铜牙铁齿。如果你没有口才，只一味地谈自己的事，并不停地对对方说"劳你大驾，请你帮忙"之类的话，只会让人感到反感。

巧妙地说服别人帮你办事有很多技巧，其中有一种很重要的方法就是声东击西。对于固执己见或执迷不悟者，最好的说服办法是声东击西，明说是"东"，其暗示的却是"西"，让人从中领悟到你的用意，从而接受你的意见。

下面的这个故事就是声东击西的范例。

五代后唐的开国皇帝庄宗李存勖，有一次打猎兴致来了，纵马奔驰。等到中牟县，鞭急马快，老百姓田地的庄稼被他践踏了一大片。中牟县令为民请命，挡马劝阻。没想到引得庄宗大怒，当面斥退县令，并要将县令斩首示众，随行大臣没有一人敢进谏言。过了一会儿，伶人中一个叫敬新磨的从背后转到庄宗马前，并立即率人追回将被砍头的县令，押至庄宗马前，愤怒地指责县令道："你身为一个县官，难道还不知道我们的天子喜欢打猎吗？你为什么纵使老百姓在田地里种庄稼来缴纳国家的赋税呢？你为什么不让你们县的老百姓饿着肚子而空着地，好让天子来此驰骋打猎取乐呢？你的罪的确该死！"

怒斥之后，他请庄宗对中牟县令立即行刑，其他伶人也随声附和。庄宗听着、看着，然后哈哈一笑，遂免了中牟县令的罪，纵马而去。

敬新磨对皇帝的一段谏言，奇特新颖，他指东说西，逗乐了庄宗皇帝，又免去了中牟县令的死罪。由此也可见敬新磨的良苦用心。

所以，当你在求人遇到阻碍时，完全可以采用这种背道而驰、指东说西的方法，让对方从你的话中领悟出内在道理，从而改变所有的决定。

利用边缘人物疏通

求人办事，最好是针对关键人物下功夫，突破关键人物这道关卡，谋求关键人物的赞同和协助，问题往往很容易得到解决。

但是有的时候，关键人物不好找，也可以找与关键人物密切接触的边缘人物。

因此，要想在解决问题过程中稳操胜券，除了着眼于主管、领导一类正式组织身份的负责人外，还应该争取足以影响主管领导的非正式的"权威人物"的同情、支持和帮助。通过当事人或上级主管人的亲友故旧，来说服当事人，成功的可能性就大得多。

从某一方面说，有些时候，即使是上级主管和具体办事人员同意解决的问题，也会由于下属某一环节作梗而搁置下来。负责这一环节的人不论职位大小，也就变成了解决问题所必须疏通的"关键人物"。

这时候你切不可因他无权无职，就以为可以随便应付，否则你的好事就可能坏在他的手中。

一天，一位办理房地产转让的房地产公司推销员来到一位客户家，带着这位客户的朋友的介绍信。彼此一番寒暄客套之后，就听他讲开了："此次幸会，是因为我的同学孙某极为敬佩您，叮嘱我若拜访阁下时，务请您在这个雕像上签个名……"边说边从公文包里取出这位朋友最近才完工的一个小型雕像。于是这位朋友不由自主地信任起他来。在这里，孙某的仰慕和签名的要求只不过是个借口，目的是说明自己与孙某的关系，并且对这位朋友进行恭维，使他开怀。

素不相识，陌路相逢，如何让所求之人了解你与他是朋友的朋友、亲戚的亲戚，显然十分牵强，但一般人不会驳朋友的面子，更不至于让你吃闭门羹。这是一条求人的捷径。

托人办事通过第三者的言谈，来传达自己的心情和愿望，在办事过程中是常有的事。人们会不自觉地发挥这一技巧。比如"我听同学老张说，你是个热心人，求你办这件事肯定错不了。"但要当心，这种话不是说说而已的，也不能太离谱，有时有必要事先做些调查研究。为了事先了解对方，可向他人打听有关对方的情况。第三者提供的情况是很重要的，尤其是与被求者的初次会面有重大意义时，更应该尽可能多方收集对方的资料。但是，对于第三者提供的情况，也不能全部端来当话说，还要根据需要有所取舍，配合自己的临场观察、切身体验灵活引用。同时，还必须切实弄清这个第三者与被托付者之间的关系。这一点非常重要，不然，说不定效果会适得其反。

俗话说得好，托人办事，不能在"一棵树上吊死"。盯死主要目标，全力以赴，固然很重要，但是对于目标周围的那些"边缘人物"，也要多多花费心思，有时甚至能起到意想不到的作用。他们就像一条条地道，可以顺利地把你送到成功的彼岸。

懂得进取也要善于采用曲折的方式

在现实生活中总会有这样一些人，他们在自己富贵发达之后，就逐渐与原先那些状况没有多大改善的老朋友疏远了，甚至是已经淡忘了。在这样的关系下，要想求助于他们可能就很难，但是办法总是会有的。

俗话说："远行之人，必遇坎坷。"当我们遇到高山挡路时，自然会想办法绕过去，或动脑筋另辟蹊径。这种做法应用在求人办事中，便是绕着圈子达到目的，即懂得进取也要善于采用曲折的方式。

尤其是生活中那些"直肠子""一根筋"，10头公牛也拉不回来的人。这样的人就更应该学学曲线求人的技巧，以达到顺利把事情办好的目的。

总之，绕几个圈子保证你能在求人办事中得到最大的实惠。

有一次，林肯在某个报纸编辑大会上发言，指出自己不是一个编辑，所以他出席这次会议，是很不相称的。为了说明他不出席这次会议的理由，他给大家讲了一个小故事：

"有一次，我在森林中遇到了一个骑马的妇女，我停下来让路，可是她也停了下来，目不转睛地盯着我的面孔看。

她说：'我现在才相信你是我见到过的最丑的人！'

我说：'你大概讲对了，但是我又有什么办法呢？'

她说：'当然你已生就这副丑相是没有办法改变的，但你还是可以待在家里不要出来嘛！'"

大家为林肯幽默的自嘲而哑然失笑。林肯在这里巧妙地运用了自嘲来表达自己的拒绝意图。既没让人难堪，又让人在愉快的氛围中领悟到了自己的意图。

世上之事，有时乱如麻，而且绝大多数时候让你理不出头绪。因此，"直来直去"的方法是万万行不通的。你必须开动脑筋，学会多绕几个圈子，用"迂回曲折"之法逼近你的目的地，以防硬撞到南墙上。在特定语言环境中，为了避免不必要的麻烦，将真话变为错话，曲折地说出来，往往能收到意想不到的效果。

著名幽默大师林语堂总结中国人（尤其是读书人）求人办事，像写八股文一样。中国人办事很少像外国人那样"此来为某事"那样直截了当开题，因为这样不风雅。如果是关系疏远的朋友就更显冒昧了。中国人的求人讲究在话里做文章，以曲线的方式求助于对方，这往往很奏效。所以，平时求人时为了避免难堪或伤害，就要学会采取曲折的方式求人。

第二节　忍小谋大，以忍图强

忍一时之气，免百日之忧

从某种意义上说，忍耐是保全人生的一种策略，忍一时之气，可免百日之忧。忍耐是一种弹性前进策略，就像战争中的防御和后退，有时恰恰是迎取胜利的一种必要姿态。

汉高祖刘邦去世后，吕后临朝称制。匈奴单于冒顿本已很轻视刘邦，现在一妇人上台执政，他便更加肆无忌惮，想挑起战端。他派使者给吕后送去一封信，信上说："孤独苦闷的君王，生于荒野大泽之中，长于旷野牛马蕃育的区域，多次到达边境，希望能游览中国。陛下独立，孤独苦闷孀居。两位君主都不高兴，也没办法让自己快乐起来，希望以我的所有，换你的所无。"

吕后见信后勃然大怒："好一个不知死活的匈奴冒顿，竟敢调戏到孤家头上，想是活得不耐烦了。"于是，她召集群臣商议，要大举讨伐匈奴以雪此辱，以泄此恨。

吕后的妹夫樊哙率先请命道："我愿带十万人马，横行匈奴之中。"

吕后大喜，季布却怒声叱道："樊哙理应斩首。"

朝堂上的人都吓了一跳，季布撞邪了吧，竟要斩元勋国戚。

季布接着说："当年高帝率三十万精兵讨伐匈奴，却被围困在平城七日七夜。那时樊将军也在军中，却无计可施。今日为何就能以十万人马横行匈奴之中呢？这不过是当面阿谀陛下，犯了欺君之罪，按律当斩。"

樊哙无言以对，其他众将也纷纷附和说，以高帝之英武，尚被困于平城，匈奴势力强盛，委实不宜挑起战端。

吕后见众将意思一致，回头细想也确实如此，便忍下这口恶气，退朝回到宫内，不再提讨伐匈奴的事了。

过后吕后为安抚单于冒顿，居然放下架子卑词婉约地写了一封和解信，说："单于不忘我中国，赐给书信，我等国人都很恐惧，我自思自忖，身体老迈，气息也衰弱，牙齿也脱落得差不多了，走路的步子都不均匀，单于听信了传言，我实在不足以使您自污。我国无罪，应在您赦免之列。我有自己坐的车两辆、马八匹，送给您平时乘坐。"然后她派宦官张泽送去。

单于冒顿原以为汉朝一定会倾竭国力攻击自己，所以严加戒备，没想到等来的却是这般礼遇。再想想，如若自己与汉硬拼，实在也占不得什么便宜，便派使者送给吕后好马，回信说："我生长于荒野，没听过中国的礼仪，多亏陛下赦免了我。"便又和汉朝和亲。

吕后性格刚毅、心狠手辣，汉初三大功臣有两位直接死在她手上，即韩信和彭越。然而面对匈奴单于的侮辱和挑衅，她不但采纳众将的意思忍耐住了，而且以谦卑的姿态回了一封信，倒使得冒顿心生惭愧，回信谢罪，并达成了和亲。吕后执政时边塞得以无事，民众得以休养生息，就是因为吕后能够忍下单于之气。

王林从单位辞职以后来到深圳打工，他在一家私人企业做了几天文员后，就被解雇了。过了一段时间他仍然没有找到工作，已经到了山穷水尽的地步。

一天，他身无分文，坐在街心公园歇息。忽然间想到这里还有一个老乡在某个报社做编辑，于是他强打精神去找那个老乡借钱。他好不容易找到了那位老乡，但老乡一见他的狼狈样就知道是来借钱的，于是就故意装作没有看见他。在王林小心地打了招呼后，老乡才问他有什么事。于是王林更加小心地讲明了自己的困境。老乡不耐烦地掏出10元钱扔在桌子上，说自己今天身上没有多带钱并且马上要出差。王林知道这是在下逐客令，心里气急了，真想把那10元钱抓起来砸在对方的脸上。但现实的残酷让他强压住怒火，拿起那10元钱，默默地转身走了。

王林先用2元钱买了1千克馒头，然后用1元钱买了1支圆珠笔，用2元钱买了一叠稿纸。他待在自己租的房子里，用了1天1夜的时间写了4篇反映自己打工经历的稿子，次日早上亲自将这些稿件送到一家专门发表打工者故事的杂志社。负责该栏目的编辑看了稿件后决定4篇都采用，并先付给了王林一半的稿费。拿着这些稿费，王林维持了一段时间，并在此期间找到了一份工作。

事物总是在不断地运动和变化，机会存在于忍耐之中。对于垂钓者来说，最好的进攻方式就是忍耐。大机会往往蕴藏在大忍耐之中，所谓"天将降大任于斯人也，必先苦其心志，劳其筋骨，饿其体肤……"就是这个道理。大丈夫志在四方，岂可为鸡毛蒜皮的小事而误了大谋！春秋末期最后一个霸主越王勾践卧薪尝胆的故事正好诠释了忍耐保全人生的要义——忍耐不是停止、不是逃避、不是无为，而是守弱、蓄积、迂回前进。当命运陷入不可掌控之时，就要心平气和地接纳这种弱势，坚强地忍耐弱者的地位，在守弱的基础上累积实力、发愤图强，使自己脱离弱者的不利地位，并适时出击，争取赢得新的成功机会。

懂得忍耐有利于成就事业，意气用事只会错失良机。面对别人的侮辱和伤害，我们没必要急急忙忙以一种对抗的方式来证明自己并非软弱可欺。因为路遥知马力，日久见人心，有效地忍耐，会使我们获得更多的收益。

小不忍则乱大谋

"小不忍则乱大谋"这句话我们都听说过，它的道理是：生活中，有些东西我们只有去忍一时，才会见到等在后面的成功。

如果能忍这一时，能将痛苦忍一忍，能将小事忍一忍，那么就不会有"乱大谋"这样的失败之事了。

能够忍让的人，事情一般都能够做好。至于别人是否正确，那也是无所谓的事。能够宽容待人，忍一时风浪，迎来广阔天空，这是古人的经验，也是今人欲成大事需养成的习惯之一。

在楚汉相争中，刘邦由于势单力薄，经常吃败仗。汉高祖四年（公元前203年），刘邦兵败，被项羽围困在荥阳。而他的大将韩信自领一军，北上作战，捷报频传，攻下魏、赵、燕诸国，最后又占领了齐国全境。

五月，韩信派使者来见刘邦，说："齐人狡诈反复，齐国又与强楚为邻，如果不设王威慑，不足以镇抚齐地，请大王允许我暂代齐王。"

刘邦一听，当然不依，如今大敌当前，这小子竟敢"趁火打劫"，胁迫我分权与他！刘邦气愤不过，便破口大骂："我坐困荥阳，日夜盼望你韩信带兵来增援，你不但不来，反要自立为王！我……"

正骂着，刘邦感到自己的脚被人踩了一下。他恶狠狠的目光一扫，张良向他示意了一下。刘邦知道他一定有重要的话要告诉自己，便打住了话题。

张良清楚地知道韩信是当世首屈一指的将才，目前又拥有强大的兵力，处在举足轻重的地位上。刘邦如与韩信翻脸，轻则形成刘邦、韩信、项羽三强鼎立，重则导致项羽、韩信联合攻汉。无论出现哪一种情况，都于刘邦大为不利；反之，如果能调动韩信的兵马，就能拖住楚军，重创楚军。于是，张良果断地用脚踩刘邦，制止他骂出那些无法收场的话来。

张良靠近刘邦，悄声说："大王，韩信手握重兵，右投则大王胜，左投则项羽胜。我们对他的要求要慎重考虑。"

刘邦是个个性坚忍的人，他压住怒火，当即下令派张良为使节，带着印绶到齐地去，立韩信为齐王，并征调韩信的军队。结果战争形势很快便发生了重大转折：汉军由劣势向优势转变，逐渐对楚形成了包围之势。

经过几年激战，刘邦终于在垓下全歼楚军，取得了战争的最后胜利。

君子有所忍有所不忍，在利于大局的情况下，忍是一种智慧；在鸡毛蒜皮的小事上，忍是一种涵养；在人际交往中，忍是一种气度。有修养的人，从来不会在毫无意义的事情上发火动怒。只有生活中的智者，才能品味出忍的力量。

隋朝末年，李渊从太原起兵后不久，便选准关中作为长远发展的基地。因此，借"前往长安，拥立代王"为名，他率军西行。

李渊西行入关，面临的困难和危险主要有三个：第一，长安的代王并不相信李渊会真心"尊隋"，于是派精兵予以坚决阻击；第二，当时势力最大的瓦岗军半路杀出，纠缠不清；第三，瓦岗军还用一方主力部队袭奔晋阳重镇，威胁着李渊的后方根据地。

在这三大危险中，隋军的阻击虽已成为现实，但军队数量有限，且根据种种迹象判断，隋廷没有继续派遣大量迎击部队的征兆。但后两个危险却是主要的，瓦岗军的人数在李渊的十倍以上，第二种或者第三种危险中，任何一个的进一步演化都将使李渊进军关中的行动夭折，甚至全军覆没。

为了能扭转形势，李渊急忙写信给瓦岗军首领李密，详细通报了自己的起兵情况，并表示了希望与瓦岗军友好相处的强烈愿望。

不久，使臣带着李密的回信又来到了唐营。李密在信中劝说李渊应同意并听从他的领导，并速速表态。

当时，李密拥有洛口要隘，附近的仓中粮帛丰盈，控制着河南大部。向东可以阻击或奔袭在扬州的隋炀帝，向西则可以轻而易举地进取已被李渊视之为发家基地的关中。

李渊深知此时情况于己十分不利，如若此时再与李密树敌，后果将是"灭顶之灾"。眼下之计，只有先假意屈服于李密，日后再与他算账不迟。于是，李渊对次子李世民说："李密妄自尊大，绝非一纸书信便能招来为我效力的。我现在急于夺取关中，不能立即与他断交，增加一个劲敌。"于是，李渊回信道："天生庶民，必有司牧，当今为牧，非子而谁？老夫年逾知命，愿不及此。欣戴大弟，攀鳞附翼，唯弟早膺图箓，以宁兆民。宗盟之长，属籍见容。复封于唐，斯荣足矣。擅商辛于牧野，所不忍言；执子婴于咸阳，未敢闻命。汾晋左右，尚需安缉，盟津之会，未有卜期。谨此致覆！"大意是当今能称皇为帝的只能是你李密，而我则年已五十有余，无此愿望，只求到时能再封为唐公便心满意足，希望你能早登大位。因为附近尚需平定，所以暂时无法脱身前来会盟。这封信巧妙地掩藏了李渊争夺天下的野心，使李密放下了戒心。

李世民看了信说："此书一去，李密必专意图隋，我可无东顾之忧了。"果然，李密得书之后十分高兴，对将佐们说："唐公见推，天下不足定矣！"

李渊授李密之好，卑词推奖，不仅消除了李密争夺关中的危险，而且为李渊西进牵掣住了洛阳城中可能增援长安的隋军，从而达到了"乘虚入关"的目的。李密自以为聪明，实际自己中了李渊之计。他对李渊信任有加，常给李渊通信，更无攻伐行为，只专力与隋朝主力决斗。之后几年中，李密消灭了隋王朝最精锐的主力部队。而自己也被打得只剩2万人马。而李渊则利用有利时机发展成了最有实力的势力，不费吹灰之力便收降了李密余部。

"小不忍则乱大谋"，这句话在民间极为流行，甚至成为一些人用以告诫自己的座右铭。有志向、有理想的人，不应斤斤计较个人得失，更不应在小事上纠缠不清，而应有开阔的胸襟和远大的抱负。只有如此，才能成就大事，从而实现自己的梦想。

克制自己的不利情绪

古人说："自行本忍者为上。"做人要忍，尤其是那些性情暴躁之人，一定要控制好自己的不利情绪。当然在人生当中，不利的情绪有很多种，我们在此暂不一一而论，只谈谈愤怒对于人生的不利影响。

遇事不要轻易发火，要学会自制，得罪的人多了，将不利于自己日后的发展。现实生活中，一时愤怒酿成大错或大祸的事绝非少见。其中，美国著名的巴顿将军就有过这么一次。

巴顿将军某日来到前线医院看望伤员。他走到一病号前，病号正在抽泣。

巴顿将军问："为什么抽泣？"病号抽泣着说："我的神经不好。"巴顿又问："你说什么？"病号回答说："我的神经不好，我听不得炮声。"

巴顿将军立刻毫无理智地大发雷霆："对你的神经我无能为力，但你是个胆小鬼，你是混蛋！"之后，巴顿依然难以泄愤，又给了这个病号一个耳光，并喊道："我不允许一个王八蛋在我们这些勇敢的战士面前抽泣。"他又毫不犹豫地给了那个病号一耳光，还把病号的军帽丢至门外，接着大声对医务人员说："你们以后不用接收这种龟儿子，他们一点儿事也没有。我不允许这种没有半点儿男子汉气概的王八蛋在医院内占位置。"

临出门前，巴顿将军转头又对病号吼道："你必须到前线去，你可能被打死，但你必须上前线。如果你不去，我就命令行刑队把你毙了。说实话，我真想亲手把你毙了。"

这件事很快被披露，并在美国国内引起了强烈的反响。好多母亲要求撤巴顿的职，有一个人权团体还要求对巴顿进行军法审判。尽管后来马歇尔从大局出发，巧妙化解了这件事，但巴顿还是因为打骂士兵而声名狼藉。这种轻率、浮躁的作风以及政治上的偏见，也为他战后被撤职埋下了祸根。

轻易动怒，既伤身又损财，明智的人是不会那么冲动，随便宣泄自己愤怒的情绪的。因为一些小事而跟人争斗甚至打官司，是不利于延年益寿的。

对待别人的小过失，我们不能斤斤计较，而应该采取忍耐、宽容的态度。

一个人，如果身为领导而不能克制自己的情绪的话，就会危害到他手下的人；如果作为一个普通员工而不能克制自己的情绪的话，就会冲撞到他的上司；一个家庭，如果成员之间不能互敬互爱、相互理解，就会导致家庭的混乱甚至破裂；国家之间，如果不能互相谅解和宽容，就会引发战争，使老百姓蒙受灾难，生灵涂炭。

轻易发怒有百害而无一利。为此，我们可以学学古人，看看他们是怎么做的。

富弼是北宋仁宗时一位品行优良的宰相，然而富弼年轻的时候因能言善辩在无意间得罪了不少人，从而给自己的事业、生活带来了不利影响。经过长时期的自省，他的性格逐渐变得宽厚谦和。后来当有人告诉他谁在说他的坏话时，他总是笑着回答："怎么会呢，他怎么会随便说我呢？"

一次，一个穷秀才想当众羞辱富弼，便在街心拦住他道："听说你博学多识，我想请教你一个问题。"

富弼知道来者不善，但也不能不理会，只好答应了。

秀才问富弼："请问，欲正其心必先诚其意，所谓诚意即毋自欺也，是即为是，非即为非。如果有人骂你，你会怎样？"富弼想了想，答道："我会装作没有听见。"秀才哈哈笑道："竟然有人说你熟读四书，通晓五经，原来纯属虚妄。富弼才智驽钝，充其量不过是个庸人而已！"说完，大笑而去。

富弼的仆人埋怨主人道："您真是难以理解，这么简单的问题我都可以回答，怎么您却装作不知呢？"

富弼说道："此人乃轻狂之士，若与他以理辩论，必会剑拔弩张、面红耳赤，无论谁把谁驳得哑口无言，都是口服心不服。书生心胸狭窄，必会记仇，这是徒劳无益的事，又何必争呢？"

几天后，那秀才在街上又遇见了富弼。富弼主动上前打招呼，秀才不理，扭头而去。走了不远，他又回头看着富弼大声讥讽道："富弼乃一乌龟耳！"

有人告诉富弼那个秀才在骂他。

"是骂别人吧！"

"他指名道姓骂你，怎么会是骂别人呢？"

"天下难道就没有同名同姓之人吗？"

他边说边走，丝毫不理会秀才的辱骂。秀才见无趣，也不白费力气，便走开了。

人的一生谁都难免遇上难堪的误解，遭到他人不公正的批评甚至辱骂。不论是卑鄙的、恶毒的、残酷的，你都千万不要被对方一句不公正的批评或难听的辱骂而激得像对方一样失去理智。获胜的唯一战术，就是保持沉默，不和别人发生正面冲突，就连多余的解释也没必要。因为在这种情况下，相互争吵、辱骂既不会给任何一方带来快乐，也不会给任何一方带来胜利，只会带来更大的烦恼、更大的怨恨、更大的伤害。退一步讲，在对骂中没有占上风的一方，必会因当众出丑而对自己的鲁莽行为深感悔恨。而占了上风的一方虽然把对方骂得体无完肤，但结果又能怎么样？只能加深对方的对立情绪，加深对方的怨恨。

清朝光绪年间流行一首歌："他人气我我不气，我本无心他来气。倘若生气中他计，气出病来无人替。请来大夫将病医，他说气病治非易。气之为害太可惧，不气不气真不气。"这首歌通俗易懂，寓意深刻，其中虽然有消极的一面，但仍不失为有益的养身之道，尤其对那些一遇事就跳、一说就叫的人，可算是一剂良方。

行事不可放纵

人生于天地之间，要想成就一番大事业，不是轻而易举的。这要求我们能够不断战胜人自身所具有的各种劣根性，克服各种不良嗜好，严格地约束自己，以求更大的发展。

秦朝末年，陈胜、吴广在大泽乡揭竿起义以后，各地的英雄豪杰纷纷响应。没多久，反秦的风暴便席卷了大半个中国。

公元前206年，刘邦率领着一帮人马最先开进了秦王朝的首都咸阳。都城中恢宏壮丽的建筑群、珠宝充盈的仓库使大家大开眼界，众人纷纷钻进皇宫和仓库中抢金夺银，闹得咸阳城内鸡犬不宁。刘邦在卫士们的簇拥下，进了占地数十里的秦宫殿。他先来到前殿阿房宫，看见雕梁画栋的巨大殿堂、奢华无比的陈设、数以千计的美丽宫女，喜得头晕目眩、忘乎所以。

刘邦正浮想联翩之时，他的部将樊哙闯了进来。一见刘邦那神不守舍的样儿，樊哙便直着嗓子喊了起来："沛公！"

"什么事？"刘邦头也不回，心不在焉地问道。

樊哙说："你是要打天下，还是只想当个富家翁？"

"我当然想打天下。"刘邦口中说着，眼睛却没有离开婀娜娇羞的宫女。

樊哙说："臣下跟着沛公进了秦皇宫，您留意的不是珠玉珍宝，就是美娇娃，而这正是秦朝皇帝丢失天下的原因。沛公留此，就是重蹈亡秦的覆辙！恳请沛公立即出宫，到郊外驻扎。"

樊哙虽是刘邦的患难兄弟和亲戚，刘邦却认为他只不过是一员有勇无谋的战将，所以根本听不进去他的话。刘邦很不高兴地说："我们从关东打到关中，太累了。我只想在这儿歇几天，你就把我比作亡国的秦朝皇帝，真是胡说八道！"

樊哙又急又气，找来张良。张良对刘邦说："沛公，您想过没有，您是怎样得以进入这座宫殿的？"

刘邦说："是举义旗，兴义兵，一路攻杀换来的。"

张良说："这正是秦王朝君臣荒淫无度、声色犬马，触怒了天下的老百姓，才使您得到举义旗、兴义兵的机会啊！秦朝皇帝因为骄奢失去了民心，沛公想取秦而代之，就要反其道而行，以节俭有度来争取民心。现在，我们的人马刚刚进入秦朝都城，沛公就带头享乐，老百姓会怎么看？他们会认为我们与秦朝君臣是一丘之貉，转而憎恨我们、反对我们。失去民心，您就失了天下啊！"

刘邦听了悚然动容。

张良又说："上行下效，沛公要享用秦宫殿中的财产、美人，将士们就会抢劫仓库与民宅。他们腰囊填满之日，也就是我们这支军队瓦解之时。如今，素来忌恨您的项羽正率领四十万大军，日夜兼程、过关斩将地逼近咸阳。一旦双方兵戎相见，我方军心涣散，如何抵挡得住项羽的四十万强兵悍将？那时，沛公纵然愿意放弃天下，想去做个富家翁，也欲求无门了！"

刘邦听了，惊得一身冷汗，问："照你说，该怎么办？"

张良说："'良药苦口利于病，忠言逆耳利于行'，樊将军的话说得很对，希望您听从他的劝告，立即离开宫殿，尽快好好考虑一下，采取一些措施来安抚关中人民，争取天下的民心。"

刘邦听完张良的话，马上醒悟过来。他立即下令撤出宫殿，封闭仓库，并命所有部队都回到郊外的灞上驻扎。

世界上唯有自己最可怕，也唯有自己最难以对付。那些体悟佛理的人都知道，佛学的道理并不高深，也不需要特别去做。这样说起来似乎得道成佛很简单，可实际上却几乎没有人能做得到，其中原因就在于没有人能够把自己完全控制住，人们难免会放纵自己的欲望。

为佛之道，在一"空"字。功名利禄、酒色财气，说放下就放下，从此不再留恋牵挂。这就是四大皆空的"空"。

可是很多明白这个道理的人，却往往办不到。比如说要远离美色，本不是件很难的事，但是情欲一来，很多人就会马上缴械投降。挣钱养家的事，大家也觉得挺俗气，但是一有赚钱的好机会，也没有多少人会放弃。

七情六欲固然乃人之常情，但人也有些想法超出了自身条件所许可的范围。自制，就是要控制住自己的这种过分欲望。食色美味、高屋亮堂，凡人即使想得也应得之有度，更何况远景之事，不可操之过急，须知欲速则不达也。否则，举自身全力，力竭精衰，事不能成，耗费枉然。又有些奢华之事，如着华衣、娱耳目，实乃人生之琐事，但又非凡人所能自克。而一旦沉溺其中而不能自拔，就不是力竭精衰的小事了，人必然会颓废不振、空耗一生。

学会约束自己的欲望

汤玛斯·富勒说："满足不在于多加燃料，而在于减少火苗；不在于累积财富，而在于减少欲念。"

贪欲会使人的精力和体力双重透支。放下贪欲，追求平实简朴的生活，是获得快乐的最简单的方法。

当欲望产生时，再大的胃口都无法填满，贪多的结果只会是无穷尽的烦恼和麻烦；学会接纳自己，欣赏自己，使自己从欲念的无底深渊中得到释放与自由，是快乐的始发站。

据说上帝在创造蜈蚣时，并没有为它造脚，但是它仍可以爬得和蛇一样快速。有一天，它看到羚羊、梅花鹿和其他有脚的动物都跑得比它快，心里很不高兴，便嫉妒地说："哼！脚那么多，当然跑得快。"

于是它向上帝祷告说："上帝啊！我希望拥有比其他动物更多的脚。"

上帝答应了蜈蚣的请求，他把好多好多的脚放在蜈蚣面前，任凭它自由取用。

蜈蚣迫不及待地拿起这些脚，一只一只地往身上贴去，从头一直贴到尾，直到再也没有地方可贴了，它才依依不舍地停止。

它心满意足地看着满身是脚的自己，心中暗暗窃喜："现在我可以像箭一样地飞出去了！"

但是，等它开始要跑时，才发觉自己完全无法控制这些脚。这些脚都各走各的，它非得全神贯注，才能使一大堆脚不致互相绊跌而顺利地往前走。

这样一来，它走得比以前更慢了。

过度的欲望让蜈蚣步伐缓慢、举步维艰，而人的心里一旦产生过分的欲望，终有一天也会出现超载的现象，而这种负荷的结果是不堪设想的。

古人云"人心不足蛇吞象"，私欲的沟壑是填不满的。如果每天都去注意自己的欲望是否得到满足，那么我们将时刻处在痛苦的煎熬之中。因为旧的欲望满足了，新的欲望又会出现，而且会一次比一次大、一次比一次难以满足。所谓欲壑难填，就是这个道理。这样一来，人生哪里还有什么快乐、幸福可言？

有一位禁欲苦行的修道者准备离开他所住的村庄，到无人居住的山中去隐居修行。他只带了一块布当作衣服，就一个人到山中居住了。

后来他想到，当他要洗衣服的时候，他需要另外一块布来替换，于是他就下山到村庄中，向村民们乞讨一块布当作衣服。村民们都知道他是虔诚的修道者，于是毫不犹豫地就给了他一块布，当作换洗穿的衣服。

这位修道者回到山中之后，发觉在他居住的茅屋里面有一只老鼠，常常会在他专心打坐的时候来咬他那件准备换洗的衣服。可由于他早就发誓一生遵守不杀生的戒律，因此他不愿意去伤害那只老鼠。但是他又没有办法赶走那只老鼠，所以他回到村庄中，向村民要一只猫来饲养。

得到了一只猫之后，他又想了——"猫要吃什么呢？我并不想让猫去吃老鼠，但总不能跟我一样只吃一些水果与野菜吧！"于是他又向村民要了一只乳牛，这样那只猫就可以靠牛奶维生。

但是，在山中居住了一段时间以后，他发觉每天都要花很多的时间来照顾那只母牛，于是他又回到村庄中，找到了一个可怜的流浪汉来帮他照顾乳牛。

那个流浪汉在山中居住了一段时间之后，跟修道者抱怨说："我跟你不一样，我需要一个太太，我要过正常的家庭生活。"

修道者想一想觉得流浪汉说得也有道理，他不能强迫别人跟他一样，过着禁欲苦行的生活……

这个故事就这样继续发展下去，结果你可能也猜到了：到了后来，整个村庄都搬到了山上。而这个修道者最初的愿望也不可能实现了。这一切都是因为欲望。欲望就像是一条锁链，一个连着一个，永远都不能满足。

我们每个人都有欲望，但欲望太多了，人生就会变得疲惫不堪。每个人都应学会轻载，更应该学会知足常乐，因为心灵之舟载不动太多的重荷。

《菜根谭》中指出："人生减省一分，便超脱一分。"在人生旅程中，如果什么都减省一些，便能超越尘事的羁绊。一旦超脱尘世，精神便会更空灵。简言之，即一个人不要太贪心。洪自诚曾说："减少实际应酬，可以避免不必要的纠纷；减少口舌，可以少受责难；减少判断，可以减轻心理负担；减少智慧，可以保全本真。不去减省而一味地增加的人，可谓作茧自缚。"

人们无论做什么事，均有不得不增加的倾向。其实，只要减省某些部分，大都能收到意想不到的效果。倘若这里也想插手，那里也要兼顾，就不得不动脑筋，过度地使用智慧，而这就容易促生奸邪欺诈。所以，只有凡事稍微减省些，才能恢复本来的人性，即"返璞归真"。

《呻吟语》的作者吕坤说过："福莫大于无祸，祸莫大于求福。"意即没有不幸的灾祸降临，就是最大的幸福；一天到晚四处钻营的人，比任何人都更加不幸。

所以，人一定要忍耐住自己的欲望，不要为欲望所驱使、所奴役。心灵一旦被欲望侵蚀，就无法超脱红尘，而只能为欲望所吞灭。只有降低欲望，在现实中追求真正有意义的人生目的，人才会活得快乐。

隐忍待机，在逆境中壮大势力

《周易》说："天行健，君子以自强不息。"就是说天道运行强健不息，君子也应该积极奋发向上，永不停止进步。

人的一生中，总会遇到各种各样不尽如人意的事情，无论是来自自身的，还是来自外界的，都会令你烦闷不堪。能不能忍受一时的不顺利，这就要看你是否具有百折不挠的雄心与意志。一个真正想成就一番事业的人，面对挫折必然会忍辱负重，以坚忍不拔之气克服重重障碍，直至梦想成真。

西汉时期，北方匈奴冒顿单于执政时，匈奴尚国力衰弱。东胡国王想趁机灭掉匈奴，便故意找碴儿。他听说匈奴有一匹千里马，便派使者来索要。冒顿知道东胡国的阴谋，对手下那班愤愤不平的群臣说："东胡跟我国十分友好，所以才向我们索要宝马。我们怎么能因为一匹马而影响与邻国的关系呢？"于是，他将宝马拱手送给东胡。

东胡国王一计不成，又生一计，派使者索要冒顿的妻子为妃。这个要求太过分了，就算一个普通男人，也不能忍受这般蛮横无理的羞辱！匈奴的文臣武将忍无可忍，表示要好好教训一下东胡。冒顿却十分冷静，对那些喊打喊杀的臣子们说："天下女子多的是，东胡却只要一个。为了与东胡国睦邻友好，我愿意献出我的妻子。"

东胡国王得到宝马与美妻后，暂时没再给冒顿找麻烦。趁此时机，冒顿励精图治，使匈奴国力渐强。东胡国王得知后顿感不安，又来挑衅。他派使者求见冒顿，说："你我两国边境之间有块空地，有一千多里，你匈奴也到不了那里，就把这块地送给我吧。"

冒顿又问左右大臣该如何。

左右大臣们见冒顿从前事事懦弱忍让，也全无斗志，便说："这本来就是块无用的土地，给他也可以，不给也可以。"

冒顿闻言大怒，说道："土地是国家的根本，怎么能把土地送给别人？"

于是，凡是说可以把地给东胡的大臣都被他斩首了。然后他传令集中兵马，有敢迟到者一律斩首，后亲率大军袭击东胡。东胡素来轻视匈奴，全然不加防备。结果冒顿一举消灭了东胡，把东胡占为己有。

"忍"有时候会被认为是屈服、软弱的投降动作，但若从长远来看，"忍"其实是非常务实、通权达变的智慧。凡是智者，都懂得在恰当时机忍耐，毕竟获取胜利靠的是理性，而不是意气。忍耐常有附带条件，如果你是弱者，并且主动提出忍耐，那么虽然可能要付出相当大的代价，但却可以换得"存在"的空间和余地。"存在"是一切的根本，没有"存在"，就没有明天，没有未来。也许这种附带条件的忍耐对你不公平，让你感到屈辱，但用屈辱换得存在、换得希望，显然也是值得的。

"忍"是一种强者才具有的精神品质。那些表面上气势汹汹、不可一世的人，其实是色厉内荏、不堪一击。"忍"有时看似是吃了亏，其实一个人敢于吃亏，不去占眼前的便宜，大多是因为他们有更高的境界和更高的追求。而那种事事处处都想占别人便宜、不愿吃亏的人，到头来往往只能收获些蝇头小利，从大处看反而是吃了大亏。

"忍"是一种做人的智慧，即使是强者，在问题无法通过积极的方式解决时，也应该采取暂时忍耐的方式处理。这可以避免时间、精力等"资源"的继续投入。在胜利不可得而资源消耗殆尽时，忍耐可以立即停止消耗，使自己有喘息、休整的机会。也许你会认为强者不需要忍耐，因为他们"资源"丰富而不怕消耗。虽然理论上是这样，实际上问题却是，当弱者以破釜沉舟之势咬住你时，强者纵然得胜，也是损失不小的"惨胜"。所以，强者在某些状况下也需要忍耐，因为这可以借忍耐的和平时期来改变对你不利的因素。总而言之，无论是谁，在局势不利的情况下都要善于忍耐，正所谓"识时务者为俊杰"，与其作无谓牺牲，不如在逆境中养精蓄锐，发展壮大自己。这样一旦时机来临，你就能拥有足够的力量，扭转"颓势"，改写人生。

忍人所不能忍，始成人所不能成之事

一个人生活在社会中，不可避免地要同其他个体发生千丝万缕的联系。事物总是相互制约的，人在社会上同样不能随心所欲、无拘无束。大到参政议政，小到柴米油盐的芝麻小事，要想"顺风顺水"一些，都离不开一个"忍"字。而一个人想成就一番事业，就更要能够吃常人不能吃之苦、流常人不愿流之汗。这就好比体育竞技中的世界冠军，没有平时的吃苦忍耐，哪来冠盖群雄的风采？因此，要想成功，一定要学会忍耐。

东汉建安六年（201年），司马懿在河内郡被举为上计掾。此时他年仅二十三岁，但已是声名远播。当时曹操在汉献帝朝廷中担任司空，极需网罗人才为其效力。他听说司马懿是个青年才俊，很想请他出山，授以要职。但司马懿对此时的曹操并不看重，所以不愿过早地将自己的命运交付给曹氏，而只想等待观望，看准可投之主。

为了不开罪于曹操而招致杀身之祸，司马懿使出韬晦手段，推辞说自己身患风痹，不能起居。曹操乃老谋深算之辈，他秘密派刺客假装行刺，以探察司马懿生病的真情。当夜深人静之际，刺客偷偷潜入司马懿的内房，手持利剑，装出要行刺司马懿的姿势。机警的司马懿很快觉察到这是曹操派来探听虚实的探子，因而他仍然直挺挺地躺着，根本不加反抗。刺客由此认定司马懿真的患了严重的风痹病，便收起利剑，回去向曹操如实禀报了。曹操一时被蒙骗过去，而司马懿得以逃避了曹操的第一次征用。

建安十三年（208年），曹操担任了献帝的丞相，他四处物色贤士，又决定请司马懿担任文学掾，并严厉地对使者说："如果司马懿还是推三阻四，再耍花招，就把他绑来见我！"此时曹氏已今非昔比，他独揽汉室大权已成事实，即便逐鹿中原也稳操胜券，所以中原许多大族名士均已投靠曹操，并视其为实际君主，认为曹氏代汉只是时间问题了。

看清了形势的司马懿应召前往。曹操对司马懿的应召固然十分高兴，但他一向认为此人城府很深，不容易被人探知其内心活动，所以对他既使用又疑忌。司马懿虽然谨慎小心，但仍被曹操深深猜忌。

一天晚上，曹操梦见三匹马共食一槽。因"槽"与"曹"同音，曹操遂产生了"马"吃"曹"的联想，认为司马氏终有一天会侵蚀曹氏的权柄，所以心里更加不快。

司马懿对自己的处境当然明了。为了消除曹操的猜疑，他假装对权势地位无所用心，只是勤勤恳恳、恪尽职守，埋头于日常公务，为人也注意谦恭抑损，这才逐渐淡化了曹操的敌视态度。

曹丕即位后，虽然司马懿与曹丕关系不错，得到曹丕的重用，地位日益显赫，但他的防范心理并没有因此而懈怠。在征辽东公孙渊凯旋时，一些士兵因天气寒冷，乞求司马懿赏给襦衣。这本来不算过分的要求，但他却未答应。当别人对此表示不解时，他表明不能让皇帝认为他是用国库的衣物为自己收买人心。可见他为人十分精细。

二十余年后，到了魏明帝曹睿的儿子曹芳登位时，司马懿已官至太尉，与宗室曹爽同为顾命大臣，辅助魏王曹芳。两人实际共同掌握了曹魏的军政大权。

当时，曹爽门下有清客五百人，其中毕轨、何晏、邓扬、丁谧等常在曹爽周围，为他出谋划策。他们不断向曹爽进言，认为司马懿有一定的野心，而且在社会上有很高声望，对皇室是潜在的威胁，不可对他推诚信任。

曹爽遂于景初三年（239年）二月使魏帝下诏使司马懿从太尉升为太傅。这一明升暗降的办法，使司马懿的兵权被剥夺，实际权势被架空。

司马懿为曹家天下立过汗马功劳，德高望重，此次被架空实权，虽然大为不满，但他深知曹爽重权在握，自己难以抗衡，所以只好暗中组织人马，以待机行事。为防不测，他称病居家，对朝政不闻不问，并告诫二子司马师和司马昭安分守己，不可争强斗胜。

时隔不久，传来边境告急的军情。东吴军队分兵两路进攻六安和淮南，边境请求朝中发兵边关救急。一时间曹爽急得不知所措，赶紧召集众臣商议对策。可退兵之计还未落实，又有人传来急报，说樊城又遭东吴攻击，连连告退。这时局势已如同火上浇油，曹爽无计可施之下，只好以皇帝的名义派人去请司马懿来朝议事。

司马懿老谋深算，对战局了如指掌，同时也料定曹爽必来相请。他认为借此时机出战，一来可以打击曹爽的气焰，二来可以树立自己的威望，所以二话不说就答应了。司马懿来到朝中后，决定亲自带兵出征。无计可施的满朝文武见司马懿亲征边关，深信定可退敌，所以人心振奋，为司马懿举行了隆重的出征仪式。曹爽亲自将他送出津阳门外。司马懿率军直奔樊城，对东吴部队采取出其不意的突袭，很快打败了围城的吴军。然后他又转战六安，解了重围。前后不足一个月，司马懿就解了边关之危。班师回朝后，他的声望更是大增。

曹爽为了夺取皇位，进一步独专朝政，排斥异己，并在军机要地安置亲信。朝中大臣对曹爽的专横和野心看得清楚，但却敢怒不敢言。曹爽唯一的顾忌就是司马懿。于是，他命心腹河南尹李胜出任荆州刺史，并借向司马懿辞行之机前去探听虚实。

自边关出征得胜回朝后，司马懿的兵权又被曹爽剥夺，他一直采取忍耐退让的策略，称病居家，不问政事。得知李胜来访，深知其实质用意的他作了一番苦心安排。

当李胜被引到司马懿的卧室时，只见司马懿病容满面，头发散乱地躺在床上，并由两名侍女服侍着。李胜说："好久没来拜望，不知您病得这么严重。现在我被任命为荆州刺史，特来向您辞行。"司马懿假装听错了，说道："并州是近境要地，一定要抓好防务。"李胜忙说："是荆州，不是并州。"司马懿还是装作听不明白。这时，两个侍女给他喂药，他吞得很艰难，汤水还从口中流出。他装作有气无力地说："我已命在旦夕，我死之后，请你转告大将军，一定要多多照顾我的孩子们。"

李胜回去向曹爽做了汇报，曹爽喜不自胜，说道："只要这老头一死，我就没有什么好担心的了。"

不久，魏少帝曹芳前往洛阳南山拜谒魏明帝高平陵，曹爽以及他的弟弟曹义、曹彦和心腹亲信一同随行。

司马懿见时机已到，就以太后的名义传布诏令闭锁城门，发动了兵变。他派其子司马师、司马昭统领数千禁军占领城中要害部位，解除了曹爽和其亲信的兵权。控制城中以后，他又亲自出城劝降曹爽，并向曹爽保证只要投降，绝不伤害他的性命。曹爽部将力劝曹爽调兵平叛司马懿，曹爽犹豫再三，终究投降。曹爽自以为免除官职后也可当个富家翁，坐享清福，然而事与愿违，时过不久，司马懿便以曹爽大逆不道、图谋篡位的罪名将其连同亲信党羽全部诛杀了。

这场为期长达数年的争权，最终以曹爽惨败而告终。曹爽失败的致命错误是紧要关头缺乏冷静，过于轻信司马懿的计谋。但司马懿以忍为退的策略也巧妙地迷惑了曹爽，使其解除戒心，疏于防范，从而为自己赢得了时间。而不失时机地断然起事，则是他制胜的关键所在。

人生在世，谁都会有不顺遂的时候，但身处逆境正是促使自己身心成熟、准备大展宏图的机会。

身处逆境中最忌讳的反应是：第一，意志萧条；第二，焦躁不安；第三，惊慌失措，盲目挣扎。若是犯了这三项大忌中的任何一项，则不仅无法自逆境中脱困，反而会堕入万劫不复的深渊中。

而最关键的是要沉着地等待时机。就像《菜根谭》中所讲的那样，"伏久者飞必高，开先者谢独早。知此，可以免蹭蹬之忧，可以消躁急之念。"长久潜伏林中的鸟一旦展翅高飞，必然一飞冲天；迫不及待绽开的花朵，必然早早凋谢。了解了这个道理，就会知道凡事焦躁是无用的，身处横逆之中，只要能储备精力，重展身手的机会一定会来临，所以能够使自己的力量持久才是最重要的。只有抱着这种信念，才会安全跑完人生这段漫长的旅程。

忍亦有度，忍无可忍则无须再忍

在人与人之间的日常交往中，宽容忍让是一种可取的人生态度。正是这种精神，使我们的家庭关系稳定、人际关系和谐。

不过，虽然为人处世要忍，但忍让也要有度，倘若一味忍气吞声、逆来顺受，就变成了一种懦弱，特别是在原则问题和大是大非面前，切不可缩手缩脚。

齐国的相国晏子将出使楚国。楚王知道这个消息后，便对他左右的人说："晏婴是齐国很善于言辞的人，现在正动身来我国。我想侮辱他，用什么办法呢？"左右的人出了个主意。

晏子来到了楚国，楚王举行酒宴来招待他。正当大家酒兴正浓的时候，两个差人捆着一个人，走到了楚王的面前。楚王故意问道："你们捆绑的这人是干什么的？"差人回答说："他是齐国人，犯了偷盗罪。"

楚王笑嘻嘻地望着晏子，说："齐国人本来就善于偷盗，是吗？"

晏子站起来离开席位，郑重其事地回答说："我曾听说橘树生长在淮河以南是橘树，生长在淮河以北就成了枳树。橘树和枳树虽然长得很像，但它们结出的果实味道却大不相同，橘子甜，枳子酸。为什么呢？由于水土不同啊！如今，在齐国土生土长的人在齐国时不做贼，一到楚国就又偷又盗，莫不是楚国的水土使老百姓惯于做贼吗？"

楚王听后苦笑着说："德才兼备的人，是不能同他开玩笑的。我现在是有些自讨没趣了。"

为人不可过于宽厚，面对他人的无理挑衅时，不要一味忍让，要懂得捍卫自己的尊严与利益。

那么，如何掌握忍让这个度呢？它要求有一种对具体环境、具体事情做出具体分析的能力。

比如，在牵涉个人尊严、人格、权益的事情上不要忍让。当别人出于恶意损害了你的个人利益时，你还一味地忍让，他打你的左脸，你还送上右脸，这便是缺乏自尊、软弱无能的表现了。在现代社会，我们每个人都应当学会利用法律、政策以及其他有效办法来维护自己的合法权益、捍卫自己的尊严，这是现代人在社会上求生存、求发展必须学习的新内容。比如老板无理扣压薪金、遭遇上司猥亵、物业管理乱收费、居住环境受污染等，都是不应该忍让的事情。从大的方面来说，每个人在维护自己合法权益的同时也是在捍卫法律的尊严，只有全民大众都这样做，法律才能真正地服务于社会，社会才能更完善，而个人的人际关系也才能更融洽。

以忍图强，在磨难中铸就摧枯拉朽的才干

忍让不是一个抽象的概念，而是内涵丰富的一种谋略，忍让不是消极沉默，而是蓄势待发。忍让实质上是一种动态的平衡，当量积累到一定的时候必然会发生质的转换。忍让是意志的磨炼、爆发力的积蓄，忍让是无奈时的智慧选择，是暴风雨中明丽彩虹的酝酿，在忍耐时最重要的是我们要耐得住寂寞、失落，甚至屈辱和辛苦，等待和把握好进攻的最佳时机。

周敬王二十四年（公元前496年），吴王阖闾统领大军亲征越国，越王勾践迎战。这次战争以吴王阖闾大败而告终。阖闾在退兵回吴的途中，由于病情恶化，命殒黄泉。

阖闾死后，按照遗嘱，太子夫差接替了王位。夫差将阖闾葬于海涌山。

服丧期间，夫差念念不忘杀父之仇，并对天盟誓："一定要灭掉越国，为父报仇！"

为了早日实现复仇的愿望，夫差日夜操练兵马，储备粮草，铸造武器。经过三年多的充分准备，夫差于周敬王二十七年（公元前493年）进攻越国，由大将伍子胥和伯率军三十万，向越国进发。

吴越两军相距十里，摆开了阵式。吴王夫差亲自擂鼓助威，吴国将士士气高涨。此时，吴军又处顺风，如同猛虎下山，杀得越军只有招架之式，没有还手之力。激战良久，越军兵士死伤无数，吴军则越战越勇，势如破竹，穷追不舍，将勾践藏身的会稽山围得水泄不通。勾践走投无路，只得束手就擒。

后来双方达成了和议。议和的条件是，勾践和他的妻子到吴国来做奴仆，大夫范蠡随行。吴王夫差让勾践夫妇到自己的父亲吴王阖闾的坟旁，为自己养马。那是一座破烂的石屋，冬天如冰窟，夏天似蒸笼，勾践夫妇和大夫范蠡一直在这里生活了三年。除了每天一身土、两手粪以外，夫差出门坐车时，勾践还得在前面为他拉马。每当从人群中走过的时候，就会有人讥笑："看，那个牵马的就是越国国王！"

这实在是够能屈的了，由一国之君变成奴仆了，还为人养马、备受奴役。而勾践之所以会强忍着这所有的一切屈辱，为的就是日后的崛起。

一次，夫差病了，勾践在背地里让范蠡预测一下，知道此病不久就会好。于是他就亲自去见夫差，探问病情，并亲口尝了尝夫差的粪便，然后向夫差道贺，说他的病很快就会好的。夫差问他怎么知道。勾践就胡编说："我曾经跟名医学过医道，只要尝一尝病人的粪便，就能知道病的轻重。刚才我尝了大王的粪便，味酸而稍微有点儿苦，用医生的话说是得了

'时气之症'，所以病会好。大王不必担心。"果然不出几天，夫差的病就好了。由此，夫差认为勾践比自己的儿子还孝顺，所以深受感动，就把勾践放回了国去。

越王深为会稽山之耻而痛苦，一心伺机报仇。他睡不好觉，吃不好饭，不亲近美色，不看歌舞。他苦心劳力，对内安抚群臣，对下教养百姓，历时三年，终得民心。

为了更好地笼络群臣百姓，每当有甘美的食物，如果不够分，勾践自己就不敢独吃；有酒，则把它倒入江中，与人民共饮。勾践靠自己耕种吃饭，靠妻子亲手织布穿衣，吃喝不求山珍海味，衣服不穿绫罗绸缎。为了坚持锻炼自己的斗志，勾践不过舒服的生活，连褥子都不用，床上铺的是柴草。他还经常预备一个苦胆，随时尝一尝苦味，以提醒自己不忘所受之苦。他还经常外出巡视，并让随从车辆装着食物去探望孤寡老弱病残之人，以送给他们食物吃。最后，他召集诸大夫，向他们宣告说："我准备和吴国开战，拼一死活，希望士大夫们能和我一起战斗。跟吴王决斗，这是我最大的愿望。如果这些办不到，我将抛弃国家，离开群臣，身带佩剑，手举利刀，改变容貌，更换姓名，去当仆役。我会拿着箕帚侍奉吴王，以便找机会跟吴王决战。我虽然知道这样做危险很大，要被天下人所羞辱，但是我的决心已定，一定要想办法实现！"

经过"十年生聚"（发展生产力和集聚国力），"十年教训"（教育训练和武装百姓），勾践认为时机已经成熟，便出兵伐吴。他一举打败了吴国，雪耻前仇。吴王夫差兵败自杀，越国也因此跃升为当时最强的国家。

古人云："能忍辱者，必能立天下之事。"人的一生像月亮一样有盈有亏，若是不能估测自身实力、审时度势，受一点儿欺侮就"揭竿而起"，势必招来惨痛的灾祸。因此，要想获得成功，一方面我们要能够沉下心来努力地修炼自己，提高自己的才能；另一方面我们也要耐得住性子，以等待合适自己的机会。这样人生才可能取得成功。

退让是"会忍"

善忍是成大事者必备的习惯之一。我们常说"忍一时风平浪静，退一步海阔天空"，可是，又有几个人能真正做到呢？

"忍"其实就是一种自我控制，也是成功的基础，更是经过千锤百炼而形成的一种习惯。"忍"字常是一些有修养的人的一种品质。不仅对他们，对于每一个人，"忍"字都有着它特定的意义。

忍有其功用，但也有其缺点，我们要学会活用"忍"字。其实人生并不能一味地忍，如果人一味地忍那就毫无生气可言了。那"忍气吞声"的原因是什么呢？俗话说："天有不测风云，人有旦夕祸福。""十年河东，十年河西。"事物是不断发展变化的。因此，若忍住了暂时不利的局势，机会总会来临。不要耐不住等待，当你羽翼未丰时，以卵击石，强行对抗，到头来吃亏的总是你。因而我们说，人要"能忍"，更要"会忍"。

公元1224年，宋宁宗病死。由于他的八个儿子都早早地死了，权相史弥远便千方百计地在绍兴民间找到一个叫赵与莒的十七岁少年，系宋太祖的第十世孙。史弥远把他召到临安，改名赵贵诚，拥立为太子。后来又不顾杨太后的反对，强行拥立赵贵诚为皇帝，并改名为赵昀，这就是宋理宗。理宗青年嗣位，尚未成婚，直到服丧告终后才议选中宫。一班大臣贵戚听说皇上选中宫，都将生有殊色的爱女送入宫中。左相谢深甫有一孙女，待人谦和，贤淑宽厚。杨太后当年在做皇后时曾得到过谢深甫的不少帮助，因此她想立谢氏为皇后。除了谢氏外，当时被选入宫的美女共有六人。宁宗时的制置使贾涉的女儿长得颇有姿色，而且善解人意，理宗对他十分满意，一心想册立她为皇后。

可是杨太后却说："立皇后应以德为重，封妃可以色为主。贾女姿容艳丽，体态轻盈，但尚欠庄重。而谢氏则丰容端庄，理应位居中宫。"理宗听后马上表现出醒悟的样子，非常高兴地顺从了杨太后的意愿，册立谢氏为皇后，另封贾女为贵妃。其实，理宗心里一千个不愿意，但是他为什么又答应了杨太后的要求呢？原来，理宗心想，自己即帝位本就有诸多争议，此时如果不顺从太后的意愿，与她抗争，太后必定会忌恨自己，说不定会废除自己的皇位，另立天子。大丈夫能屈能伸，为什么自己不能忍耐一下，答应她的要求呢？总有一天，她是要死的，到时候，谁还能管得了自己？

宋理宗就是按照这一想法行事的，大礼完毕后，理宗对谢后一直是客客气气，全按礼数办，并能像例行公事似的时时在谢后那儿逗留一晚，使杨太后更加感到自己决定的正确。过了两年，杨太后撒手人寰，此时羽翼已丰的理宗，见此时机，便天天与贾妃在一起，无所忌惮地宠幸贾妃。

"忍"显示着一种力量，是内心充实、无所畏惧的表现。"忍"是一种强者才具有的精神品质。"忍"不是目的，而是手段。忍是因为目前还无力反抗或不必反抗，而当具备了相当实力，就可以一举翻身、扬眉吐气了。

以屈求伸，退中求进

在现实生活中，放着直路不走走弯路，无疑是个十足的傻瓜。然而，在漫漫人生中，尤其是在官场生活中，两点间的最短距离往往不是直线，而是曲线。什么时候应当强硬，什么时候又需要妥协，都不是一成不变的，暂时的妥协不过是为了将来的强硬。因为面对悬崖峭壁，如果直着走过去，不仅不能到达对面，反而会被摔得粉身碎骨。所谓"以屈求伸""以曲为直""以退为进""将欲取之，必先与之"等，都是围绕着"迂"和"直"两个字做的文章。

尤其值得提醒的是：退却是指半途而止，并不是半途而废，它包含着积极的内涵，而不是消极地夹着尾巴逃跑。为了把握好这一点，让我们再重温一下浪里白条张顺"退中求胜"，智胜黑旋风的故事。

《水浒》第三十七回有"黑旋风斗浪里白条"的情节，十分精彩。其文描写李逵与戴宗、宋江三人在靠江琵琶亭酒馆饮酒，李逵到江边渔船抢鱼，后趁着酒兴闹将起来：

正热闹时，只见一个人从小路里走出来，众人看见叫道："主人来了，这黑大汉在此抢鱼，都赶散了渔船。"那人道："什么黑大汉，敢如此无礼？"众人把手指道："那厮兀自在岸边寻人厮打。"那人正来卖鱼，见了李逵在那里横七竖八打人，便把秤递与行贩接了，赶上前来大喝道："你这厮要打谁？"李逵不回话，抢过竹篙往那人便打。那人抢过去，早夺了竹篙。李逵一把揪住那人头发，那人便奔他下三面，要跌李逵。可他怎敌得李逵水牛般气力，直被推将开去，不能够拢身。那人又往李逵肋下擂得几拳，李逵哪里看在眼里。那人又飞起脚来踢，被李逵直把头按将下去，提起铁锤般大小拳头，去那人脊梁上擂鼓似的打。那人怎生挣扎？李逵正打的起兴，被一个人在背后劈腰抱住，另一个人也来帮忙，喝道："使不得，使不得！"李逵回头看时，却是宋江、戴宗，便放了手。那人略得脱身，一道烟走了。

戴宗埋怨李逵道："我教你休来讨鱼，又在这里和人厮打。倘或一拳打死了人，你不去偿命坐牢？"李逵应道："你怕我连累你吧？我自打死了一个，我自去承当。"宋江便道："兄弟休要论口，拿了布衫，且去吃酒。"李逵向那柳树根头拾起布衫，搭在胳膊上，跟了宋江、戴宗便走。行不得数十步，只听得背后有人叫骂道："黑杀才，我今番要和你见个输赢。"李逵回头看时，便是那人脱得赤条条的，围扎起一条水儿，露出一身雪练似的白肉……在江边独自一个把竹篙撑着一只渔船赶将来，口里大骂道："千刀万剐的黑杀才，老爷怕你的，不算好汉！走的，不是好男子！"李逵听了大怒，吼了一声，撇了布衫，抢转身来。那人便把船略拢来，凑在岸边，一手把竹篙点定了船，口里大骂着。李逵也骂道："好汉便上岸来。"那人把竹篙去李逵腿上便搠，撩拨得李逵火起，突的跳在船上。说时迟，那时快，那人只要诱得李逵上船，便把竹篙往岸边一点，双脚一蹬。李逵当时慌了手脚。那人更不叫骂，撇了竹篙叫声："你来，今番和你定要见个输赢。"便把李逵胳膊拿住，口里说道："且不和你厮打，先教你吃些水。"说着他用两只脚把船只一晃，顿时船底朝天，英雄落水，两个好汉扑通地都翻筋斗撞下江里去。宋江、戴宗急忙赶至岸边，见那只船已翻在江里，两个便只在岸上叫苦。江岸边早拥上三五百人在柳阴底下看，都道："这黑大汉今番却着道儿，便挣扎得性命，也吃了一肚皮水。"宋江、戴宗在岸边看时，只见江面开处，那人把李逵提将起来，又淹将下去，两个正在江心里面清波碧浪中间，一个显浑身黑肉，一个露遍体霜肤。两个打作一团，绞做一块，看得江岸上那三五百人没一个不喝彩。

浪里白条张顺，将"陆战"变成"水战"，在一退一进之间创造战机，扬长避短，找到了战胜李逵的上策。号称"铁牛"的李逵毕竟不是"水牛"，他被江水灌饱，吃尽了苦头。

退与进是一对矛盾，二者既相互对立，又相互统一。不能将后退的举动一概视为怯懦和软弱。在无法前进的情况下，适当地后退往往是一种必要的、理智的行为。

刘备、诸葛亮火烧博望坡后，曹操发兵数十万，以曹仁为先锋大举南下，兵锋直指刘备的屯兵之地——新野。根据诸葛亮的提议，刘备退居樊城，同时火烧新野击败曹仁。鉴于刘表已死，荆州新主刘琮投降曹操，刘备集团失去了后盾，诸葛亮建议再行后退。刘备率军兵和百姓弃樊城，过汉江，退往襄阳。刘琮拒不接纳刘备入城，诸葛亮主张向江陵撤退。由于刘备不肯舍弃跟随的百姓，退却的速度很慢，致使江陵被曹操抢占。刘备与诸葛亮等商定后，全军退往汉江与长江的交汇处——夏口，取得了休养生息、壮大力量的机会。在休整兵马、加强防备的同时，诸葛亮乘孙权派鲁肃来夏口探听虚实之机，随鲁肃到江东，一番游说使孙刘结成联盟，在赤壁大破曹军，实现了刘备、诸葛亮打败曹操的目的。曹军败退后，刘备集团得以长驱大进，夺取了荆州。至此，半生漂泊的刘备终于得到了一块真正属于自己的地盘。

可见，在前进受阻时，退后一步再图进取，往往能相对容易地达到目的，这就是以退为进。如果刘备不从新野、樊城主动后退，不仅无法打败曹操，而且会使刘备政权无法继续生存下去。因为小小的新野、樊城连同那少得可怜的兵马，根本不在曹操大军的话下。

相比之下，南下的曹操却只知进取，不懂后退。当他进到长江边上，兵马虽多，但都已疲惫不堪，已是"强弩之末，势不能穿鲁缟"。这时候，他本该停顿下来或稍稍后退，但曹操仍然劳师远征，试图将孙权、刘备一举歼灭。结果在赤壁以众败寡，狼狈至极。赤壁一战后，曹操不得不退回中原，终其一生，最终未能消灭孙权和刘备。

这无疑是告诉我们必须处理好退与进的关系：退，向对手让步，是避敌锋芒、摆脱劣势的手段，是赢得进的积极行动。可是一般人在谋划时喜进而厌退，认为退是怯弱的表现。殊不知退的软弱正可以被利用来麻痹对手，掩盖自己对进的准备和行动。如此看来，其实在"软弱"中也可能蕴藏着力量。

古代哲学家老子提出"进道若退"，他力主以柔克刚、以退为进，这又岂是只知猛冲猛打的人所能理解的呢?

无论是战场还是商场，也无论是胜利后的退却还是失败后的退却，只要"退"仅是手段，而不是最后目的，只要有利于整体目标的实现，"退"又何尝不是上策呢?

因此，退中求胜的积极意义可概括为：保存实力、重整旗鼓以及待机战胜。

第十章

不必事事明了于心，要难得糊涂

第一节　水至清则无鱼，人至察则无徒

大事精明，小事尽可糊涂些

吕端，北宋初期幽州人。他幼时聪明好学，成年后风度翩翩，对于家庭琐碎小事毫不在意，心胸豁达，乐善好施。

宋太宗赵光义时代，吕端被任命为协助丞相管理朝政的参知政事。当时老臣赵普推荐吕端时，曾对宋太宗说："吕端不管得到奖赏还是受到挫折，都能够十分冷静地处理政务，是辅佐朝政难得的人才。"

宋太宗听后，便有意提拔吕端做丞相。有的大臣认为吕端"平时没有什么机敏之处"，太宗却认为："吕端大事不糊涂！"

终于，吕端成为宋太宗的宰相。在处理军国大事时，吕端充分体现出机敏、果敢的才能。每当朝廷大臣遇事难以决策时，吕端常常能较圆满地解决问题。

998年，太宗驾崩，李皇后与内侍王继恩等密谋废太子，"端知有变"，即将王继恩拘禁起来，辅佐宋真宗即位，挫败李皇后等人阴谋，可见吕端的确"大事不糊涂"。后来，"大事不糊涂"就成了典故；"大事

清楚，小事糊涂"，也成了人们处世的一个潜智慧。

其实"大事不糊涂"者怎么可能"小事糊涂"呢？须知大事就是小事积聚起来的啊！所谓小事糊涂，只是装糊涂而已，因为真正的智者不屑在小事上浪费时间和精力。

人的精力有限，如果事必躬亲会活得很累。诸葛亮在中国人的心目中是智慧的象征，但是他治理蜀国事必躬亲，最后活活累死了。而他死后不久，"蜀中无大将，廖化作先锋"，在三国中最先灭亡。

在处理大事与小事的关系上，有人提出了一种论点：大事小事都精明——少；大事精明小事糊涂——好；大事糊涂小事精明——糟。在古罗马律法中就有"行政长官不宜过问细节"一条。在现实生活中，不仅仅是领导者，普通人也时时面对自己所谓大事和小事，我们也就没有必要老是在鸡毛蒜皮的事情上耗着了。

何为大事？影响全局的事为大事，决定整体的事为大事，范围内的工作之重为大事，也就是说以结果来评价事之大小，而不是以事之大小决定。对于一个企业管理者来讲，不管其工作性质如何、内容多寡，其工作程序和本质是不变的。工作的关键环节和关键行为应视为大，在这些问题上，思路必须清楚，不能糊涂。

"嘻哈"风格，掩藏真实观点

"不得不说"然又"不能说之"的状况在生活中经常遇到，这时就要学会和对方打"语言太极"，嘻嘻哈哈，含含糊糊，让对方不知道你究竟在想什么。

某校某班在一次高考中，数学和外语成绩突出，名列前茅。校长在评功总结会上这样说："数学考得好，是老师教得好；外语考得好，是学生基础好。"

在座教师听罢沸沸扬扬，都认为校长的说法有失公正。刘老师起身反驳："同一个班，师生条件基本相同。相同的条件产生了相同的结果，原是很自然的事，不公平的对待，实在令人费解。原有的基础与之后的提高，有相互联系，不能设想学生某一学科基础差而能提高得快，也不能设想学生某一学科基础好而不需要良好的教学就能提高。校长对待教师的劳动不一视同仁，将不利于团结，不能调动广大教师的积极性。"

刘老师的这一席话说到大家心里去了，可是刘老师毕竟挑战了校长的尊严，大家都很担心，会场一时陷入了沉默，这时校长"嘿嘿"地笑起来，他说："大家都看到了吧，刘老师能言善辩，真是好口才。很好，很好！言者无罪，言者无罪。"

老师们看校长没有恼怒，都松了一口气，会场的尴尬气氛缓解了。

尽管别人猜不透校长说这话的真实意思，然而却不得不佩服他的应变能力。他为自己铺了台阶，而且下得又快又好。听了校长对刘老师质问的回答后，没有人再就此问题对校长跟踪追击了。

遇到别人的质疑或者追问时，走"嘻哈路线"是一种很有效的策略。轻轻一闪，就会把对方千斤的力量化于无形，同时还为自己争取到思考对策的宝贵时间。另外，"嘻哈"风格的姿态会给对方制造一种高深莫测的感觉，使其对自己的行为产生怀疑。

会避世，不如会避事

世事纷扰，即使图清静不去惹事，事也会来惹你。对那些找上门来的"事"，惹不起却躲得起，然而避事也是要讲方法的。

三国时，魏国的大将司马懿，出身大士族。曹操刚刚掌权的时候，曾经征召司马懿出来做官。那时候，司马懿嫌曹操出身低微，不愿意应召，但是又不敢得罪曹操，就托词说自己得了风瘫病。

曹操怀疑司马懿有意推托，派了一个刺客深夜闯进司马懿的卧室去察看，果然看到司马懿直挺挺地躺在床上。刺客还不相信，拔出佩刀，架在司马懿的身上，装出要劈下去的样子。司马懿只瞪着眼睛望着刺客，身体纹丝不动。刺客这才相信他是真瘫，收起刀向曹操回报去了。

司马懿知道曹操不会就此放过他。过了一段时期，让人传出消息，说风瘫病已经好了。等曹操再一次召他的时候，他就不拒绝了。

司马懿先后在曹操和魏文帝曹丕手下担任了重要职位，到了魏明帝即位时，魏国兵权已大部分落在他手里。后来，魏明帝将死之即，把司马懿和皇族大臣曹爽叫到床边，嘱咐他们共同辅助太子曹芳。

魏明帝死后，太子曹芳即了位，就是魏少帝。司马懿和宗室曹爽同为顾命大臣，一同执政。曹爽对司马懿这个外人不大放心，便用魏少帝的名义提升司马懿为太傅，实际上是夺去他的兵权。自兵权落到曹爽手里之后，司马懿就托病在家休养。

恰在这时，李胜升任青州刺史，前来辞行。曹爽觉得这是个好机会，就让他借出任荆州刺史之机，以向司马懿辞行为由，前去探听虚实。

司马懿知道李胜来访的真实意图，于是做了一番精心安排，李胜来到司马懿的居室，只见司马懿正在两个丫鬟服侍下更衣，他浑身颤抖，久久地穿不上衣服。他又称口渴，待丫鬟捧上粥来，他以口去接，将粥弄翻，流了一身，样子十分狼狈。

李胜看后欣喜，说："听说您风痹旧病复发，没想到病情竟这样严重，我受皇帝恩典，委为荆州刺史，今天是特来向您告辞的。"

司马懿故意装作气力不济的样子说："我年老体衰活不了多久，你调任并州，并州临近胡邦，要多加防范，以免给胡人制造进犯的机会啊！恐怕我们再难相见，拜托你今后替我照顾两个儿子司马师和司马昭。"

李胜说："我是出任荆州，不是并州啊！"

司马懿说："我精神恍惚，没有听清楚你的话。以你的才能，可以大建一番功业。"

李胜回去后，将所见所闻的详情告诉了曹爽，曹爽听后大喜，从此对司马懿消除戒心，不加防范。

公元249年新年，魏少帝曹芳到城外去祭扫祖先的陵墓，曹爽和他的兄弟、亲信大臣全跟了去。司马懿既然"病"得厉害，当然也没有人请他同去。

等曹爽一帮人一出皇城，太傅司马懿的"病"全好了，他披戴起盔甲，抖擞精神，带着他的两个儿子司马师、司马昭，率领兵马占领了城门和兵库，并且假传皇太后的诏令，把曹爽的大将军职务撤了。

又过了几天，就有人告发曹爽一伙谋反，司马懿派人把曹爽一伙人全下了监狱处死。这样一来，魏国的政权名义上还是曹氏的，实际上已经转到司马懿手里。

聪明反被聪明误，枉送了卿卿性命

为人处世不可"逞能"，须知"聪明反被聪明误"的事例屡见不鲜。因为"逞能"之时就是感觉最良好之时，感觉最良好之时即精神最松懈之时，因得意而无防备，危险就来临了。

在三国时代，有个绝顶聪明的人叫杨修，在曹操手下为官。

有一次，曹操建造了一座花园，造成后他去观看，未置可否，只是在门上写了一个"活"字就离开了。众人都不解其意，杨修说："'门'内添'活'字，乃'阔'字也。丞相是嫌门太宽了。"监工立即命令工匠们重建，曹操再去看时，大喜，问："谁知吾意？"左右告之："杨修也。"曹操虽喜，心甚忌之。

还有一件事，平时曹操担心被人暗害，便对左右的人说："吾梦中好杀人，凡吾睡着汝等切勿靠近。"一日，他午睡时被子落在地下，一近侍给他拾起复盖在身。曹操拔剑杀之，然后又倒头入睡。起床后，假意问道："是谁杀了我的近侍？"众人以实相告，曹操痛哭，命人厚葬。众人都以为曹操是梦中误杀，今见曹操又是痛哭，又是厚葬，不但不怪曹操，还多有称赞之辞。临葬时，杨修指着死者说："丞相非在梦中，君乃在梦中耳。"曹操听后，愈加嫉恨，便想找机会惩治这位"能人"。

后来曹操的军队与刘备在汉水作战，两军对峙，久战不胜，曹操是进是退心中犹豫，适逢厨子送进鸡汤，见碗中有鸡肋，因而有感于怀。正沉吟间，夏侯惇入帐问夜间口令。曹操随口说道："鸡肋！"行军主簿杨修一听夜间口令为"鸡肋"，便立即让士兵收拾行装，准备归程。夏侯惇忙问其故。杨修曰："鸡肋者，食之无肉，弃之可惜。丞相的意思是如今进不能胜，退恐人笑，在此无益，不如早归。来日魏王必班师矣。"本来曹操在进退两难之际，真有班师北归之意，但见杨修又说破他的心思，非常气恼，便大声呵斥道："汝怎敢造言，乱我军心。"喝令刀斧手推出斩之。

出头的椽子先烂

大家都在观望局势之时，千万不可做那出头的椽子，因为极有可能被拿下以作杀鸡吓猴之用。

市场部换了新经理。这个经理的作风和之前的完全不同，李明和他的同事们有些不习惯。而且新经理对待下属极其严格，动辄高声批评，弄得人很没面子。但是他对上司满脸堆笑，极尽阿谀谄媚之事。更为可气的是他自己明明水平有限，却总是摆出一副内行专家的样子。

李明他们最害怕的是新经理把自己关在屋里若干个时辰，然后很兴奋地拿出一份计划表，要求下属们在几天内完成。李明他们照计划去做时，又很难行得通。

李明本来就是个习惯仗义执言的人，他实在忍受不住了。有一天，他敲开经理室的房门，直截了当地告诉他大家的意见。没想到经理的脸由白变红再恢复正常之后，很虚心地接受了李明提出的意见。

从此之后，新经理果然变了：对待下属温和多了，构想新的计划时也找来大家一起商议。同事们都很感激李明，可李明还是感觉到经理对自己日渐冷淡，偶尔在办公楼里碰见也很尴尬。

时间久了，李明觉得特别别扭，只好找了个理由主动辞职，离开了这家他工作多年的单位。

糊涂下面掩藏清醒

人的一生精力有限，若对什么事都斤斤计较，那就太累了，不如"抓大放小"，小事糊涂而大事清醒，既显得宽容大度，又能保全自己。

在一次宴会上，楚庄王命令他所宠爱的美人给群臣和武士们敬酒。傍晚时分，一阵狂风把灯烛吹灭了，大厅里一片漆黑，黑暗中不知是谁用手拽住了美人的衣袖。美人急中生智把那人系帽子的带子扯断，然后来到楚庄王的身边，向他哭诉了被人调戏的经过，并说那个人的帽带被扯断，只要点上灯烛就可以查出此人是谁。

楚庄王安慰了美人几句，便向大家高声说："今天喝酒定要尽兴，谁的冠缨不断，就是没喝足酒。"群臣众将为讨好楚庄王，纷纷扯断冠缨，喝得烂醉如泥。等点灯时，大家的冠缨都断了，就是美人自己想查出调戏她的那个人，也无从下手了。

三年后，楚国与晋国开战，楚军有一位勇士一马当先，总是冲在前头。

楚庄王很奇怪，问他为什么如此拼命？勇士回答说："末将该死，三年前我在宴会上酒醉失礼，大王不但不治我的罪，还为我掩盖过失，我只有奋勇杀敌才能报答大王。"

在这个故事中，楚庄王听说有人调戏美人，而且他系帽子的带子已被扯断，是可以查出谁犯了错的。但楚庄王在这件事上采取"糊涂"的态度，因为他认为酒醉失礼是难免的，所以不想追究下属的过错，故意让大家扯断冠缨。楚庄王的宽容大度后来得到了应有的报偿。他的这种"糊涂"其实是一种富有远见的"精明"。

有些看似糊涂的人，做的却是聪明的事。那些笑他糊涂的人，不知道自己才是真糊涂。

有一则有趣的小故事就说明了这个道理。

美国第九届总统威廉·亨利·哈里逊出生在一个小镇上。小时候，他是一个很文静又怕羞的孩子，人们都把他看作傻瓜。镇上的人常常喜欢捉弄他。他们经常把一枚5分的硬币和一枚1角的硬币扔在他面前，让他任意选一个。威廉总是捡那个5分的，于是大家都嘲笑他"傻"。

有一天，一位妇人看到他可怜，便对他说："威廉，难道你不知道1角钱要比5分钱多吗？"

"当然知道！"威廉慢条斯理地说，"不过，如果我捡了那个1角的，恐怕他们就再也没有兴趣扔钱给我了。"

乐于成全别人

当有些东西对别人来说性命攸关，而对自己来说可有可无时，就成全别人好了，否则，"兔子急了也咬人"，惹急了别人，对自己也没有好处。

汉文帝时，袁盎曾经做过吴王刘濞的丞相，他的从使与他的侍妾私通。那个从使怕袁盎开罪于他，就畏罪逃跑了。袁盎知道消息后，亲自带人将他追了回来，将侍妾送给了他，对他仍像过去那样倚重。

汉景帝时，袁盎入朝担任太常，奉命出使吴国。吴王当时正在谋划反叛朝廷，想将袁盎杀掉。他派500人包围了袁盎的住所，袁盎对此事毫无察觉。恰好那个从使在围守袁盎的军队中担任校尉司马，就买来200石好酒请这500个兵卒开怀畅饮。围兵们一个个喝得酩酊大醉，瘫倒在地。当晚，从使悄悄溜进了袁盎的卧室，将他唤醒，对他说："你赶快逃走吧，天一亮吴王就会将你斩首。"袁盎问："你为什么要救我呢？"从使对他说："我就是以前那个偷了你的侍妾的从使呀！"袁盎大惊，赶快逃离吴国，脱了险。

必要时装装糊涂

古今中外，凡是能成大事的人都具有一种优秀的品质，那就是能够不与人较真，容人所不能容，忍人所不能忍，善于求大同存小异。这些人有胸怀，有魄力，豁达而不拘小节，做事总是从大处着眼。他们从不斤斤计较，目光短浅，纠缠于非原则的琐事。因为他们需要腾出更多的精力，全力以赴地去做比与人计较更重要的事。

孔子在东游列国的时候，有一天碰到两个猎人因为一道题目而争吵起来。二人自执己见，互不相让，争得面红耳赤，唾沫横飞。看见孔子走过来，就让他做裁定，如果谁说得对，对方便将所打的猎物全部奉上。

孔子赶忙问他们在为什么而争论。其中高个儿的猎人说："我说三八等于二十三，可他却偏偏说三八等于二十四。"孔子听后，便对矮个儿猎人说："你错了，把猎物全部奉上吧。"矮个儿猎人心中虽不情愿，但这是圣人的裁定，只好听从。高个儿猎人高兴地拿着一堆猎物走了。

这时候，矮个儿猎人指责孔子说："三八二十四，这是连小孩子都懂得的道理，你是圣人，却如此糊涂，真是徒有虚名啊！"

不料孔子却笑着说："你说的没错，三八等于二十四是小孩子都懂得的道理。所以说，你坚持道理就行了，干什么还要与一个根本就不值得认真对待的人，讨论这种不用讨论也再明显不过的问题呢？有这个时间，你可能又打到新猎物了。"

矮个儿猎人听了这话，顿时醒悟了过来。接着，孔子又说："他虽然得到了你的一点儿猎物，却得到了一生的糊涂错误；你虽然失去了一点儿猎物，但得到的却是深刻的教训啊！"

镜子看起来很平整，但在高倍放大镜下，就变成了凹凸不平的"山峦"；肉眼看很干净的东西，拿到显微镜下，满目都是细菌。试想，如果我们总是"戴"着放大镜、显微镜生活，那么恐怕连饭都不敢吃了。再用这些去放大别人的缺点，恐怕对方一定是罪不容诛、无可救药了。如此一来，生活还将如何得以继续呢？

人非圣贤，孰能无过？与人相处就要懂得适时变通，要经常以"难得糊涂"自勉，抓大放小，求大同存小异，有度量，能容人。只有这样，才会有更多的人与你为伍，你才会左右逢源，诸事遂愿。

所以说，世事明了于心，有时装装糊涂也不是未尝不可的，而且这也是为人处世的一种大智慧。

第二节　容人所不能容，忍人所不能忍

糊涂是聪明人的百变战术

糊涂是一门处世艺术，假装愚钝，让人以为自己浅薄无能，从而忽视自己的存在。

建安十三年，曹操亲率大军攻打江南。当时东吴的孙权对于是战是和还举棋不定。踌躇万分的孙权，按照母亲吴太夫人的指示，遵照哥哥孙策

"内事不决问张昭，外事不决问周瑜"的遗言，把周瑜叫来共商国事。

周瑜是吴军的大都督，掌握着吴国的军事大权。诸葛亮非常明白，要想说服孙权奋起联合抗曹，必须先说服周瑜，可是当时诸葛亮不太了解周瑜的个性和态度，于是，就想试投"一石"以观效果。

一天晚上，诸葛亮由鲁肃引见去会周瑜。鲁肃问周瑜："如今曹操驻兵南侵，是战是和，将军欲如何？"周瑜说道："操挟天子以令诸侯，难以抗命。而且兵力强大，不可轻敌。战则必败，和则易安。我建议和为上策。"鲁肃大惊道："将军之言错矣！江东三世基业，岂可一朝白白送给他人？"周瑜说道："江东六郡，千百万生命财产，如遭到战祸之毁，大家都会责备我的。因此，我决心讲和为好。"诸葛亮听完，觉得周瑜若不是抗曹的决心未定，便是一种有意试探。此时如果不另辟蹊径，而只是讲一通孙刘联合抗曹的意义，夸周瑜为盖世英雄，或是说明东吴地形险要，战则必胜的道理，那肯定难以奏效。

于是，他采用迂回战术旁敲侧击，激怒了周瑜，让他下了联合抗曹的决心。诸葛亮说道："我有一条妙计，只需差一名特使，驾一叶扁舟，送两个人过江，曹操得到那两个人，百万大军必然卷旗而撤。"周瑜急问是哪两个人。诸葛亮说道："曹操本是一名好色之徒，自从听到江东乔公有两位千金，大乔和小乔，长得美丽动人，便发誓说：'我有两个志向，一是要扫平四海，创立帝业，流芳百世；二是要得到江东二乔，以娱晚年。'曹操目前领兵百万，进逼江南，其实就是为乔家的两位千金而来的。将军何不找到乔公，花上千两黄金买到那两名女子，差人送给曹操？江东失去这两个人，就像大树飘落一两片黄叶，如同大海减少一两滴水珠，丝毫无损大局；而曹操得到这两人必然心满意足，欢欢喜喜地班师北返。"

周瑜问："曹操想得二乔，有什么证据可说明这一点？"

诸葛亮答曰："有诗为证。曹操的儿子曹植，十分会写文章，曹操在漳河岸上建造了一座铜雀台，雕梁画栋，十分壮丽，并挑选许多美女安置其中，又令曹植作了一篇《铜雀台赋》，文中之意就是说他会做天子，立誓要娶'二乔'。"

周瑜问："那篇赋是怎么写的，你可记得？"

诸葛亮说道："因为我十分喜爱赋中华丽文笔，曾偷偷地背熟了。赋略云：'从明后以嬉游兮，登层台以娱情……临漳水之长流兮，望园果之滋荣。立双台于左右兮，有玉龙与金凤。连二桥于东西兮，若长空之虾蝶……'"

周瑜听罢，勃然大怒，霍地站立起来指着北方大骂道："曹操老贼欺我太甚！"诸葛亮急忙阻止，说道："都督忘了，古时候单于多次侵犯边境，汉天子许配公主和亲，你又何必可惜民间的两名女子呢？"周瑜说道："你有所不知，大乔是孙伯符将军夫人，小乔就是我的爱妻！"

诸葛亮佯作失言，请罪道："真没想到这回事，我真是该死该死！"周瑜怒道："我与曹操老贼势不两立！"诸葛亮却故作姿态地劝道："请都督不可意气用事，望三思而后行，世上绝无卖后悔药的！"周瑜说道："承蒙伯符重托，岂有屈服曹操之理？我早有北伐之心，就是刀剑架在脖子上，也不会变卦的。劳驾先生助我一臂之力，同心合力共破曹操。"于是，在周瑜等人推动下，孙、刘结成抗曹联盟，赢得了赤壁之战的重大胜利，奠定了三国鼎立的基础。

诸葛亮用不知二乔的身份这个"糊涂"来掩饰一个巨大的骗局，掩盖真正的目的和意图，从而收到以静制动、以暗处明、以柔克刚、以反处正的功效。其实，在生活中，聪明的人总是能够巧妙地利用糊涂，以掩盖自己的身份、意图及感情，让别人在不知不觉中掉入自己的圈套之中。

糊涂是聪明人的百变战术，所以在深陷危机时，我们也可以利用"糊涂"来掩饰自己的聪明，让别人对我们失去戒心。

不给别人留余地，自己就可能没有立足之地

如果想让自己以后的路越走越宽，就要多给别人留出余地，别人有了落脚和行走的空间，才会有你的发展之地。

韩非子的《说林·下篇》中有这样一段话："桓赫曰：'刻削之道，鼻莫如大，目莫如小。鼻大可小，小不可大也；目小可大，大不可小也。'举事亦然，为其后不可复者也，则事寡败矣。"这段话的大意是说，工艺木雕的要领，首先在于鼻子要大，眼睛要小，鼻子雕刻大了，还可以改小，如果一开始便把鼻子给刻小了，就没有办法补救了。同样道理，初刻时眼睛要小，小了还可加大。如果刚开始雕刻时，就把眼睛弄得很大，后面就无法缩小了。为人处世，也是一个道理，凡事要留有余地，留有后路，只有这样，才不至于遭遇失败。

范雎是魏国人，早年有意效力于魏王，由于出身贫贱，无缘直达魏王，便投靠在中大夫须贾的门下。

有一年，他随须贾出使齐国，齐襄王知范雎之贤，馈以重金及牛、酒等物，范雎辞谢没有接受。须贾得知此事后，以为范雎一定向齐国泄露了魏国的秘密，便将此事报告了魏的相国魏齐。魏齐不问青红皂白，令人将范雎一阵毒打，直打得范雎肋断齿落。范雎装死，被用破席卷裹，丢弃在茅厕中。须贾目睹了这一幕，不置一词，还往范雎的身上撒尿。

范雎强忍着一时之气。他待众人走后，从破席中伸出头对看守茅厕的人说："公公若能将我救出，以后定当重谢。"守厕人便去请求魏齐，允许让他将厕中的"尸体"运出。

范雎历经千辛万苦来到了秦国都城咸阳，并改名换姓为张禄。范雎看出秦国是最具实力的国家，秦昭王也不是一个无所作为的国君。几经周折，范雎终于见到了秦昭王。他以其出色的辩才向秦昭王指出秦国政策的失

误，并提出了自己内政外交等一系列主张。

秦昭王立即采取措施，废太后，驱逐穰侯、高陵、华阳、径阳四人于关外，将大权收归己有，并拜范雎为相。范雎所提出的外交政策，便是闻名于后世的"远交近攻"，而他所要进攻的第一个目标，便是他的故国魏国。魏国大恐，派使臣须贾来向秦国求和。不过，须贾只知道秦的相国叫张禄，而不知他就是范雎。

范雎得知须贾到来，便换了一身破旧衣服，也不带随从，独自一人来到须贾的住处。须贾一见大惊，问道："范叔别后还好吗？"范雎道："勉强活着吧！"须贾又问："范叔想游说于秦国吗？"范雎道："没有。我自得罪魏的相国以后，逃亡至此，哪里还敢游说。"须贾问："你现在干什么呢？"范雎道："给别人帮工。"须贾不由得起了一丝怜悯之情，便留范雎吃饭，说道："没想到范叔贫寒至此！"同时送给他一件丝袍。

席间，须贾问："秦的相国张禄，你认识吗？我听说如今天下之事，皆取决于这位张相国，我此行的成败也取决于他，你有什么朋友与这位相国认识吗？"范雎道："我的主人同他很熟，我倒也见过他，我可以设法让你见到相国。"

第二天，范雎赶来一辆驷马大车，将须贾送往相国府。到了相府大堂前，范雎说："你等一下，我先进去替你通报一声。"须贾在门外等了好久，也不见有人出来，便向守门人问道："这位范先生怎么这么半天也不出来？"这时才明白刚才拉他进来的"范先生"就是他要找的相国。

须贾大惊失色，于是脱衣袒背，一副罪人的打扮，请守门人带他进去请罪。范雎雄踞堂上，身旁侍从如云。须贾膝行至范雎座前，叩头道："小人有必死之罪，请将我放逐到荒远之地，是死是活都由大人安排！"范雎道："本来我是要处死你的，但我今天之所以不处死你，是因为你昨天送了我一件丝袍，看来你还没忘旧情，我可以放你回去，不过你替我转告魏王，赶快将魏齐的脑袋送来！要不然，我就要发兵血洗魏都大梁城！"

魏齐吓得仓皇出逃，可赵、楚等国畏于秦国的兵威，谁也不敢收留他，魏齐终于被迫自杀。

凡事要留有余地，给别人留余地的同时也是给自己留余地。任何事情都不要做绝。故事里的须贾当初没有帮范睢，还往他的"尸体"上撒尿。这也就直接导致范睢的报复，然而须贾仁慈尚存，再遇到范睢时以为他落魄，还送他丝袍、留他吃饭。这点儿怜悯恰恰挽救了须贾的性命。试想如果须贾看到范叔的"落魄"而嘲笑和加害于他，那他的性命也就丢掉了。

可见，如果想让自己以后的路越走越宽，就要多给别人留出余地，别人有了落脚和行走的空间，才会有你的发展之地。倘若仗势欺人或者得理不饶人，非要把对方逼到绝路上，那自己离绝路也就不远了。

做不到的，先后退

如果前方的横栏已经超过了你的极限，那么不妨先后退一步，等到蓄积了更多的力量，再来挑战。

"没有做不到的事情，只有想不到的事情。"教育工作者为了鼓励学生敢作敢为，经常用上这句话。所以经常看到有些人不顾一切地向前冲，即使已经撞到南墙了，也以为自己一定可以把南墙撞出个洞来。

可是在生活中，很多事情并不是我们努力了就一定能做好的，也不是你一路向前冲就一定能够到达理想的目的地。如果环境和其他的外在条件不允许，或者说我们的坚持有可能给自己带来灾难的时候，不如先往后退一步，保存实力，以备来日之需。

汉惠帝六年，相国曹参去世。陈平升任左丞相，安国侯王陵做了右丞相，位在陈平之上。

王陵、陈平并相的第二年，汉惠帝去世，太子刘恭即位。少帝刘恭还是个婴儿，不能处理政事，吕太后名正言顺地替他临朝，主持朝政。

吕太后为了巩固自己的统治，打算封自己娘家侄儿为诸侯王，首先征询右丞相王陵的意见。王陵性情耿直，直截了当地说："高帝（刘邦的庙号）在世时，杀白马和大臣们立下盟约，非刘氏而王，天下共击之。现在立姓吕的人为王，违背高帝的盟约。"

吕后听了很不高兴，转而询问左丞相陈平的看法。陈平说："高帝平定天下，分封刘姓子弟为王，现在太后临朝，分封吕姓子弟为王也没什么不可以。"吕后点了点头，十分高兴。退朝以后，王陵责备陈平为奉承太后愧对高帝。听了王陵的责备，陈平一点儿也没生气，而是真诚地劝了王陵一番。

陈平看得很清楚，在当时的情况下，根本不可能阻止吕后封诸吕为王，只有保住自己的官职，才能和诸吕进行长期的斗争。因此，眼前不宜触怒吕后，暂且迎合她，以后再伺机而动，方为上策。

事实证明，陈平采取的斗争策略是高明的。吕后恨直言进谏的王陵不顺她的旨意，假意提拔王陵做少帝的老师，实际上夺去了他的相权。王陵被罢相之后，吕后提升陈平为右丞相，同时任命自己的亲信辟阳侯审食其为左丞相。陈平知道，吕后狡诈阴毒，生性多疑，栋梁干臣如果锋芒毕露，就会因为震主之威而遭到猜忌，早致不测之祸。必须韬光养晦，使吕后放松警觉，才能保住自己的地位。

吕后的妹妹吕须恨陈平当初替刘邦谋划擒拿她的丈夫樊哙，多次在吕后面前进谗言："陈平做丞相不理政事，每天老是喝酒，和妇女游乐。"

吕后听人报告陈平的行为，喜在心头，认为陈平贪图享受，不过是个酒色之徒。一次，她竟然当着吕须的面，和陈平套交情说："俗话说，妇女和小孩子的话，万万不可听信。您和我是什么关系，用不着怕吕须的谗言。"

陈平将计就计，假意顺从吕后。吕后封诸吕为王，陈平无不从命。他费尽心机固守相位，暗中保护刘氏子弟，等待时机恢复刘氏政权。

公元前180年，吕后一死，陈平就和太尉周勃合谋，诛灭吕氏家族，拥立代王为孝文皇帝，恢复了刘氏天下。

压力面前后退一步，可为自己赢得生存和发展的机会。千万不可为了一时意气盲目向前，那样既于事无补，又让自己反受其害。

迂回中获胜

不跟对手硬拼，是一种低调，也是一种智慧。

在生活中，我们难免会因为一些竞争而与对手针锋相对。矛盾也许不可避免，但是我们真的没有必要非跟别人斗个你死我活。如果真的躲不过去，也不要跟对手硬拼，要懂得利用智慧和技巧，在方法上取胜。

聪明的人总是懂得在危险中保护自己，而愚蠢的人总是喜欢依靠蛮力，耗掉自己全部的精力也要与对手拼出个高下，弄得自己没有回旋的余地。

一位搏击高手参加锦标赛，自以为稳操胜券，一定可以夺得冠军。

出乎意料，在最后的决赛中，他遇到一个实力相当的对手，双方竭尽全力出招攻击。当对方打到了中途，搏击高手意识到，自己竟然找不到对方招式中的破绽，对方的攻击却往往能够突破自己防守中的漏洞，有选择地打中自己。

比赛的结果可想而知，这个搏击高手惨败在对方手下，当然也就无法得到冠军的奖杯。他愤愤不平地找到自己的师傅，一招一式地将对方和他搏击的过程再次演练给师傅看，并请求师傅帮他找出对方招式中的破绽。他决心根据这些破绽，苦练出足以攻克对方的新招，决心在下次比赛时，打倒对方，夺取冠军的奖杯。

师傅笑而不语，在地上画了一道线，要他在不能擦掉这道线的情况下，设法让这条线变短。

搏击高手百思不得其解，怎么会有像师傅所说的办法，能使地上的线变短呢？最后，他无可奈何地放弃了思考，转向师傅请教。

师傅在原先那道线的旁边，又画了一道更长的线。两者相比较，原先的那道线，看起来变得短了许多。

师傅开口道："夺得冠军的关键，不仅仅在于如何攻击对方的弱点，正如地上的那条线一样，如果你不能在符合要求的情况下使这条线变短，就要懂得放弃从这条线上做文章，寻找另一条更长的线。那就是只有你自己变得更强，对方就如原先的那道线一样，也就在相比之下变得较短了。如何使自己更强，才是你需要苦练的根本。"

搏击高手恍然大悟。

师傅笑道："搏击要用脑，要学会选择，攻击其弱点。同时要懂得放弃，不跟对方硬拼，以自己之强攻其弱，你才能夺取冠军。"

在获得成功的过程中，在夺取冠军的道路上，有无数的坎坷与障碍，需要我们去跨越、去征服。人们通常走的路有两条：

一条路是学会选择攻击对手的薄弱环节。正如故事中的那位搏击高手，可找出对方的破绽，给予其致命的一击，用最直接、最锐利的技术或技巧，快速解决问题。

另一条路是懂得放弃，不跟对方硬拼，全面增强自身实力，在人格上、知识上、智慧上、实力上使自己加倍地成长，变得更加成熟、更加强大，以己之强攻敌之弱，使许多问题迎刃而解。

不跟对手硬拼，是一种低调，也是一种智慧。适当地给对手留有余地，也许可以将对方感化，从而化僵持为友好，将敌人变成朋友。适当地给自己留有一些余地，我们才有机会东山再起，才能把握好更多的机遇。

第十一章

进退有道，变通有术

第一节　掌握主动，赢得先机

杀鸡儆猴，震慑人心

杀鸡儆猴，是统治者用来镇压民众或威慑人心的惯常手段。人们一旦提起，总感觉其带有些阴暗的色彩。但如果"杀鸡儆猴"这一潜规则运用得当，不仅能起到震慑人心的作用，更能让自己处于人生的主动地位。

齐国人孙武是我国古代伟大的军事家，被誉为兵学的鼻祖。他因内乱逃到吴国，把自己所著的兵法敬献给吴王阖闾。阖闾说："您写的兵法十三篇，我都细细读过了，您能当场演习一下阵法吗？"孙武回答说："可以。"吴王又问："可以用妇女进行试练吗？"孙武又答道："可以。"于是吴王派出宫中美女一百八十人，让孙武演练阵法。

孙武把她们分成两队，让吴王最宠爱的两个妃子担任队长，每位宫女手拿一把戟。孙武问她们："你们知道自己的心、左右手和背的部位吗？"她们都回答说："知道。"孙武说："演习阵法时，我击鼓发令：让你们向前，你们就看着心所对的方向；让你们向左，就看着左手所对的方向；让你们向右，就看着右手所对的方向；让你们向后，就转向后背的方向。"她们都齐声说："是。"

孙武将规定宣布完后，便陈设斧钺，又反复强调军法。一切准备妥当后，孙武击鼓发令向右，宫女们却嬉笑不止，不遵奉命令。孙武说："规定不明确，口令不熟悉，这是主将的责任。"于是他重新申明号令，并击鼓发令向左，宫女们仍然嬉笑不止。孙武说："规定不明确，口令不熟悉，这是主将的责任；现在既然已经明确，你们仍然不服从命令，那就是队长和士兵的过错了。"说罢，命令斩杀两名队长。

当时吴王正站在观操台上，见孙武要斩杀他的两个爱妃，大吃一惊，急忙派人向孙武传令："我已经知道将军善于用兵了。没有这两个爱妃，我连吃饭都没有味道，请您不要杀掉她们。"孙武回答说："臣既然已经受命为将帅，就应该尽职尽责做好分内的事。将帅在处理军中的事务时，君主的命令如果不利于治军，可以不接受。"说完，仍命令斩杀两名队长示众，并重新任命两名宫女担任队长。孙武再次击鼓发令，宫女们按照鼓声向左向右、向前向后，跪下起立整齐划一，一举一动完全符合孙武的要求，没有一个人敢发出嬉笑声。

春秋时期，齐景公任命田穰苴为将，带兵攻打晋、燕联军，又派宠臣庄贾做监军。田穰苴与庄贾约定，第二天中午在营门集合。第二天，临行前，田穰苴早早到了营中，命令装好作为计时用的标杆和滴漏盆。约定时间已过，可是庄贾迟迟不到。田穰苴几次派人催促，直到黄昏时分，庄贾才带着醉容到达营门。田穰苴问他为何不按时到军营来，庄贾一脸无所谓，只说什么亲戚朋友都来为他设宴钱行，他总得应酬应酬吧？田穰苴非常气愤，斥责他身为国家大臣，负有监军重任，却只恋自己的小家，不以国家大事为重。庄贾认为这是区区小事，仗着自己是国王的宠臣亲信，对田穰苴的话不以为然。田穰苴当着全军将士的面，叫来军法官，问："无故延误时间，按照军法应当如何处理？"军法官答道："该斩！"田穰苴当即命令拿下庄贾。庄贾吓得浑身发抖，他的随从见势不妙，连忙飞马进宫，向齐景公报告情况，请求景公派人救命。在景公派的使者赶到之前，田穰苴已经下令将庄贾斩首示众。全军将士看到主将敢杀违反军令的大臣，个个吓得发抖，谁还敢不遵将令？

景公派来的使臣飞马闯入军营，拿景公的命令叫田穰苴放了庄贾。田穰苴沉着地应道："将在外，君命有所不受。"他见使臣骄狂，便又叫来军法官，问道："乱在军营跑马，按军法应当如何处理？"军法官答道："该斩！"使臣吓得面如土色。田穰苴不慌不忙地说道："君王派来的使臣，可以不杀。"于是下令杀了使臣的随从和马匹，并毁掉马车，让倒霉的使臣走回去报告情况。

激励士气，哀兵必胜

拿破仑曾经说："一支军队的实力，四分之三是由士气构成的。"这种说法似有夸张，但不无道理。士气是构成战斗力的基本要素，一支军队士气的高低，直接影响着战争的胜负。古今中外的军事家，都把挫伤敌人的锐气、激励己方的士气，作为运筹决策的重要内容。

公元前279年，齐国田单所率军队被燕军围于即墨。田单首先派间谍向外宣传说："我最怕燕军俘虏齐军士兵后，把他们的鼻子割掉，再把他们放到攻击部队的前头，那样即墨就要被击破了！"燕军听说后，果真这样去做，令人将俘虏的鼻子全割掉，推到阵前恐吓齐军。城中军民看到被俘的士兵被割去鼻子，异常愤怒，死守不屈。

田单又派出间谍四处散布言论说："我最怕燕军挖即墨城外的坟墓，那会使城中军民人人寒心，失去斗志。"燕军将领听说后，不仅下令挖掉齐人的坟墓，还焚烧掉骸骨，威逼齐人投降。城中齐国军民见此情景，悲痛涕零，义愤填膺，决心同燕军决一死战。田单看到高昂的士气上来了，便率领军民大举反攻。燕军溃败，齐军很快收复了所有失地。

认清形势，掌握主动

在进攻之时，不妨对敌我之间的各种利害关系进行灵活把握，这样才能用最省力的方法成为主动的一方。

袁绍在仓亭被曹操打败之后，心情抑郁，不久便得病身亡。临死前，袁绍立幼子袁尚为继承人，任命其为大司马将军。曹操这时斗志正旺，亲率大军前来讨伐袁氏兄弟，企图一举平定河北。曹军以破竹之势攻占了黎阳，很快便兵临冀州城下。袁尚、袁潭、袁熙、高干等带领四路人马合力死守，曹操一连几天都攻打不下。

曹操的谋士郭嘉献计说："袁绍废长子立幼子，兄弟之间必然会为争夺权力相互争斗，各自树立自己的势力帮派，他们之间情况危急时刻还可相救，一旦危机解除就会彼此相互争斗；不如先举兵南下去攻打荆州，征讨刘表，等袁氏兄弟相互争斗发生变故之后，再来攻打他们，就能一举而定。"曹操认为郭嘉言之有理，便留下贾诩镇守黎阳，曹洪镇守官渡，自己则率军征讨刘表去了。果然，曹操大军一撤走，长子袁潭便同袁尚为争夺继承权大动干戈，互相残杀起来。袁潭打不过袁尚，派人向曹操求救。曹操乘机再次出兵北进，杀死袁潭，袁熙、袁尚逃往辽东投奔公孙康，曹军很快占领了河北。

平定河北之后，夏侯惇等人劝曹操说："辽东太守公孙康一直没有臣服我们。现在袁熙、袁尚又去投奔他，必定成为我们的后患。不如趁他们还没有防备之际就去讨伐，这样就能取得辽东了。"曹操却笑着说："不烦你们再次出兵了。几天之后，公孙康会把二袁的首级亲自送来。"诸将都不相信。没过几天，公孙康果然派人将袁熙和袁尚的首级送来了。众将大惊，都佩服曹操料事如神。曹操大笑说："果然不出奉孝所料！"说着，拿出郭嘉临死前留给他的一封信。郭嘉在信中写道："如果听说袁熙、袁尚去投靠辽东，主公千万不要加兵。公孙康一直担心袁氏被吞并之后，二袁去投奔他。倘若率兵去攻打他，他们肯定并力迎敌，欲速则不达；倘若慢慢地谋取，公孙康、袁氏兄弟必然会互相图谋对方。"

原来，袁绍在世之日就一直有吞并辽东之心，公孙康对袁氏家族恨之入骨。这次袁氏二兄弟去投奔，公孙康就存心想除掉他们，但又担心曹操引军攻打辽东，想利用二人助己一臂之力。所以，袁熙、袁尚二人来到辽东，公孙康并没有马上相见，而是派人迅速前去探听曹军的动静。当探子回报曹操并无攻打辽东之意时，公孙康立即将袁熙、袁尚斩首，使曹操兵不血刃便达到了目的。

出击要果断

在战争中，当时机成熟的时候，一定要果断重拳出击，只有这样才不会陷入被动。

春秋时，齐桓公死后，宋襄公不自量力，想接替齐桓公当霸主。但是，遭到了各国的反对。宋襄公发现郑国支持楚国做盟主最积极，便想找机会征伐郑国出口气。

周襄王十四年，宋襄公亲自带兵去征伐郑国。楚成王见势，发兵去救郑国。但他没有直接去救郑国，而是率领大队人马直奔宋国。宋襄公慌了手脚，只得带领宋军连夜往回赶。等宋军在涿水（今河南柘城西北）扎好了营寨时，楚国兵马也开到了对岸。公孙固劝宋襄公说："楚兵到这里来，不过是为了援救郑国。咱们从郑国撤回了军队，楚国的目的也就达到了。咱们力量小，不如和楚国讲和算了。"

宋襄公说："楚国虽说兵强马壮，可是他们缺乏仁义；咱们虽说兵力不足，但举的是仁义大旗。他们的不义之兵，怎么打得过咱们这仁义之师呢？"宋襄公还下令做了一面大旗，绣上"仁义"二字，准备用"仁义"

去打败楚国的军队。天亮以后，楚军开始过河。公孙固对宋襄公说："楚国人白天渡河，明明是瞧不起咱们。咱们乘他们渡到一半时，迎头打过去，一定会胜利。"宋襄公还没等公孙固说完，便指着飘扬的大旗说："你难道没见到旗上的'仁义'二字吗？人家过河还没过完，咱们就打人家，还算什么'仁义'之师呢？"

楚兵全部渡过了河，在岸上布起阵来。公孙固见楚兵乱哄哄地还没整好队伍，赶忙又对宋襄公说："楚军还没布好阵势，咱们抓住这个机会，赶快发起冲锋，还可以取胜。"宋襄公瞪着眼睛大骂道："你这个家伙，怎么净出歪主意！人家还没布好阵就去攻打，这算仁义吗？"

正说着，楚军已经排好队伍，洪水般地冲了过来。宋国的士兵吓破了胆，一个个扭头就跑。宋襄公手提长矛，催着战车，想要攻打过去。可还没来得及往前冲，就被楚兵团团围住，大腿上早中了一箭，身上还受了好几处伤。多亏了宋国的几员大将奋力冲杀，才把他救出来。等他逃出战场，宋国的兵车已经损失了十之八九，兵器、粮草也全部丢光，将士们死的死，伤的伤，溃不成军，那面"仁义"大旗也早已无影无踪。老百姓见此惨状，对宋襄公骂不停口。可宋襄公还觉得他的"仁义"取胜了。公孙固悔恨着他，他还一瘸一拐地边走边说："讲仁义的军队就得以德服人，人家受伤了，就不能再去伤害他；头发花白的老兵，就不能去抓他。我以仁义打仗，怎么能乘人危难的时候去攻打人家呢？"那些跟着逃跑的将士，听了宋襄公的话，都哭笑不得，心想：我们平日打仗，靠拼命才能打败敌人，这回主公靠"仁义"打仗，害得我们差点儿丢掉性命。

将欲擒之，先予纵之

在做许多决定时，如果过早地行动，会让我们悖于道义、有违民心而陷入被动的处境。智者做事不会操之过急，他们懂得"欲擒故纵"的道理，在运用"将欲擒之，先予纵之"这一潜规则时总是得心应手。

郑庄公的母亲姜氏生有两个儿子，老大就是庄公，老二叫共叔段。姜氏对共叔段特别偏爱，几次请求郑武公立共叔段为世子，武公都没有同意。

武公死后，长子寤生继位，是为郑庄公。姜氏见扶植共叔段的计划失败，转而请求庄公将京邑封给共叔段，庄公不好推辞，只好答应了。

郑国大夫知道后，立即面见庄公说："分封的都城，它的周围超过300丈，就会对国家有害。按照先王的制度规定，国内大城不能超过国都的三分之一，中城不能超过国都的五分之一，小城不能超过国都的九分之一。现在将京邑封给共叔段，不合法度。这样下去恐怕您将控制不住他。"

庄公答道："母亲喜欢这样，我怎么能让她不高兴呢？"

大夫又说："姜氏哪里有满足的时候！不如早想办法处置，不要使她滋长蔓延，蔓延了就很难解决，就像蔓草不能除得干净一样。"

庄公沉吟了一会儿，说："多行不义必自毙。你姑且等着吧！"

其实，郑庄公心里早已有了对付共叔段的方略。他知道自己现在力量还不够强大，共叔段又有母后的支持，要除掉共叔段还比较困难，不如先让他尽力表演，等到其罪恶昭著后，再进行讨伐，一举除之。

共叔段到了京邑后，将城进一步扩大，还逐渐把郑国的西部和北部的一些地方据为己有。

公子吕见此情形十分着急，对庄公说："国家不能使人民有两个君主统治的情况出现，您要怎么办？请早下决心。要把国家传给共叔段，那么就让我奉他为君，如果不传给他，就请除掉他。不要使人民产生二心。"

庄公回答说："你不用担心，也不用除他，他会遭受祸端的。"

此后，共叔段又将他的地盘向东北扩展到与卫国接壤。此时，子封又来见庄公，说："应该除掉共叔段了，让他再扩大土地，就要得到民心了。"

庄公说："他多行不义，人民不会拥护他。土地虽然扩大了，但一定会崩溃的。"

共叔段见庄公屡屡退让，以为庄公怕他，更加有恃无恐。他集合民众，修缮城墙，收集粮草，修整装备武器，编组战车，并与母亲姜氏约定日期作为内应，企图偷袭郑国都城，篡位夺权。

庄公对共叔段的一举一动早已看在眼里，已有防备。当他得知共叔段与姜氏约定的行动日期后，就命大将子封率领二百乘兵车提前进攻京邑，历数共叔段的叛君罪行，京邑的人民也起来响应，反攻共叔段，共叔段弃城而逃，后畏罪自杀。他的母亲姜氏也因无颜见庄公而离开宫廷。

防患于未然

害人之心不可有，防人之心不可无。只有防患于未然，才能够免受其害。

楚国的春申君黄歇，门下有三千门客，是战国著名的"四公子"之一。当时楚国考烈王没有子女，春申君就四处搜寻美女献给楚王。当时有个赵国人，叫李园，他有个妹妹长得很漂亮。李园本想把妹妹献给楚王，但是他临时改变了主意，把妹妹献给了春申君。

春申君宠幸这个美女，没过多久，她就怀孕了。美人想到了一条妙计，和她哥哥偷偷商量后，对春申君说："夫君，楚王跟您的感情真是好啊！"春申君动情地说："是啊，我和楚王的感情就连亲兄弟也比不上。"美人又说："可是楚王没有儿子，他死后只有让自己的亲兄弟做国君。新国君一定只重用自己身边的人，哪轮得到您呢？而且您现在的地位这么高，肯定有对楚王的兄弟不够礼貌的地方，那您的处境岂不是更危险了吗？"春申君听了，说："是呀，可是又有什么办法呢？"美女眨了眨眼睛，说："办法倒是有一个。我已经怀孕了，如果楚王现在喜欢上我，那我生下的孩子就可以当上国君。那您就不用担心以后的前途啦。"

春申君照这个美女说的，把她献给了楚王。美女果然很快就得到了楚王的宠爱。后来，这个美女在王宫生了一个男孩。随后这孩子被立为太子，美女当上了王后。楚王又提拔她的哥哥李园当了高官。但是，李园是个有野心的人，他一来想夺取春申君的权位，二来又怕春申君泄露秘密，便在私底下养了许多杀手，计划伺机杀掉春申君灭口。

此时的春申君还蒙在鼓里。他的一个门客朱英对他说："您做楚国的丞相已经二十多年了，一人之下，万人之上。有一天楚王死了，您就要辅佐年幼的太子，直到他长大成人。这是您的福气，但这其中也可能隐藏着灾祸。正所谓祸兮福之所倚，福兮祸之所伏。"春申君没有将他的话放在心上，满不在乎地说："我现在过得很好啊，至于将来，会有什么不幸呢？"朱英忧心忡忡地说："李园一直想夺取您手中的权力，他早就偷偷养了许多杀手，只等楚王一死，便将矛头指向您。这就是我说的灾祸啊。不过，现在挽救还来得及，您只要先把我派到楚王的身边，替您除掉李园，先下手为强，免除您的后顾之忧。"春申君听了，哈哈一笑，拍拍朱英的肩膀说："先生多虑了。我了解李园，他是个胆小、温和的人，我又一直对他那么好，他不会做出什么对不起我的事。"

过了十几天，楚考烈王死了。李园先到宫里，安排杀手埋伏在宫门内。春申君匆忙进宫，刚走进宫门，李园的杀手就从两旁杀出来。春申君还没来得及喊救命，头就被割了下来，连他的家人也没能逃过这场血光之灾。

战国"四公子"之一的春申君就这样被杀掉了，更为悲惨的是他可能到死也不知道是谁杀死他的，因为在他的印象中，李园是胆小温和且自己对其有恩的人。

张扬得体，事半功倍

在一个凸显自我价值的时代，借助各种力量"捧"火自己，是一种变人生被动为主动的学问。

战国时，齐王受秦国和楚国谗言的欺骗，认为孟尝君的名望高过他自己，而且在齐国专权，就罢免了孟尝君的职位。孟尝君的门客知道这个消息，纷纷散去，只剩冯谖一个人留了下来。

冯谖对孟尝君说："请借给我一辆车，让我到魏国去，我一定让你重新受到国君的重用，增加封地，你愿意吗？"

孟尝君于是准备了车子和礼物，派他去魏国。

冯谖对魏国梁惠王说："天下的游士驱车入魏，都想使魏国强盛，使齐国削弱；而驱车入齐的却都想使齐国强盛，使魏国削弱。这是因为魏、齐两国势不两立，谁能称雄谁就能拥有天下。"

梁惠王听了，单膝跪地请教说："怎样才能使魏国称雄呢？"

冯谖反问道："大王知道齐国罢免孟尝君的事吗？"

梁惠王答："知道。"

冯谖说："辅佐齐国使之在天下举足轻重，都是孟尝君的功劳。现在齐王听信别人的诽谤，罢免孟尝君。孟尝君心中怨恨，一定会背叛齐国。如果他能投奔魏国，齐国的人心自然随之倒向魏国，齐国的国土就在魏王掌握之中了，岂只是称雄而已？大王应该赶快派使者带着厚礼，去迎聘孟尝君，千万不要错失良机。否则，如果齐国醒悟过来，再次重用孟尝君，那么魏、齐两国谁能称雄天下，就未可预料了。"

梁惠王听了很高兴，当即派出十辆车，载着百镒黄金去齐国迎聘孟尝君。

冯谖辞别魏王，先行赶回齐国，游说齐王："天下的游士驱车入齐的，都想使齐国强盛，使魏国削弱；驱车入魏的，则想使魏国强盛，使齐国削弱。这是因为齐、魏两国势不两立，一旦魏国强盛，齐国就会因此而削弱。现在我听说魏国派遣专使，带十辆车，载着黄金百镒来迎聘孟尝君。孟尝君不去魏国就罢了，一旦他去辅佐魏王，天下人都会去归附他。到那时魏国强盛，齐国削弱，齐国的临淄、即墨地区就危险了。大王何不在魏国使者到来之前，恢复孟尝君的职位，增加他的封邑，向他表示歉意呢？这样做，孟尝君一定会欣然接受。魏国再强大，又怎么能强请别国臣子去当丞相呢？"

齐王说："好。"

当即召见孟尝君，恢复他原来的相国职位和封地，还增加一千户封邑。魏国使者恰好在这时来到齐国，听说此事，只好返回。

门客冯谖凭三寸不烂之舌，说服魏王派出十辆车，又载百镒黄金去迎聘刚刚被齐王解除相国权位的孟尝君；之后，冯谖又去面见齐王，报告魏王要重用孟尝君的事情，同时劝说齐王恢复孟尝君的职位。这是一种策略，用现代的话说，冯谖必须先把已经下野的孟尝君在魏王那里"炒"起来，给齐王施加压力，让齐王认识到孟尝君的价值，这样，齐王才能再度起用孟尝君。

第二节　势头不妙，该退就退

后退一步是为了前进三步

就像运动员起跑前要先往后迈一步一样，后退往往是前行的动力。为了前进过程中的持久而强劲，有时需要先后退一步。

《菜根谭》中说："经路窄处，留一步与人行；滋味浓时，减三分让人尝。此是涉世一极安乐法。"妥协从退让开始，以胜利告终，表面是以对方利益为重，实际是为自己的利益开道。以小步的退却换取大踏步的前进，何乐而不为呢？

王蓉是一个化妆品公司的推销员，她所在的公司几次想与一家业内知名的大型化妆品公司合作，却一直未能如愿。经过王蓉的不懈努力，该公司终于答应与王蓉的公司合作，但有一个要求：要在王蓉所在公司的化妆品广告词中加上该公司的名字。

王蓉公司的老总却不同意，认为这是花钱替别人打广告。协商又陷入僵局，合作公司要求王蓉的公司两天内回话。

王蓉听到这个消息，直接找到老总，让他赶紧答应，否则会错失良机。老总不乐意地说："我坚决不妥协，他们这是以强欺弱。"

王蓉认为把自己的产品和一个著名的品牌绑在一起是有利的，经她的劝说，老总终于同意了合作的条件。事情正像王蓉预料的那样，和这家大型化妆品公司的合作也提高了自家公司的信誉度，公司的效益蒸蒸日上，销售额直线上升，王蓉也因此被提升为业务部总经理。

尊重并突出别人的观点和利益，这是我们欲求他人合作的最有力的法宝。人们常常不会正确使用这一法宝，是因为他们忘记了，如果我们过分强调自己的需要，那别人对此即便本来是有兴趣的，也会改变态度。

功成名就，适时全身而退

争天下时，务求得人，礼爵有加；一旦政权在握，转而大肆屠戮功臣，诛灭异己。在中国的历史舞台上，统治者与开国功臣之间常常玩起"兔死狗烹"的游戏，懂得了游戏规则，才能占据博弈中的主动权。

越王勾践卧薪尝胆，灭吴复国，这其中起了关键作用的是他的两大功臣：范蠡和文种。当勾践被围会稽山上，弹尽粮绝之时，是文种提出以乞和求降之计来保住性命，使勾践得以生还。当勾践被拘往吴国，是文种留在越国，救死抚孤，耕战自备，愤发图存。当勾践从吴国归来之后，是文种提出了消灭吴国的七种办法：一是以金银相贿赂，讨好其君臣；二是花高价购买吴国粮食，使其仓储空虚；三是赠送美女，去迷惑吴王夫差的心志；四是派遣能工巧匠去帮助吴国修建宫殿，以消耗其财富；五是拉拢吴国的奸臣，以破坏他们的计谋；六是故意推崇吴国的忠臣，使吴王疑心而加以杀害，来削弱吴国的辅佐力量；七是自己要积财练兵，等待时机反攻。

勾践打败了吴国，称霸一时。就在欢庆胜利的时刻，范蠡急流勇退，隐姓埋名，弃政经商去了。

他出逃之后，曾给文种送来一封信说："狡兔死，走狗烹；飞鸟尽，良弓藏；敌国破，谋臣亡。越王可与共患难，不可与共欢乐，你如果不赶快离开，将有大祸临头。"

文种以为范蠡太多心了，不过，从此以后他也不大过问国事了，终日称病在家。可是，勾践并没有放过他。于是，他借探病为名，来见文种，问他："先生曾以灭吴的七种手段指教过我，我只采用了其中的三种，便将吴国灭了，剩下四种，你打算再怎么去使用呀？"文种说："我看不出它们还有什么用处。"

勾践说："请先生带了这四种手段，到九泉之下去辅佐我的先人吧！"说罢起身登车而去，留下了一把名为"屡镂"的利剑。

文种明白，勾践容不下他了，便自刎而死。

其实勾践这个人杀功臣的手腕不大高明，他直率地表达了他对文种高明智谋的畏惧，而不像后代一些屠杀功臣的掌权者们，还要给受害者扣上"造反""通敌"之类的大帽子，因此，他被后代视为忘恩负义的典型。说起来，他比那些后来者要仁慈得多，因为他没有动用酷刑、凌迟之类的残忍手段，只留下一把宝剑，由文种自行就死，而且他也罪止文种一人，而没有大肆株连。所以，知晓"兔死狗烹"的游戏规则，不与人共富贵才能全身而退。

别做他人的替罪羊

慈禧登上权力宝座的开始，就与洋人打上了交道。长期以来慈禧一直处于洋人压制之下，因此，当义和团运动从山东爆发以来，起初慈禧的态度是坚决剿灭，但当她听说义和团有"刀枪不入"的护体神功之后，心怀狡诈的慈禧立即想出一条毒辣之计——利用义和团去抵挡洋人，最好是让双方拼个两败俱伤，她则坐收渔翁之利。

于是，慈禧的主剿态度发生了微妙的变化，她在上谕中称："谕内阁：西人传教，历有年所，该教士无非劝人为善，而教民等亦无从恃教滋事，敢尔民教均克相安，各行其道。近来各省教堂林立，教民繁多，遂有不逞之徒，溷迹其间，教士亦难遍查其优劣。而该匪徒借入教为名，欺压平民，在嘉庆年间，亦曾例禁。近因其练艺保身，守护乡里，并未滋生事端，是以屡降谕旨，饬令各地方官，妥为弹压。无论其会不会，但论其匪不匪。如有借端滋事，即应严拿惩办。是教民、拳民，均为国家赤子，朝廷一视同仁，不分教、会。"

慈禧在上谕中称教民、拳民"均为国家赤子"，可见慈禧对义和团的态度已有了重大变化，表明她已下定决心利用义和团来打击洋人。

为了取得朝廷大臣的支持，慈禧先后多次召开御前会议，但意见难以统一。最后慈禧干脆亮出了自己的底牌："今日之事诸大臣均闻之矣。我为江山社稷，不得已而宣战，顾事未可知。有如战之后，江山社稷仍不保，诸公今日皆在此，当知我苦心，勿归咎予一人，谓皇太后送祖宗三百年天下。"

可是她又担心万一失败，洋人算战争账时将她定为祸首，于是又预先留了一手——"有如战之后，江山社稷仍不保……勿归咎予一人"。说白了，就是不能让她去当"替罪羊"，如此用心，不可谓不毒辣。

由于义和团的"刀枪不入"神功根本不能抵挡洋人的枪炮，拳民伤亡惨重，加上奉慈禧之命攻打洋人的荣禄不尽力，使战争一败涂地。

后来，荣禄奉慈禧的暗中指示，立即转而限制清军，致使洋人反扑，不久进入北京，到处抢掠烧杀，无恶不作。慈禧见事情发展到这种地步，想跳河自尽，被人劝住，只好扮成一乡妇逃出京城，向西安亡命。

在西逃过程中，慈禧立即命李鸿章、荣禄、崇绮与洋人议和。八国联军提出应惩办罪魁祸首，也就是逃亡的慈禧，但在李鸿章等晓以利害的情况下，他们决定不惩办慈禧，但要求对其他人严加治罪。

既然洋人都表态不追究慈禧的首罪，慈禧也就要表达自己的知恩图报了。于是她不仅下令屠杀义和团，还颁旨宣布了一大批洋人点名要的"人"。在她宣布的第一批"替罪羊"中有主张抗战的载漪、载勋、刚毅、赵舒翘等，一一做了严重的处罚。

这样，"替罪羊"们受到了处治，慈禧派的议和大臣又曲意奉承，洋人的怒气总算有所平息。1901年8月，双方终于签订了《辛丑条约》，慈禧还大言不惭地说："量中华之物力，结与国之欢心！"卖国嘴脸尽展无遗！

为了取悦洋人，慈禧又做出了一番表现：当她在回銮途中从河北正定乘车回北京，经过使馆人员站立的阳台时，这位一向不苟言笑的老太婆从轿中欠起身来，"非常和蔼"地面带笑容向洋人回礼，刚到京就在宫中接见各国驻华使节，整个仪式从头到尾"都是在格外多礼、格外庄严和给予外国代表以前所未有的更大敬意的情况下"进行的。

尤其令人气愤的是，在这次接见过程中，慈禧还"非常亲切地"接见了外交使节的夫人，向这些曾被她命令的义和团围攻、受到万分惊吓的夫人们表示问候。此时，慈禧早已没有了对洋人宣战的那股狂傲，有的只是如何尽力满足洋人的需求，但求保住自己的权力地位。而她这一目的的实现，却是以牺牲民族利益为代价的。因此，慈禧尽管精于算计，但她终究没有逃脱后人的指责和唾骂。

弃暗投明，良禽择木而栖

公元前209年，陈胜揭竿而起，宣告了一个群雄争霸时代的到来。就在这时，阳武县一位名叫陈平的年轻人，前去投奔魏王咎，被任命为太仆，替魏王执掌乘舆和马政。陈平十分聪慧，年少就胸怀大志，而且勤奋读书。他来投靠魏王，原本想有一番成就，但他屡次献计献策都没有被采纳，反而遭到他人的排斥、诋毁。陈平认识到魏王咎是个平庸之人，于是便毅然出走，投奔到项羽麾下，参加了有名的巨鹿之战，跟随项羽入军关中，击败秦军。项羽赐给他卿一级的爵位，但这种职位徒有虚名，并没有实权。

公元前206年4月，楚汉之战正式开始。第二年春天，殷王司马印背楚投汉。项羽大怒，封陈平为信武君，率领魏王咎留在楚国的部下进击殷王，收降司马印。陈平取胜后因功被拜为都尉。过了不久，汉王刘邦又率部攻占了殷地，司马印被迫投降。司马印的反复无常激怒了项羽，以至于迁怒陈平，要斩以前参加平定殷地的全体将士。陈平害怕被杀，又看到项羽刚愎自用，尽逞匹夫之勇，难成大气候，于是封裹其所得黄金和官印，派人送还项羽，自己独自提剑抄小路逃走。

陈平一路直奔修武，因为当时刘邦正率领部队驻扎在那里。他通过汉军将领魏无知见了刘邦。刘邦赐给他酒食，并说："吃完了，就休息去吧。"

陈平说："我为要事而来，我对您要说的事不能挨过今天。"

刘邦听他这么一说，就跟他谈起来，两人纵论天下大事，谈得非常投机。刘邦问陈平："你在楚军里担任什么官职？"

陈平回答说："担任都尉。"

当日刘邦就任命陈平担任都尉，让他当自己的骖乘，主管监督联络各部将领的事。

这事一传出，帐下将领不禁大哗，纷纷对刘邦说："大王得到楚军一个逃兵，还不知道他本领有多大，就与他坐一辆车子，反倒来监督我们这些老将。"

刘邦听到这些议论后，反而更加亲近陈平，同他一道东伐项王。这样一来，将领们越发不服气。过了一段时间，他们推举周勃、灌婴晋见刘邦说："陈平虽然美如冠玉，恐怕是徒有其表，未必有什么真才实学。我们听说他在家时就德行不佳，与嫂子通奸，而且反复无常，侍奉魏王不能容身，逃出来归顺楚王，归顺楚王不行又来投奔汉王。如今大王器重他，给予他高官，他就利用职权接收将领的贿赂。这样的人，汉王怎么能加以重用呢？"

经这么多人一说，刘邦也不惧不怀疑起陈平来，他把推荐人魏无知叫来训斥了一番。魏无知根据刘邦豁达大度、不拘小节的特点，以及求贤若渴、争夺人才的特殊形势，回答得非常精彩。他说："我所说的是才能，陛下所问的是品行。这两者在争夺天下的过程中，哪一方最重要呢？我推荐奇谋之士，是为了有利于国家，哪里还管他是偷还是接受贿赂呢？"

对于魏无知的回答，刘邦也没有什么好说的。他又责备陈平说："先生您侍奉魏王不终，又去追随楚王；追随楚王不终，现在又来与我共事，讲信用的人应该如此三心二意吗？"

陈平听后回答说："我侍奉魏王，而魏王不能采纳我的主张，所以我离开他去侍奉楚王。楚王不信任人，所以我弃楚归汉，封金还印，只落得形单影只。听说汉王善用人，故来投靠汉王。我空手而来，不接收金钱便没有可供花销的。假如我的计策值得采纳，大王您就采纳；如果没有，钱还在，我可以封存起来送到官府，请求辞职。"

刘邦听陈平说完这段话后，立即表示道歉，并说："你能帮助我成就大业，我也要叫你衣锦还乡。"

于是，更加厚赐陈平，把他升为护军都尉。从此以后，诸将领再也不敢说什么了。

陈平出奇谋，使刘邦多次转危为安。

公元前204年正是楚汉战争打得最激烈的一年，双方在荥阳争夺得你死我活。刘邦心里非常焦急，他问陈平："天下纷争不定，什么时候才能真正安定呢？"

陈平从容地分析说："我想楚国存在着可扰乱的因素。项王身边就那么几个刚直之臣，如范增、钟离昧、龙且、周殷之辈。如果大王舍得花几万斤金钱，可施行反间计，离间他们君臣关系，使之上下离心。项王本来爱猜忌怀疑，容易听信谗言，这样，必定会引起内讧和残杀，到那时，我军再乘机进攻，定能获胜。"

刘邦对陈平的分析大加赞赏，于是拿出四万斤黄金给陈平，让其任意处置。

陈平巧设反间计，除掉了项羽唯一的谋士范增。

如果你自觉是个人才，那么就要找到那个值得你为之效力的人，然后奉献你的才智。

懂得后退，避开阻力

鲁莽不是美德，"傻大胆"更不是英雄。人性社会也有自己的生物链，一个人若蔑视一切，觉得"老子天下第一"，那么失败于他是肯定的了。

深海中有一种鱼叫马嘉鱼，外形非常漂亮，它们平时生活于深海中，春夏之前溯流产卵，随着海潮浮到浅水面。渔人捕捉马嘉鱼的方法很简单：用一张十寸见方、孔目粗疏的竹帘，下端系上铁坠，放入水中，由两只小艇拖着，拦截鱼群。马嘉鱼的"个性"很强，不爱转弯，即使触入罗网中也不会停止，所以一只只前仆后继钻入帘孔中，帘孔随之紧缩。孔越紧，马嘉鱼越被激怒，瞪起明眸，张开脊鳍，更加拼命往前冲，终于被牢牢卡死，为渔人所获。

马嘉鱼的悲哀就在于它不懂生存的进退之道。常有人抱怨人生路越走越窄，看不到成功的希望，却仍然习惯在老路上一直走下去，不思改变。为人处世要灵活，千万不要"一根筋"，认准一条道走到底，最终碰得头破血流。退一步也许有一片更为广阔的天地。

唐高祖李渊建立唐王朝后，太子李建成和齐王李元吉勾结，多次迫害有功的秦王李世民，兄弟间一场生死拼杀在所难免。

李世民身边的文臣武将都十分着急，生怕秦王心存仁念，错失良机。李世民把他的心腹将领尉迟敬德等人找来，对他们说："我们安排未妥，事无头绪之时，又怎能草率行事呢？事若不密，为人察觉，只怕我们先得人头落地了。还望各位详加筹划，切勿泄露。"

李世民边忍边动，加紧布置。由于他表面从容，处处示弱，李建成、李元吉果真上当，暗中得意。他们按部就班，一步步地实施整倒李世民的计划，心想：天长日久，不愁大事不成。

不久，有报说突厥兵犯境，李建成便保举李元吉为帅，带兵迎敌。齐王请求李渊把秦王李世民的兵马交归他指挥，李渊答应了他的要求。李世民和他的文臣武将一眼便看穿了他们的阴谋，李世民见群情激奋，便故作痛苦地安抚众人说：

"皇上既然同意，看来我只能坐以待毙了。这是天意，我又能怎么样呢？"

众人见此，信以为真，不禁泣泪；有的还要告辞而去，以示抗议。只有几个知情者以目示意，不露声色。

这时又有人进来密告李世民，说太子与齐王早已设下计谋，只等李世民等人给齐王出征送行时，便密伏勇士，趁机杀掉李世民，然后太子登位，封齐王为太弟。

众人听此言，皆发怒大喝，情绪更为激动。李世民见时机已到，这才长叹一声，对众人说："我是被逼至此，各位都是明证。事已至此，只有先发制人，我们才能铲除强敌，保全性命。"

李世民分派伏兵于玄武门。第二天，李建成、李元吉上朝由此经过，伏兵齐出，他们二人猝不及防，李建成被李世民射死，李元吉被尉迟敬德砍杀。

李世民除掉了与之竞争的对手，终于坐上了皇帝的位置。

李世民不愧是一代明帝，他知道以他的力量很难随便就击败两位兄弟，于是以退为进，终于实现了自己的愿望。

再退一步，做个旁观者

退居一旁是为了保持清醒的头脑，把握形势。做一个旁观者，看清局势再进攻，进攻时就能做到成竹在胸。

齐国相国邹忌，身高八尺，相貌堂堂，却心胸狭窄，私心极重。

随着孙膑、田忌威望的提高，邹忌担心自己的相位不稳，因此欲除掉田忌、孙膑而后快。可能因为孙膑身有残疾，同邹忌争夺相位的可能性不大，所以邹忌将目标首先对准了风头甚劲的田忌。

马陵之战结束不久，邹忌派人到市中找卖卜者算卦，扬言是田忌派他去算的，要算算田忌如果要谋反，是吉还是凶。邹忌则随后派人将此人抓获，送到齐威王那里。

齐威王这时年纪大了，有点儿老糊涂了。他本来就对田忌手握重兵心有疑惧，听了邹忌的话，遂相信田忌有谋反的意图。而这时田忌正率兵在外，于是齐威王遣召田忌回临淄，准备等田忌回到临淄后再审问此事。

孙膑此时也在田忌军中。他对齐国的政局及邹忌、田忌之间的矛盾洞若观火，及见齐威王无缘无故忽然派人来召田忌回临淄，感觉齐威王一定是听信了邹忌的诳言，认为田忌如果回到临淄，将凶多吉少，于是就提醒田忌说，齐王一定听信了邹忌的诳言，千万不要贸然回临淄。

田忌对孙膑早已佩服得五体投地，对他言听计从。他依孙膑之言，率兵攻打临淄。

但邹忌也不是等闲之辈，早已做好了守城准备，田忌攻城不胜，眼见各地勤王之兵大集，只好弃军逃亡到了楚国。而孙膑于田忌攻临淄之时就已不知去向。

第十二章

得之我幸，失之我命，善变者赢天下

第一节　失之东隅，收之桑榆

21世纪的今天，选择比努力更重要

有一个非常勤奋的青年，很想在各个方面都比身边的人强。但经过多年的努力，仍然没有长进，他很苦恼，就去向智者请教。

智者叫来正在砍柴的3个弟子，嘱咐说："你们带这个施主到五里山，打一担自己认为最满意的柴。"年轻人和3个弟子沿着门前湍急的江水，直奔五里山。

等到他们返回时，智者正在原地迎接他们。年轻人满头大汗、气喘吁吁地扛着两捆柴，蹒跚而来；两个弟子一前一后，前面的弟子用扁担左右各担4捆柴，后面的弟子轻松地跟着。正在这时，从江面驶来一个木筏，载着小弟子和8捆柴，停在智者的面前。

年轻人和两个先到的弟子，你看看我，我看看你，沉默不语；唯独划木筏的小徒弟，与智者坦然相对。智者见状，问："怎么啦，你们对自己的表现不满意？""大师，让我们再砍一次吧！"那个年轻人请求说，"我一开始就砍了6捆，扛到半路，就扛不动了，扔了两捆；又走了一会儿，还

是压得喘不过气，又扔掉两捆；最后，我就把这两捆扛回来了。可是，大师，我已经很努力了。"

"我和他恰恰相反，"那个大弟子说，"刚开始，我俩各砍两捆，将四捆柴一前一后挂在扁担上，跟着这个施主走。我和师弟轮换担柴，不但不觉得累，反倒觉得轻松了很多。最后，又把施主丢弃的柴挑了回来。"

划木筏的小弟子接过话，说："我个子矮，力气小，别说两捆，就是一捆，这么远的路也挑不回来，所以，我选择走水路……"

智者用赞赏的目光看着弟子们，微微颔首，然后走到年轻人面前，拍着他的肩膀，语重心长地说："一个人要走自己的路，本身没有错，关键是怎样走；走自己的路，让别人说，也没有错，关键是走的路是否正确。年轻人，你要永远记住：选择比努力更重要。"

生活中有很多人都在从事着自己并不喜爱的职业，于是总会发出"我也很努力，但就是做不到最好"的感慨。有的人会指责说这话的人是工作态度有问题，要真努力工作了，岂有做不好之理？其实归根结底并不是这些人不够爱岗敬业，而是职业本身并不是他们最适合的。换言之，要想真正把一项工作做得得心应手，就要选择正确的人生目标。那么，原来选错了怎么办？不要犹豫，放弃它，去把握属于你的正确方向。

一个人就是一条奔腾不息的河流，一路上你需要跨越生命中的重要障碍，才能有所突破、有所进步。在这个过程中，有一点很重要，就是要清楚你到底要的是什么。如果只是为了工作而工作，为了不闲着而去忙，那么，当你碌碌地走完半生，回忆起来会猛然觉得自己既对不起时间，也对不起自己。

人生的悲剧不是无法实现自己的目标，而是不知道自己的目标是什么。成功不在于你身在何处，而在于你朝着哪个方向走，能否坚持下去。没有正确的目标，就永远不会到达成功的彼岸。

有一位美国青年无意间发现了一份能将清水变成汽油的广告。

这位美国青年喜欢搞研究，满脑子都是稀奇古怪的想法，他渴望有一天成为举世瞩目的发明家，让全世界的人都享用他的发明创造。

所以，当他看到水变汽油的广告时，马上买来了资料，把自己关在屋子里，不接待任何客人，电话线掐断，手机关机，总之一切与外界的联系都被他切断了。他需要绝对的安静，需要绝对的专心，直到这项伟大的发明成功。

青年夜以继日地研究，达到了废寝忘食的程度。每次吃饭的时候，都是母亲从门缝里把饭塞进来，他不准母亲进来打扰他。他常常是两顿饭合成一顿吃，很多时候都把黑夜当作黎明。善良的母亲看见自己的儿子越来越瘦，终于忍不住了，趁儿子上厕所的时候，溜进他的卧室，看了他的研究资料。母亲还以为儿子的研究有多伟大，原来是研究水如何变成汽油，这简直是不可能的事情。

母亲不想眼睁睁地看着儿子陷入荒唐的泥淖无法自拔，于是劝儿子说："你要做的事情根本不符合自然规律，别再瞎忙了。"可这位青年压根儿就不听，他头一昂，回答说："只要坚持下去，我相信总会成功的。"

5年过去了，10年过去了，20年过去了……那位青年已白发苍苍，父母死了，没有工作，他只能靠政府的救济勉强度日。可是他的内心却非常充实，屡败屡战。

一天，多年不见的好友来看他，无意间看到了他的研究计划，惊愕地说："原来是你！几十年前，我因为无聊贴了一份水变汽油的假广告。后来有一个人向我邮购所谓的资料，原来那个人就是你！"

他听完这一番话，立刻疯了，最后住进了精神病院。

因为有太多坚持到底的故事，所以我们一直以为坚持就是好的，而放弃就是消极的。其实坚持代表一种顽强的毅力，它就像不断给汽车提供前进动力的发动机。但是，在前进的同时还需要一定的技巧，如果方向不对，只会越走越远，这时，只有先放弃，等找准方向再重新努力才是明智之举。这就是水变汽油的悲剧带给我们的启示。

每个人都有梦想，人类因梦想而伟大，没有梦想的人是会被社会淘汰的。为了实现自己的梦想，我们每个人都在努力。现在的社会努力很重要，但是努力就一定会有一个好结果吗？不见得，我们曾为工作绞尽脑汁，我们曾为工作夜以继日，但我们得到的结果是什么呢？我们的梦想像肥皂泡一样一个个地破灭，直到现在依然两手空空。

21世纪的今天，选择比努力更重要，昨天你选择播撒什么样的种子，今天你就会收获什么样的果实。选择不对，努力白费。今天，你做出正确的选择了吗？

宁可在尝试中失败，也不在保守中成功

蝶破茧而出的时候，会疼吗？

从笨拙的躯壳中挣扎着伸出细嫩的触角，翅膀因为黏满液体依旧合拢，几乎透明的足肢，支撑着颤抖的身体，微风吹过，它摇晃着几乎要倒下。只有耐心等待。阳光的照耀使它慢慢变得轻盈，那薄而绚烂的翅翼上色彩一点点明媚起来。空气中的温度通过触角传遍全身，让它一分一秒地强壮起来。然后，你几乎听到一声轻轻的叹息，那是终于自由的释怀。一展翅，它飞翔。

其实我们每个人，都有这化蝶的一刻，完成一次蜕变，让世界大吃一惊，而这种痛只有自己知道。

不过，有时候，因为怕疼，或因为嫌慢，我们在"蜕变"时开始尝试走捷径，比如来自外界的帮蝴蝶撕开茧的手，虽是出于好意，但却缩短了它的奋斗历程，删除了它蜕变过程中最重要的 步，导致蝴蝶蜕变失败。

如果说蝴蝶自我蜕变是一种勇敢的尝试，是对生命的渴望和挑战，那么在外力帮助下的蝴蝶的蜕变则是一种保守的行为，不敢接受挑战，不敢自

我超越，即使成功，也是一种假象，经不起碰触，被残酷现实刺穿以后，它就剩下老坏而愚钝的外壳。

从青涩的应届毕业生摇身变成央视的名主持，从远涉重洋的学子到纪录片的制作人，从凤凰卫视的名牌主持到阳光卫视的当家人，杨澜的身份角色一直在变化。

1994年，杨澜获得了中国第一届主持人"金话筒奖"。也是在这一年，正当事业如日中天的她突然离开《正大综艺》，留学美国，震惊了很多喜爱她的观众。对于出走央视的原因，杨澜说："主持人这个行当有某种吃'青春饭'的特征，我不想走这样的一条道路。我相信，如果一个人不充实自己的话，前程将是短暂的。"

1997年获得硕士学位回国后，杨澜加盟香港凤凰卫视中文台，开创了名人访谈类节目《杨澜工作室》，并担任制片人和主持人。那段时间，她主持的节目在世界华语观众中拥有广泛的知名度和美誉度。在凤凰卫视的两年里，杨澜拓宽了自己的职业视角，她不仅积累了各方面的经验和资本，也同时预留了未来的发展空间。

1999年10月，杨澜突然宣布离开凤凰卫视中文台。这次的离开给人们留下了更大的想象空间，比上次巅峰之时离开《正大综艺》更让人们吃惊和关注。杨澜对此的解释是："离开凤凰的原因只有一个，在事业与家庭的选择中，我选择家庭。"

2000年3月，在所有媒体没有意料到的时候，杨澜突然发布了和丈夫吴征收购良记集团并更名为阳光文化网络电视控股有限公司的消息。在新闻发布会上，她胸有成竹地提出了打造阳光文化传媒的计划，对于电视市场的未来前景做了精心的描述。杨澜到底是一个雄心勃勃的女人，就像一个追逐电视之梦永远不知疲倦和满足的蝴蝶。

2003年，阳光卫视70％股权转让，杨澜宣告阳光卫视创办失败。但是杨澜并没有放弃传媒人士的角色，她和东方卫视、凤凰卫视、湖南卫视合作，主持《杨澜视线》《杨澜访谈录》《天下女人》等节目，并多次参与北京奥运会的重大活动。

在阳光卫视创办失败后，杨澜以更加成熟、从容的姿态出现在公众的视野里。

杨澜说："这些年，有太多的遗憾。唯一对自己满意的，就是一直在追求改变。"宁可在尝试中失败，也不在保守中成功——杨澜的经历是这句话最好的正解。

在开放中尝试改变，即使失败也精彩。蝶变，就是一次次突破想象，包括自己的想象，然后去追寻更高、更远、更灿烂的天空。

在未来的社会，那种自我中心、自我封闭、自我满足、自以为是，以及自我设限的人，根本不可能适应社会，甚至生存都会成问题。变，正是人生的魅力所在，而不变的，是心中超越自我的渴望。

作为很多人的"榜样"，杨澜的成功，带给我们一种启示："哦，原来人生可以如此美丽精彩！我为什么不试试呢？"

当别人都在努力向前时，不妨倒回去

艺术家说："学我者生，似我者死。"

文学家说："抄袭是埋葬一切才华的坟墓，创新是精品产生的源泉。"

经济学家说："逃离竞争残酷的红海，奔向空间无限的蓝海。"

做一条反向游泳的鱼，不走寻常路，才能看到别样风景；不走寻常路，是因为心系远方。

当你面对一个史无前例的问题，沿着某一固定方向思考而不得其解时，灵活地调整一下思维的方向，从不同角度展开思路，甚至把事情整个反过来想一下，那么就有可能反中求胜，摘得成功的果实。

宋神宗熙宁年间，越州（今浙江绍兴）闹蝗灾。只见蝗虫乌云般飞来，遮天蔽日。所到之处，禾苗全无，树木无叶，一片肃杀景象。当然，这年的庄稼颗粒无收。

这时，素以多智、爱民著称的清官赵汴被任命为越州知州。赵汴一到任，首先面临的是救灾问题。越州不乏大户之家，他们有积年存粮。老百姓在青黄不接时，大都过着半饥半饱的日子，而一旦遭灾，便缺大半年的口粮。灾荒之年，粮食比金银还贵重，哪家不想存粮活命？一时间，越州米价腾贵。

面对此种情景，僚属们都沉不住气了，纷纷来找赵汴，求他拿出办法来。借此机会，赵汴召集僚属们来商议救灾对策。

大家议论纷纷，但有一条是肯定的，就是依照惯例，由官府出告示，压制米价，以救百姓之命。僚属们七言八语，说附近某州某县已经出告示压米价了，倘若还不行动，米价天天上涨，老百姓将不堪其苦，会起事造反的。

赵汴静听大家发言，沉吟良久，才不紧不慢地说："这次救灾，我想反其道而行之，不出告示压米价，而出告示宣布米价可自由上涨。"众僚属一听，都目瞪口呆，先是怀疑知州大人在开玩笑，而后看知州大人认真的样子，又怀疑这位大人是否吃错了药，在胡言乱语。赵汴见大家不理解，笑了笑，胸有成竹地说："就这么办。起草文告吧！"

官令如山，赵汴说怎么办就怎么办。不过，大家心里都直犯嘀咕：这次救灾肯定会失败，越州将饿殍遍野，越州百姓要遭殃了！这时，附近州县都纷纷贴出告示，严禁私增米价。若有违犯者，一经查出严惩不贷。揭发检举私增米价者，官府予以奖励。而越州则贴出不限米价的告示，于是，四面八方的米商闻讯而至。开始几天，米价确实增了不少，但买米者看到米上市的太多，都观望不买。过了几天，米价开始下跌，并且一天比一天跌得快。米商们想不卖再运回去，但一则运费太贵，增加成本；二则别处又限米价，于是只好忍痛降价出售。这样，越州的米价虽然比别的州县略高点儿，但百姓有钱可买到米。而别的州县米价虽然压下来了，但百姓排半天队，却很难买到米。所以，这次大灾，越州饿死的人最少，受到了朝廷的嘉奖。

僚属们这才佩服了赵汴的计谋，纷纷请教其中原因。赵汴说："市场之常性，物多则贱，物少则贵。我们这样一反常态，告诉米商们可随意加价，米商们都蜂拥而来。吃米的还是那么多人，米价怎能涨上去呢？"

逆向思维不迷信原有的传统观念和经典信条，对既定事物进行批判性的思考，体现的是一种叛逆精神。这种思维在一般人看来是不合情理甚至是荒谬的，但正是因为采取这种思维，思考者才得以摆脱传统观念和习惯势力的束缚，向着新的成果跃进，创造出新的观念和理论来，导致新旧理论的更替和生活面貌的改变。

逆向思维本身就是灵感的源泉。遇到问题，我们不妨多想一下，能否从反方向考虑一下解决的办法。反其道而行是人生的一种大智慧，当别人都在努力向前时，你不妨倒回去，做一条反向游泳的鱼，去寻找属于你的成功捷径。

换个思路，化解困境

我们可能无法改变生活中的一些东西，但是我们可以改变自己的思路。有时，只要我们放弃了盲目的执着，选择了理智的改变，就可以化腐朽为神奇了。

大凡高效能的成功人士，踏上成功之途总是从改变思路开始的。

成功往往就隐藏在别人没有注意到的地方，假如你能发现它、抓住它、利用它，那么，你就会有机会获得成功。困境在善于拓展思路的智者眼中往往意味着一个潜在的机遇，愚者对此却无动于衷。

换一个思路处理问题，可能会看到完全不同的景象。也许正是一个不经意的角度转换，会让你在不经意间解决了问题，毕加索说："每个孩子都是艺术家，问题在于你长大成人之后是否能够继续保持艺术家的灵性。"

有个摄影师，每次拍集体照都有睁眼的，有闭眼的。闭眼的看见照片，非常生气："我90%以上的时间都睁着眼，你为什么偏让我照一幅没精打采的照片？这不是故意歪曲我的形象吗？"

就拍照而言，形象是头等大事，全靠修版也难，于是喊："一！二！三！"但坚持了半天以后，恰巧在"三"字上坚持不住了，上眼皮找下眼皮，又是做闭目状，真难办。

后来，摄影师换了一种思路，从而解决了这一难题。他请所有照相者全闭上眼，听他的口令，同样是喊"一，二，三"，在"三"字上一起睁眼，果然，照片冲洗出来一看，一个闭眼的也没有，全都显得神采奕奕，比本人平时更精神。

众人都非常高兴。

当遭遇困境时，一个思路行不通，就要果断地换另一种思路，只有这样，新的创意才会自然而然地产生出来，化解困境的方法也才会随之出炉。

当你遇到挫折的时候，你是否常常这样鼓励自己："坚持到底就是胜利。"有时候，这会陷入一种误区：一意孤行，一头撞南墙。因此，当你的努力迟迟得不到预期的业绩时，就要学会放弃，学会改变一下思路。其实，细想一下，适时地放弃不也是人生的一种大智慧吗？改变一下方向又有什么难的呢？

改变一下思路，这是一个智慧的方法。"横看成岭侧成峰，远近高低各不同。"在浩渺无际的思维空间里，如果能从不同角度，用不同的视角观察和思考问题，学会用熟悉的眼光看陌生的事物，用陌生的眼光看熟悉的事物，就能从"山重水复"的迷境中走出来，欣赏到"柳暗花明"的美景。

俗话说："穷则变，变则通。"没有什么东西是永远静止不前的，世易时移，我们的思路也要跟着改变，才能赶上时代的潮流。当一条路走不通时，不要再一味"坚持"，而要变换思路，要改变陈旧的观念，打破世俗的牢笼。山不过来，我就过去，只有勇于改变思路，才能创新，才能让成功持久。

当力量薄弱时，只有背靠"大树"

在一个人的事业或者人生遭遇困境的时候，意气用事是不成熟的表现，只有能承受屈辱和苦难的人，才能真正笑到最后，成为真正的胜利者。从这个角度讲，"宁为瓦全"才是高策。

在此，讲一个关于刘勰的成名逸事。

刘勰是南朝梁时期的文学理论家，他很小的时候就失去了父亲，生活极为贫穷。但他笃志好学、博经通史，《文心雕龙》就是他的代表作。他生活的年代盛行门第制度，一个人出身的贵贱决定了这个人社会地位的高低。像刘勰这样出身低微的平民，自然默默无闻，无人知晓。因其社会地位，《文心雕龙》写成后也根本得不到重视。但刘勰本人十分自信，深知自己著作的价值，他不愿意看到自己用心血写成的书稿被湮没，便决心设法改变这种局面。

沈约是当时的文坛领袖，有着很高的声望，刘勰想请他评定写成的《文心雕龙》，借以赢得声誉。但是沈约身为名流，哪能轻易见到？于是刘勰想出了一个主意。他事先打听到沈约外出的时间，背上自己的书稿，装成卖书的小贩，早早地等在离沈府不远的路上。当沈约乘坐的马车经过时，刘勰便乘机出售。沈约喜欢读书，当即停下来，顺手取出一部《文心雕龙》，见是自己没有读过的书，便随手翻阅起来。这一看，沈约被深深地吸引住了，当即买了一部带回家去，放在案头认真阅读。在以后上流社会举行的聚会中，沈约还不时地向别人推荐这本书。当时文坛的人见沈约对这本《文心雕龙》如此推崇，也注意到此书的价值，继而争相传阅，刘勰很快名声大噪。

如果没有借得沈约之力，刘勰是无法成名的，他的文艺思想也大有可能被湮没于浩瀚书海，何谈流传千古？

乍一看，这好像是和中国传统文化中"宁为玉碎，不为瓦全"的观念相冲突，细细思量，却不尽然。大丈夫要能屈能伸，当你的力量还很薄弱的时候，你只有背靠大树。以卵击石只能徒伤元气，还谈什么理想呢？

让人一步需有高人一筹的智慧

进退有度，是人际交往中最难领会的部分之一。如何做到该进时长驱直入，该退时让人一步，就需要高人一筹的智慧。

战国时，有一次赵王派了孔青带领大军救援禀丘。孔青是员猛将，加上足智多谋的宁越辅佐，所以赵军大胜齐军，击毙了齐军统帅，并俘获战车两千辆。战场上留下了三万具齐军尸体，孔青决定把这些尸体封土堆成两个大高丘，以此彰明赵国的武功。

宁越劝阻道："这样做太可惜了，那些尸体可以另有用处。我看不如把尸体还给齐国人。这样做可以从内部打击齐国，从而让齐军不再侵犯！""死人又不可能复活，怎么能从内部打击齐国呢？"孔青想不通了。宁越说："战车和铠甲在战争中丧失殆尽，府库里的钱财在安葬战死者时用光了，这就叫作从内部打击他们。我听说，古代善于用兵的人，该坚守时就坚守，该进退时就进退。我军不如后退三十里，给齐国人一个收尸的机会。"

孔青大致明白了宁越的用意，但转念一想，又说："但是，齐国人如果不来收尸的话，那又该怎么办呢？"

"那就更好了，"宁越胸有成竹地说，"作战不能取胜，这是他们的第一条罪状；率领士兵出国作战而不能使之归来，这是他们的第二条罪状；能给他们尸体却不收取，这是他们的第三条罪状。老百姓将会因为这三条罪状而怨恨齐国的高级将领。居于高位的人也就无法役使下面的人，而下面的人又不愿侍奉居于上位的人，这就叫作双重打击齐国！""好，还是您技高一筹啊！"孔青终于完全理解了宁越的良苦用心。果然不出宁越所料，齐国因此元气大伤，很长一段时间不能对外用兵。

宁越的主张看起来好像并不是那么咄咄逼人，相反，似乎还有点儿软弱，是在向齐国让步。殊不知，这"让步"里面却大有文章，表面上的退步其实换取的是更大的进步。有进有退，能屈能伸，不执着于无利的方面，这是成功的必要条件。那种一往无前、有进无退的人，表面上英勇，实则是成事不足、败事有余。

想要给出有力的一拳，首先就要缩回拳头，来增加打出去的力量，那些杰出的人物往往更加懂得这个道理，他们不会执着于一时的意气用事。退有时是为了更好地进，特别是当我们的力量还处在弱势的地位时，更应该多一些隐忍，等待机会成熟之时再大显身手，从而达到极佳的效果。

第二节 失之固然可悲，得到未必可取

十字路口选择一方

人生总是有失有得，不做选择，会注定什么都失去，选择了，就不要后悔，大踏步地向前走，人不可能什么都得到，有舍才能有得。一部电视剧或者一部电影之所以感人不在于男女主人公的痛哭流涕，而在于故事里男女主人公的痛苦抉择，在抉择中放弃，在痛苦中永生。

　　著名的禅师南隐说过，不能学会适当放弃的人，将永远背着沉重的负担。生活中有舍才有得，如果我们只抓住自己的东西不放，什么都不愿放弃，结果就可能什么也得不到。

　　马涛11岁那年，一有机会便去湖心岛钓鱼。在鲈鱼钓猎开禁前的一天傍晚，他和妈妈又早早来钓鱼。安好诱饵后，他将鱼线一次次甩向湖心，湖面在落日余晖下泛起一圈圈的涟漪。忽然钓竿的另一头沉重起来。他知道一定有大家伙上钩，急忙收起鱼线。终于，孩子小心翼翼地把一条竭力挣扎的鱼拉出水面。好大的鱼啊，它是一条鲈鱼。

　　月光下，鱼鳃一吐一纳地翕动着。妈妈打亮小电筒看看表，已是晚上10点——但距允许钓猎鲈鱼的时间还差两个小时。

　　"你得把它放回去，儿子。"母亲说。

　　"不！妈妈！"孩子哭了。

　　"还会有别的鱼的。"母亲安慰他。

　　"再没有这么大的鱼了。"孩子伤感不已。

　　他环视了四周，已看不到一个鱼艇或钓鱼的人，但他从母亲坚决的脸上知道无可更改。暗夜中，那鲈鱼抖动笨重的身躯慢慢游向湖水深处，渐渐消失了。

　　这是很多年前的事了，后来马涛成为有名的建筑师。他确实没再钓到那么大的鱼，但他却为此终生感谢母亲。因为他通过自己的诚实、勤奋、守法，猎取到生活中的大鱼——事业上的成绩斐然。

　　放弃，意味着重新获得。要想让自己的生活过得简单一些，就要放弃一些功利、应酬，以及工作上的一些成就，只有放弃一些生活中不必要的牵绊，才能够让生活真正简单起来。

选择总在放弃之后

中国有句老话：有所不为才能有所为。去除那些负担的东西，停止做那些无味的事情。只有这样，才能更好地把握自己的生活。

见到房东正在挖屋前的草地，一个房客有点儿不相信自己的眼睛："这些草你要挖掉吗？它们是那么漂亮，而你又花了多少心血呀！""是的，问题就在这里。"他说，"每年春天我要为它施肥、透气，夏天又要浇水、剪割，秋天还要再播种。这草地一年要花去我几百个小时，谁会用得着呢？"

现在，房东在原先的草地上种上了一棵棵柿子树，秋天里挂满了一只只红彤彤的小灯笼，可爱极了。这柿子树不需要花什么精力来管理，使他可以空出时间干些他真正乐意干的事情。

选择总在放弃之后。明智之人在做出一项选择之前总会先把自己要放弃的找出来，并果断地将之放弃。例如，当你决定要健康的时候，你就要放弃睡懒觉，放弃巧克力糖，放弃零食……当你要享受更轻松的生活时，你就要放弃一些工作上的琐事和无休止的加班，等等。总之，要选择简单生活，你就要首先决定放弃什么。

很多时候我们希望选择，但是我们却不愿意放弃，如感情。有些人选择了新的感情，却不愿意放弃旧的感情，因为不甘心，不甘心自己曾经得到而又失去。但假如要放弃新的感情自己又不愿意，这不仅折磨自己，也折磨别人。人生总是有失有得，所以，要选择新的生活必须懂得放弃，不懂得放弃的人只能生活在旧梦里，而永远不会得到新的幸福。

每个人必须问自己："为了能够更有效、更简单地生活，我必须放弃哪些事情？为了使我的生活更简单，我必须停止哪些事情？"当你能够以这样的思考模式来转换你的思想，来改善你的行动方案时，你就会轻松地放弃很多不必要的事情，让自己过上轻松、简单、健康的生活。

舍弃，心不累

现今社会是一个科技发达、物质丰富、充满竞争的社会，我们心中的欲望，常被挑逗得像是看见红色斗篷的公牛。他人暴富的经历，让我们血脉贲张，跃跃欲试；时尚名牌漫天飞，哪能心如止水；美女香车招摇过，你的心早已蠢蠢欲动；更不能忍受的是别墅洋房的诱惑……因此，太多的时候，我们会被世上的名利、金钱、物质所迷惑，心中只想得到，只想将其统统归为己有，而不想舍弃。于是心中充满了矛盾、忧愁、不安，心灵上承受很大的压力，以至于活得很累、很累。

据说上帝在创造蜈蚣时，并没有为它造脚，但是它可以爬得像蛇一样快。有一天，它看到羚羊、梅花鹿和其他有脚的动物都跑得比自己快，心里很不高兴，便嫉妒地说："哼！脚那么多，当然跑得快。"于是它向上帝祷告说："上帝啊，我希望拥有比其他动物更多的脚。"

上帝答应了蜈蚣的请求，他把好多好多的脚放在蜈蚣面前，任凭它自由取用。蜈蚣迫不及待地拿起这些脚，一只一只地往身体上贴，从头一直贴到尾，直到再也没有地方可贴了，它才依依不舍地停止。

它心满意足地看着满是脚的躯体，心中暗暗窃喜："现在我可以像箭一样地飞出去了！"但是，等它开始要跑时，才发觉自己完全无法控制这些脚。这些脚都各走各的，它非得全神贯注，才能使一大堆脚顺利地往前走。这样一来它反而比以前走得慢了。

人不能没有欲望，没有欲望就没有前进的动力，但如果不舍弃过度的欲望，就会陷入欲望的沟壑，就会给你带来无穷无尽的烦恼和麻烦。

生命属于个人，每个人有权利设计自己的生活和人生道路。所有的心愿，只要符合法律和道德的要求，都应该受到尊重。但是我们必须明白：生命的过程中，想让自己的人生得以升华，就必须舍弃这些本性之外的东

357

西，去追求生活本身的淳朴，这样才能活得惬意，活得洒脱。

舍小利，求大利

两个贫苦的樵夫靠上山捡柴糊口。有一天，他们在山里发现两大包棉花，两人喜出望外。棉花的价格高过柴薪数倍，将这两包棉花卖掉，足可让家人一个月衣食无忧。当下两人各自背了一包棉花，便赶路回家。

走着走着，其中一名樵夫眼尖，看到山路上有一大捆布，走近细看，竟是上等的细麻布，足足有十多匹之多。他欣喜之余，和同伴商量，一同放下肩负的棉花，改背麻布回家。

他的同伴却有不同的想法，认为自己背着棉花已走了一大段路，到了这里又丢下棉花，岂不枉费自己先前的辛苦，坚持不愿换麻布。先前发现麻布的樵夫屡劝同伴不听，只得自己竭尽所能地背起麻布，继续前行。

又走了一段路后，背麻布的樵夫望见林中闪闪发光，待近前一看，地上竟然散落着数坛黄金，心想这下真的发财了，赶忙邀同伴放下肩头的麻布及棉花，改用挑柴的扁担来挑黄金。

他的同伴仍是那套不愿丢下棉花以免枉费辛苦的想法，并且怀疑那些黄金不是真的，劝他不要白费力气，免得到头来一场空欢喜。

发现黄金的樵夫只好自己挑了两坛黄金，和背棉花的伙伴赶路回家。走到山下时，无缘无故下了一场大雨，两人在空旷处被淋了个湿透。更不幸的是，背棉花的樵夫肩上的大包棉花，吸饱了雨水，重得完全无法再背动。那樵夫不得已，只能丢下一路辛苦舍不得放弃的棉花，空着手和挑金子的同伴回家。

只有放弃眼前利益，才能获得长远大利——要想成功，就要学会放弃。

为了更好的明天，放弃眼前的小利，只有勇于舍弃的人才是有智慧的人。成功者永远是高瞻远瞩的人。

失去火把也会有光明

有个匪徒跟踪一个珠宝商人来到了大山里，一路上他总是没有机会下手。到了大山里，四周没有一个人，匪徒终于找到了下手的好机会，他立刻拦住了珠宝商人的去路。

面对劫匪，商人的第一个反应就是立即逃跑。于是，一个拼命逃亡，另一个穷追不舍。走投无路的商人钻进了一个山洞里，匪徒也跟了进去。在山洞里，匪徒抓住了商人，不但抢了他的珠宝，连商人准备用于夜间照明的火把也抢了去。

那个匪徒还算没有丧心病狂，他只图财没有害命。之后，两个人各自寻找山洞的出口。山洞里黑极了，没有一丝光亮。匪徒庆幸自己把商人的火把抢来了，要不然到死也走不出这个纵横交错的山洞。他将火把点燃，借着火把的亮光在洞中行走。火把给他的行走带来了方便，他能看清脚下的石块，能看清周围的石壁，因而他不会碰壁，不会被石块绊倒。但是他始终没有走出这个山洞，最后饿死在山洞里面了。

商人失去了火把，心里想着自己将要永远留在这个山洞里了，但是他又不甘心。没有了光亮，他就在黑暗中摸索着前进，头不时碰在坚硬的石壁上，身体不时被石块绊倒，跌得鼻青脸肿。但是，过了一段时间，从远处射过来一丝光亮，那正是山洞的出口。

原来正是因为他置身于一片黑暗之中，所以才能看见这抹细微的光亮。他迎着这缕微光摸索爬行，最终逃离了山洞。

在黑暗中摸索的人最终走出了黑暗，有火把照明的人却永远留在了黑暗的山洞中。这并不奇怪，世间有很多事情都遵循这样的道理。

许多在困难中挣扎的人经过艰苦的拼搏终于取得了成功，而衣食无忧的人却最终一事无成。为了实现自己的梦想，有时需要我们舍弃一些东西，尽管它看起来是我们不可缺少的，可是，也许缺少了它会让你的眼睛更加明亮，更容易看到成功的机会。

舍是一种勇气

有个人在沙漠中穿行，遇到风沙暴，迷失了方向。

两天后，烈火般的干渴几乎摧毁了他生存的意志。沙漠就像一座极大的火炉要蒸干他的血液。绝望中的他意外地发现了一幢废弃的小屋，他拼足了最后的气力，才拖着疲惫不堪的身子，爬进了堆满枯木的小屋。定睛一看，枯木中隐藏着一架抽水机，他立刻兴奋起来，拨开枯木，上前汲水，但折腾了好大一阵子，也没能抽出半滴水来。

绝望再一次袭上心头，他颓然坐地，却看见抽水机旁有个小瓶子，瓶口用软木塞堵着，瓶上贴了一张泛黄的字条，上边写着：你必须用水灌入抽水机才能引水！不要忘了，在你离开前，请再将瓶子里的水装满！

他拔开瓶塞，望着满瓶救命的水，早已干渴的内心立刻爆发了一场生死决战：我只要将瓶里的水喝掉，虽然能不能活着走出沙漠还很难说，但起码能活着走出这间屋子！倘若把瓶中唯一救命的水倒入抽水机内，或许能得到更多的水，但万一汲不上水，我恐怕连这间小屋也走不出去了……

最后，他还是把整瓶水全部灌入那架破旧不堪的抽水机，接着用颤抖的双手开始汲水……水真的涌了出来！他痛痛快快地喝了一顿，然后把瓶子装满，用软木塞封好，又在那泛黄的字条后面写上：相信我，真的有用。

几天后，他终于穿过沙漠，来到绿洲。每当回忆起这段生死历程，他总要告诫后人：在取得之前，要先学会付出。

人生中，在通往成功和富足的路上，我们往往并不是缺少获得扶持的机遇，而是无法好好把握。正如上面故事中的那个人，如果喝光了瓶中的水，他永远也看不到抽水机里奔涌出来的水，究竟字条上说的是真还是假，恐怕他到死也无法断定。

放弃是一种智慧

放弃，是一种智慧，是一种豁达，它不盲目、不狭隘。

放弃，对心境是一种宽松，对心灵是一种滋润，它驱散了乌云，清扫了心房。有了它，人生才能有爽朗坦然的心境；有了它，生活才会阳光灿烂。

人的一生很短暂，有限的精力不可能方方面面都能顾及，而世界上又有那么多炫目的精彩，这时候，放弃就成了一种大智慧。放弃其实是为了得到，只要能得到你想得到的，放弃一些对你而言并不必需的"精彩"，又有什么不可以呢？

放弃是一种睿智。尽管你的精力过人、志向远大，但时间不容许你在一定时间内同时完成许多事情，正所谓："心有余而力不足。"所以，在众多的目标中，我们必须依据现实，有所放弃，有所选择。

如果在放弃之后，烦乱的思绪梳理得更加分明，模糊的目标变得更加清晰，摇摆的心变得更加坚定，那么放弃又有什么不好呢？

生活中，不堪重负就归零。归零就是清除所有的东西，放弃一切，从零开始。有时候归零是那么难，因为每一个要被清除的数字都代表着或物质或精神上的某种意义；有时候归零又是那么容易，只要单击键盘上的删除键就可以了。

人生总要面临许多选择，也要做出许多放弃。要学会选择，首先就要学会放弃。放弃是为了更好地调整自我，准备良好的心态向目标靠近。特别是在现代社会中，竞争日趋激烈，每个人的生存压力也越来越大，于是每个人都身不由己地变得"贪心"。追求越多，失望也越大，所以一定要保持一个清醒的头脑，做好人生的取舍。

第十三章

方圆通达，灵活变通

方是原则，圆是机变

坚持是方，放弃是圆

南怀瑾先生讲到太极拳与道功的时候，讲述自己的一段经历。他年轻时想去杭州城隍山跟一老道学剑术。结果这个老道以南怀瑾底子不厚为由，让他颇为难堪。南怀瑾当时立志学文兼学武，想经世济时，所以南怀瑾考虑再三，放弃了学武的念头，避免了心不专一导致一事无成的麻烦，一心学文，终成一代大家，正所谓"鱼与熊掌不可得兼"。事实上，生活一直在考验我们如何善用理智平衡冲动的感情，又如何在理性与感性的制衡中有所取舍。南怀瑾一生贯通佛、道、儒三学，又有所偏重，可见他在舍与得之间、坚持与放弃之间找到了一个完美的契合点。人们常说"舍得"一词，却未必知道这"舍得"二字的禅意。舍得舍得，一舍一得，有所舍弃，才有所得到。取舍与舍得，恰恰包含了人生方圆的大道理。

舍是圆，得是方。人们愿意获得，可是获得要在正确的道德的指引之下，而不能面对不良事物的诱惑迷失方向。该得的要得，不该得的就要放弃，所以做人既要方正，又要圆融；既要懂得坚守自己应得的利益，又要能够放弃不该面对的诱惑。

　　这样的道理说起来容易，做起来就很难。在面对诱惑的时候，尽管理智会告诉自己放弃，可是很多人还是经不住诱惑，从而做出了错误的决定。

　　非洲土人抓狒狒有一绝招：故意让躲在远处的狒狒看见，将其爱吃的食物放进一个口小腹大的洞中。等人走远，狒狒就欢蹦乱跳地来了，它将爪子伸进洞里，紧紧抓住食物，但由于洞口很小，它的爪子握成拳后就无法从洞中抽出来了，这时，猎人只管不慌不忙地来收获猎物，根本不用担心它会跑掉，因为狒狒舍不得那些可口的食物，越是惊慌和急躁，就将食物抓得越紧，爪子就越无法从洞中抽出。

　　听说过这个故事的朋友都大呼"妙"！此招妙就妙在人将自己的心理推及类人的动物。其实，狒狒们只要稍一撒手就可以溜之大吉，可它们偏偏不！在这一点上，说狒狒类人，亦可说人类狒狒。狒狒的举止大都是无意识的本能，而人如果像狒狒一般只见利而不见害地死不撒手，那只能怪他利令智昏或执迷不悟了。

　　该放手时请放手，不可陷得太深。留得青山在，不怕没柴烧。事实上，放手可以减轻许多麻烦和折磨，可以轻松地去开始另一件更有意义的事业。做人应该灵活点，不能像狒狒那样一根筋。这就是所谓不舍就不得，舍弃才能得到的道理。

　　"舍得"在某种情况下就是一种变通。

　　从前有两个年轻人，一个叫小山，另一个叫小水，他们住在同一个村庄，是最要好的朋友。由于居住在偏远的乡村谋生不易，他们就相约到外地去做生意，于是同时把田产变卖，带着所有的财产和驴子到外地去了。

　　他们首先抵达一个生产麻布的地方，小水对小山说："在我们的故乡，麻布是很值钱的东西，我们把所有的钱换取麻布，带回故乡一定会有利润的。"小山同意了，两人买了麻布，细心地捆绑在驴子背上。

接着，他们到了一个盛产毛皮的地方，那里也正好缺少麻布，小水就对小山说："毛皮在我们故乡是更值钱的东西，我们把麻布卖了，换成毛皮，这样不但我们的本钱回收了，返乡后还有很高的利润！"

小山说："不了，我的麻布已经很安稳地捆在驴背上，要搬上搬下多么麻烦呀！"

小水把麻布全换成毛皮，还多了一笔钱。小山依然有一驴背的麻布。

他们继续前进到一个生产药材的地方，那里天气苦寒，正缺少毛皮和麻布，小水就对小山说："药材在我们故乡是更值钱的东西，你把麻布卖了，我把毛皮卖了，换成药材带回故乡一定能赚大钱的。"

小山拍拍驴背上的麻布说："不了，我的麻布已经很安稳地在驴背上，何况已经走了那么长的路，卸上卸下太麻烦了！"小水把毛皮都换成药材，还赚了一笔钱。小山依然只有一驴背的麻布。

后来，他们来到一个盛产黄金的城市，那充满金矿的城市是个不毛之地，非常欠缺药材，当然也缺少麻布。小水对小山说："在这里药材和麻布的价钱很高，黄金很便宜，我们故乡的黄金却十分昂贵，我们把药材和麻布换成黄金，这一辈子就不愁吃穿了。"

小山再次拒绝了："不！不！我的麻布在驴背上很稳妥，我不想变来变去呀！"小水卖了药材，换成黄金，又赚了一笔钱。小山依然守着一驴背的麻布。

最后，他们回到了故乡，小山卖了麻布，只得到蝇头小利，和他辛苦的远行不成比例。而小水不仅带回一大笔财富，而且把黄金卖了，成为当地最大的富豪。

人一定要懂得在适当的时候变通，无谓的坚持是没有意义、没有价值的。常常觉得执着跟放手都需要很大的勇气。在追求自己的执着时，往往要做出牺牲，而那样的牺牲就叫作放手。在决定放手的时候，又经常是为了追逐别的。想要天底下出现事事完美的好情况，概率实在是低得可以，鱼与熊掌有九成九的机会不可兼得。

这就是抉择。

舍得之间，成大方圆。

认真但不"较真"

两千多年前，雅典政治家伯里克利曾经给人类说过一句忠言："请注意啊！先生们，我们太多地纠缠于一些小事了！"这句话，对今天的人们来说仍然值得品味和借鉴。

我们每天都可能遇到各种各样的小事：挤公共汽车时，有人不小心踩了你的脚；买菜时，有人无意间弄脏了你的裙子；走在路上，可能不巧从道旁楼上落下一个纸团，正打在你头上……受了委屈，忍一忍就过去了，可是，如果我们揪住这些小事不放，口出污言秽语，大发雷霆之怒，就一定会凭空给自己惹出很多不必要的事端。

20世纪80年代末，在辽宁某地曾经发生过这样一件事：有一个年轻女子在看电影时，被后面的男观众无意间碰了一下脚，尽管男观众当场道歉，但那名女子仍然不依不饶。她硬说对方是要耍流氓，竟然回家叫来丈夫将那个人用刀砍伤解气。结果，因触犯刑律，夫妻俩双双锒铛入狱。

在小事上斤斤计较，常常成为损害人际关系的一大诱因。这种悲剧不仅在平常人中屡见不鲜，就是在一些卓有成就的名人中也时有发生。俗话说"祸从口出"，人们常常会犯把话说满的错误。话说得太满，一般会导致两种后果：一是听者不服，故意找碴儿、使绊儿；二是自己没有回旋的余地，搬起石头砸自己的脚。无论哪种，都不是好结果。在这方面还要学学纪晓岚。

清朝乾隆年间，纪晓岚在任左都御史时，员外郎海升的妻子纽牯禄氏死于非命，海升的内弟贵宁，状告海升将他姐姐殴打致死，海升却说纽牯禄氏是自缢而亡。案子越闹越大，皇上就派左都御史纪晓岚来审理此案。

纪晓岚接过这桩案子，也感到很头痛。因为牵扯到阿桂和珅。他俩都是大学士兼军机大臣，并且两人有矛盾，长期明争暗斗。海升是阿桂的亲戚，原判又逢迎阿桂，纪晓岚敢推翻吗？

而贵宁之所以告不赢不肯罢休实际是得到了和珅的暗中支持，和珅的目的是想借机除掉位居他上头的军机首席大臣阿桂。

打开棺材，纪晓岚等人一同验看。看来看去，纪晓岚看死尸并无缢死的痕迹，心中明白，口中不说，他要先听听大家的意见。

众大臣看过后，都说脖子上有伤痕，显然是缢死的。纪晓岚有了主意，于是说道："我是短视眼，有无伤痕也看不太清，似有也似无，既然诸公看得清楚，那就这么定吧。"于是，纪晓岚与差来验尸的官员，一同签名具奏："共同检验伤痕，实系缢死。"这下更把贵宁激怒了。他这次连步军统领衙门、刑部、都察院一块儿告，说因为海升是阿桂的亲戚，这些官员有意回护，徇私舞弊，断案不公。

乾隆看贵宁不服，也对案情产生了怀疑，又派人复验。这回问题出来了：纽牯禄氏尸身并无缢痕。乾隆心想这事与阿桂关系很大，便派阿桂、和珅会同刑部堂官及原验、复验堂官，一同检验。这回终于真相大白：纽牯禄氏是被殴致死。

于是审讯海升，海升见再也隐瞒不住，只好供出实情：他将纽牯禄氏殴踢致死，然后制造自缢的伪象。

乾隆一怒之下发出诏谕："此案原验、复验之堂官，竟因海升系阿桂姻亲，胆敢有意回护，此番而不严加惩戒，又将何以用人？何以行政？"阿桂革职留任，罚俸五年；叶成额、李阆、庆兴等人革职，发配伊犁效力赎罪，皇上在谕旨中一一判明。唯独对纪晓岚，谕旨中这样写道："朕派出之纪昀，本系无用腐儒，原不足具数，况且他于刑名等件素非诸悉，且目系短视，于检验时未能详悉阅看，即以刑部堂官随同附和，其咎尚有可原，着交部议严加论处。"只给了他革职留任的处分，不久又官复原职。

纪晓岚在这个案件中之所以得到皇上的原谅，主要是他在验尸中以"我是短视眼""看不太清"为由，给自己留了退路。

在生活中，我们常常会以为认真的态度就无法放过任何一件小事，可是认真不代表要较真儿，不代表我们凡事都要问个究竟，凡事都要说个明了。无法做明确决定时，注意使用"模糊语言"，这样才能为自己赢得主动。对于某些难以回答而又不好回避的问题，不妨含糊其词，以给自己留有余地。总之，对于一些不太能做决定的事情就不要随意做决定。低下头含糊过去，有时候退路无限。

创新思想不局限于常规

谁也不能揪着自己的头发离开地面，唯有一种突破常规的超群力量，唯有基于解放思想束缚后所产生的巨大能量释放，才能有柳暗花明的惊喜和峰回路转的开阔。

培养创新思维，首先就要做好思想上的准备——敢于超越常规，超越传统，不被任何条条框框所束缚，不被任何经验习惯所制约。只有这样，才能产生更宽广的思绪与触觉。

1831年，曾以成功进行人工合成尿素实验而享誉世界的德国著名化学家维勒，收到老师贝里齐乌斯教授寄给他的一封信。

信是这样写的："从前，一个名叫钒娜蒂丝的既美丽又温柔的女神住在遥远的北方。她究竟在那里住了多久，没有人知道。

突然有一天，钒娜蒂丝听到了敲门声。这位一向喜欢幽静的女神，一时懒得起身开门，心想，等他再敲门时再开吧。谁知等了好长时间仍听不见动静，女神感到非常奇怪，往窗外一看：原来是维勒。女神望着维勒渐渐远去的背影，叹气道：这人也真是的，从窗户往里看看不就知道有人在，不就可以进来了吗？就让他白跑一趟吧。

过了几天，女神又听到敲门声，依旧没有开门。

门外的人继续敲。

这位名叫肖夫斯唐姆的客人非常有耐心，直到那位漂亮可爱的女神打开门为止。

女神和他一见倾心，婚后生了个儿子叫'钒'。"

维勒读罢老师的信，唯一能做的就是一脸苦笑地摇了摇头。

原来，在1830年，维勒研究墨西哥出产的一种褐色矿石时，发现一些五彩斑斓的金属化合物，它的一些特征和以前发现的化学元素"铬"非常相似。对于铬，维勒见得多了，当时觉得没有什么与众不同的，就没有深入研究下去。

一年后，瑞典化学家肖夫斯唐姆在本国的矿石中，也发现了类似"铬"的金属化合物。他并不是像维勒那样把它扔在一边，而是经过无数次实验，证实了这是前人从没发现的新元素——钒。

维勒因一时疏忽而把一次大好时机拱手让给了别人。

种种习惯与常规随时间的沉淀，会演变成一种定式、枷锁，阻碍人们的突破和超越。生活中常规的层层禁锢所产生的连锁效应不仅仅止于此，我们要做的工作就是打破一切规则，只有敢于超越，才能赢得创造。

现在市场上的罐装饮料，很重要的一种是茶饮料。罐装茶饮料始于罐装乌龙茶，它的开发者是日本的本庄正则。

千百年来，人们习惯于用开水在茶壶中泡茶，用茶杯等茶具饮茶，或是品尝，或是社交，或是寓情于茶。而易拉罐茶饮料则是提供凉茶水，作用是解渴、促进消化、满足人体的种种需求。将凉茶水装罐出售是违反常识的，它抛开了茶文化的重要内涵，取其"解渴、促进消化"的功能。将乌龙茶开发成罐装饮料的成功创意，产生了经营上"出奇制胜"的效果。在公司经营上，这种看似违反常规的行为，实则是一种不错的经营之道。

本庄正则从20世纪60年代中期开始涉足茶叶流通业，他购买了一个古老的茶叶商号——伊藤园，并把它作为自己公司的名称。

伊藤园发展成茶叶流通业第一大公司，本庄正则投资建设了茶叶加工厂，把公司的业务从销售扩大到加工。1977年，伊藤园开始试销中国乌龙茶，并在短时间内取得成功。但到了20世纪80年代，乌龙茶的销售达到了巅峰后开始出现降温倾向。

在这种情况下，本庄正则必须改变思维，否则事业将遭受沉重的打击。乌龙茶不好销了，茶叶的新商机在哪里呢？

早在20世纪70年代初，本庄正则就萌生了开发罐装茶饮的创意，但当时的技术人员遭遇到了"不喝隔夜茶"这一拦路虎，因为茶水长时期放置会发生氧化、变质现象，不再适宜饮用。因此，罐装乌龙茶的创意暂时不可能实现。

要使罐装乌龙茶具有商机，必须攻克茶水氧化的难关，从创造的角度上讲，这也是主攻方向。

于是，本庄正则投资聘请科研人员研究防止茶水氧化的课题。时隔一年，防止氧化的难题解决了，本庄正则当机立断开始研发罐装乌龙茶。

在讨论这项计划时，12名公司董事中有10名表示反对，因为把凉茶水装罐出售是违反常识的。然而，长期销售茶叶的经验告诉本庄正则，每到盛夏季节，茶叶销量就要剧减，而各种清凉饮料的销量则猛增。他坚信，如果在夏季推出易拉罐乌龙茶清凉饮料，一定会大有市场。在本庄正则的坚持下，伊藤园研发的易拉罐乌龙茶清凉饮料于1988年夏季首次上市，大受消费者欢迎。乌龙茶销售又再现高潮，而且经久不衰，直到今天。

试想，如果不是本庄正则有超越常规的创新思维，敢于不按常理出牌，也就不会有乌龙茶销售的再一次热潮，更不会有茶饮料丰富样式的出现。

这也说明了进行创新性活动切不可把创造的方向确定在某一样式上，而应不拘一格，超越常规也未尝不可，这样反而能出奇制胜，开创佳绩。